航天科技图书出版基金资助出版

面向空间机动任务的决策推演理论及应用

陈占胜　曲耀斌　邓武东　郭延宁　著

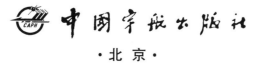

·北京·

图书在版编目（ＣＩＰ）数据

面向空间机动任务的决策推演理论及应用 / 陈占胜
等著 . -- 北京：中国宇航出版社，2023.3

　　ISBN 978 - 7 - 5159 - 2210 - 2

　　Ⅰ.①面⋯　Ⅱ.①陈⋯　Ⅲ.①机动飞行－研究　Ⅳ.
①V323

　　中国国家版本馆 CIP 数据核字(2023)第 036977 号

责任编辑 马 喆　　　**封面设计** 王晓武

出 版 **发 行** 中国宇航出版社			

社　址 北京市阜成路 8 号　**邮　编** 100830
　　　　(010)68768548
网　址 www.caphbook.com
经　销 新华书店
发行部 (010)68767386　　(010)68371900
　　　　(010)68767382　　(010)88100613 (传真)
零售店 读者服务部　　(010)68371105
承　印 北京中科印刷有限公司

版　次 2023 年 3 月第 1 版
　　　　2023 年 3 月第 1 次印刷
规　格 787×1092
开　本 1/16
印　张 13.75
字　数 335 千字
书　号 ISBN 978 - 7 - 5159 - 2210 - 2
定　价 128.00 元

本书如有印装质量问题，可与发行部联系调换

航天科技图书出版基金简介

航天科技图书出版基金是由中国航天科技集团公司于 2007 年设立的，旨在鼓励航天科技人员著书立说，不断积累和传承航天科技知识，为航天事业提供知识储备和技术支持，繁荣航天科技图书出版工作，促进航天事业又好又快地发展。基金资助项目由航天科技图书出版基金评审委员会审定，由中国宇航出版社出版。

申请出版基金资助的项目包括航天基础理论著作，航天工程技术著作，航天科技工具书，航天型号管理经验与管理思想集萃，世界航天各学科前沿技术发展译著以及有代表性的科研生产、经营管理译著，向社会公众普及航天知识、宣传航天文化的优秀读物等。出版基金每年评审 1～2 次，资助 20～30 项。

欢迎广大作者积极申请航天科技图书出版基金。可以登录中国航天科技国际交流中心网站，点击"通知公告"专栏查询详情并下载基金申请表；也可以通过电话、信函索取申报指南和基金申请表。

网址：http：//www.ccastic.spacechina.com

电话：（010）68767205，68767805

序

　　航天活动是人类对宇宙的探索，也是人类对空间资源的开发与应用。随着科学的进步，对航天技术的研究不断加深，各类空间任务也越发频繁与复杂，但不同的空间任务也存在许多相同的技术需求，空间任务里的轨道机动部分就是其中十分重要的一点。航天器能否准确地完成轨道机动意味着能否准确进入目标轨道，赶上任务时间窗口，完成对目标的抵近、绕飞与伴飞等，这些因素决定了探测、遥感、通信和交会对接等多种航天任务的实现，因此十分重要。同时，高昂的空间任务成本与复杂的空间环境决定了构建地面决策推演仿真系统应对空间机动任务的必要性。在以上发展的需求下，陈占胜研究员及其团队经过多年研究积累，总结空间任务工程经验，针对空间机动任务形成决策推演理论，完成了本书的撰写。

　　面向空间机动任务的决策推演理论是通过地面仿真系统完成对空间机动任务的规划、仿真与评估。具体来说，首先分析不同空间机动任务特点，明确不同机动任务的需求和约束条件，建立对应数学模型，进而采用合适的算法优化出轨道机动策略，进行仿真推演，以效能评估作为判据进行策略的最终决策。

　　通过构建决策推演系统，可以更好地模拟空间机动任务的背景环境，优化轨道设计，从而提升空间机动任务的成功率和效率。本书从实际工程需求出发，选取五类具有代表性的空间机动任务，分别是接近伴飞任务、抵近成像任务、机动避障任务、巡航普查任务和在轨维护任务。根据空间尺度将机动任务实现策略分为远距离抵近策略、近距离伴飞策略和碰撞规避策略三类，对每一类策略结合实际空间情况给出多种场景下的仿真算例，进行效能评估。并且针对空间中存在多个任务目标的情况进一步展开研究，利用任务规划方法设计机动次序和机动轨迹。

　　本书选题切中要害，针对空间机动任务核心需求进行研究，采用多种智能算法，符合当今智能化的航天发展要求。纵观全书内容，在理论和实践方面相互结合，章节设计层层递进，结构清晰且论述详实，内容丰富且贴近工程实际，既有明确的科学理论内容，又有大量特定空间机动任务情况的仿真实验。和同类出版物相比，本书具备新颖性、丰富性和工程性，可作为航天相关专业学生和工程技术人员的参考书。

前　言

随着航天技术的发展，形形色色的航天器也"层出不穷"，从最早的人造卫星到刚发射成功的神舟十五号飞船，从地面遥感探测到深冷空间开拓挖掘，我们对于外太空的探索日趋成熟，同时在通信、探测和遥感等领域，航天器技术也发挥着无可替代的作用。对于航天器执行的空间任务而言，轨道机动是其中十分重要的一环，轨道机动的需求普遍存在于各类空间任务中，也直接影响着空间任务能否成功进行。本书着重研究在轨维护与空间服务任务中的策略生成及策略验证问题，通过仿真的方法对航天器的任务决策进行支持。在多重约束下，基于优化算法对平台策略及载荷策略进行综合寻优，其中的轨道机动策略是核心和基础，也是本书关注的重点；在此基础上，建立地面决策推演仿真系统对多种策略进行验证比较，通过效能评估模型选取最优策略，支持航天器进行在轨活动。因此，本书系统性地探讨高轨空间任务的决策推演理论及应用问题，解决空间任务中航天器的策略生成难题，给出工程上的解决方案参考。

本书内容分为7章。第1章为绪论，主要介绍了国内外典型空间机动任务，对决策推演理论及系统的研究现状进行了分析。第2章为决策推演基础理论，对航天器涉及的轨道动力学内容进行分析，建立轨道动力学模型并介绍经典轨道机动策略等基础理论内容。第3章为空间机动任务分析与建模，对几类常见的空间机动任务进行了介绍，并建立轨道机动数学模型。第4章为面向空间机动任务的航天器仿真决策，针对高轨航天器的机动策略类型，分三大类机动策略进行介绍，构建多种具体且常见的高轨轨道机动策略并仿真实现。第5章为任务综合效能评估方法，针对本书研究的空间机动任务，从任务概述、指标构建展开，建立效能评估方法模型。第6章为面向空间多目标的轨道机动任务规划，通过建立针对多目标的轨道机动规划模型，对多目标机动次序进行任务规划。第7章为航天器决策推演系统工程实现，在工程上用决策推演支持系统软件实现本书设计的机动任务。

本书是作者在多年来开展卫星领域研究并取得的成果基础上撰写的，其内容既有理论方法的系统阐述、严格论证，又有典型实例的仿真分析，反映了航天应用领域的新思想和新理论，可作为航天相关专业研究生和工程技术人员的参考书。

在本书撰写过程中，除本书主要作者外，成飞、叶小舟、朱晨聪、宋君强、郑艺裕、崔本杰、伍国威、吴泽鹏、邓泓、杨燕、狄慧、许祯瑜等人对书稿相关技术的积累、编写和整理给予了大力支持，姜海坚、舒适、秦冉冉等人对推动撰写工作起到了重要的作用，哈尔滨工业大学航天学院空间飞行器控制课题组作为合作单位，赵广栋、高泽天、陈震、孙雷翔、闫慧达、智慧、吴双宏等人参与了本书相关内容的研究，在此由衷地表示感谢。同时，也感谢本书中所有引用文献的作者们。

　　决策推演理论及系统研究是一项探索性工作，希望本书能起到抛砖引玉的作用。由于作者学识和水平有限，书中难免存在不当和有待完善之处，敬请广大读者和同行专家学者批评指正。

作　者

2023 年 2 月

于上海

目　录

第1章 绪 论

1.1 概述

在轨航天器支撑着我们的现代生活。它们被用于许多领域和学科，包括空间科学、地球观测、气象学、气候研究、通信、导航和人类太空探索。它们提供了独特的视角、收集科学数据的资源、商业机会以及各种重要的应用和服务，为宇宙空间资源的研究和开发带来了无限的可能性。

随着空间技术的飞速发展，空间系统（包括卫星、空间站、飞船、航天飞机和太空望远镜等）的构造日趋复杂，造价也越来越高。而在严酷的太空环境中，空间系统极为脆弱，随时都有可能因失效、退化而失去价值。目前，只有空间站等少数空间大型设备有例行维护和给养，其他空间系统可维护性较低，携带的推进剂耗尽或者组件失效后，有可能导致任务失败，重新发射予以替代只能导致成本倍增，但利用空间维护和服务技术可以有效解决这一问题。另外，空间系统的设计寿命一般在 10 年以上，载荷技术容易过时，可能跟不上应用需求而失去实际价值，通过在轨服务对载荷进行升级，可有效增强空间系统能力，延长工作寿命。空间在轨服务由于其显著的经济价值和潜在的其他应用价值得到了各航天大国的重视，成为航天领域的重要发展方向。

具体来说，空间在轨服务的重要作用主要体现在以下五个方面：

（1）降低航天任务的初始成本

没有在轨服务的情况下，航天器需要携带尽可能多的推进剂，搭载冗余度高的设备，而在轨服务技术的发展将引起传统航天器设计理念的变化，使通用化、标准化、轻捷化系统的设计成为可能，航天器的设计向低冗余度、高可维护性方向发展，将项目成本降至最低，并提高整个系统的性能。同时，系统部件的分解发射与装配也可以降低整星发射的成本。除此之外，通过对多星任务中失效卫星的在轨维修，避免了卫星重新发射更换，降低了任务系统的成本并提高了可靠性。因此在轨服务的潜在效益不容忽视。

（2）延长寿命，增强航天器的功能灵活性

一方面，处于寿命末期的航天器，可以通过推进剂补给延长工作寿命，在轨工作多一天就多一分效益。例如，如果给 GEO（地球静止轨道）卫星加注 60 kg 的推进剂，就可以使卫星延长 12 个月的寿命，创造近亿元的经济价值。另一方面，航天器通常是针对特定任务进行设计的，对完成了任务或者技术性能降低的航天器，通过在轨升级与维护，可以使航天器具有更好的工作性能且可以执行新的空间任务，保证了航天器的技术先进性与任务灵活性。

（3）降低航天器运行风险

在轨服务可以对未成功入轨的航天器进行轨道校正，使其到达期望位置，降低发射阶段的风险；对故障元件可以进行维修和更换，降低航天器发生故障而失效的风险；对元件可以进行更新换代，完善初始设计功能，降低因设备陈旧不能适应新的任务需求而被淘汰的风险。

（4）净化太空环境

若不采取措施，空间中的低轨碎片自然衰减至大气层烧毁需要几十年甚至更长的时间，而 GEO 卫星碎片会永远存在。主动式空间碎片清除可为人类航天事业发展提供一个洁净、安全的太空环境，提高航天器在轨运行的安全性。

（5）增加航天器部件的可扩展性

由于体积和质量的限制，通过一次运载无法对带有大型设备的航天器进行整星发射。因此，可以通过多次发射功能模块，并利用在轨装配实现航天器的完整配置，使航天器具有较好的可扩展性，为超大型航天器的构建提供一种可能性。

除了在轨服务任务，针对性的成像观测和巡航普查等无须交会的空间任务也十分重要，需要这些任务的持续进行才能确保在轨服务的顺利进行和目标选取；而在这些任务进行过程中，始终需要考虑空间避障问题，避免因为和空间碎片发生碰撞导致任务失败。鉴于上述各类空间任务的重要性，为了空间任务更好地实现，本书针对空间任务的机动需求，研究五类常见空间机动任务，包括机动接近伴飞任务、机动抵近成像任务、机动避障任务、机动巡航普查任务、机动在轨维护任务，针对每类任务选取合适的机动策略进行实现，针对空间机动任务需求进行决策推演，确保空间任务能顺利完成机动过程。第 3 章中将对五类机动任务进行介绍，并建立简略通用的数学模型；第 4 章与第 6 章将具体介绍五类机动任务所需的机动策略。

1.2　国内外典型空间机动任务现状

1.2.1　国外典型空间机动任务

当今，全世界航天技术发展迅猛，各国大量发射航天器进入太空，大量航天器在高轨空间进行大规模、频繁的机动，这些无规律的机动会使我们无法预测其轨道，等到其靠近高价值航天器时，就会发生威胁：一方面是会与我国卫星发生碰撞的风险，航天器大多体积较为巨大且价值较高，一旦发生碰撞则损失惨重；另一方面，距离卫星较近会影响航天器在轨任务的执行。

2014 年 7 月 28 日，美国发射了第一组两颗同步空间态势感知卫星（GSSAP - 1、GSSAP - 2），以追踪太空垃圾，并于 2016 年 8 月 19 日发射第二组，形成 4 个航天器在轨服役格局。GSSAP 是美国发展的部署在同步轨道的空间态势感知卫星项目，由轨道科学公司制造。GSSAP 卫星采取双星组网方式，"漂浮"在同步轨道带附近，可以在同步轨道上下方进行机动。

2018 年 4 月，美国通过宇宙神 5 - 551 型运载火箭发射了"ESPA 增强地球同步实验室"（Eagle，简称"老鹰"）卫星平台，其首要任务是演示验证一种可机动卫星的设计思想，该平台搭载了多个次级有效载荷，旨在探测、识别以及强化空间态势感知。有效载荷包括"高时相成像空间实验"（HTI - SpX）、"逆合成孔径激光雷达"（ISAL）。

同时，Eagle 卫星上搭载的一个载荷是 Mycroft 卫星。Mycroft 卫星是一颗迷你卫星，该卫星可离开 Eagle 卫星，并在 1 km 范围内返回至母星，在与母星分离时，可使用一个空间态势感知照相机和传感器在 Eagle 卫星周围对其进行测试，执行在 Eagle 卫星上的导航和控制功能。Eagle 卫星及 Mycroft 卫星会在太空中进行频繁的演示验证，而对于小型的 Mycroft 卫星，其机动不易被察觉，因此要格外地注意其在太空中的频繁活动。

据不完全统计，在 2018 年，美国卫星进行了 400 多次变轨。俄罗斯在 2014 年 9 月 27 日发射了 LUCH - Olymp 卫星，4 年内进行了 12 次变轨，多次抵近并长时间驻留在多颗在轨卫星周围。

1.2.2 国内典型空间机动任务

近年来，我国卫星在高轨也开展了一些空间碎片观测及空间垃圾清除的实验任务。如对已经退役的北斗二号 G2 卫星开展拖曳离轨任务，服务航天器入轨后进行了轨道机动，接近北斗二号 G2 卫星完成捕获后，服务航天器再次进行大规模的轨道机动变轨，把北斗二号 G2 卫星拖入了"坟墓轨道"。因为高轨空间资源是有限和珍贵的，所以这次空间机动任务，更展示了我国可通过高轨航天器进行高轨空间垃圾和碎片清除的能力，意义重大。

2011 年 11 月 3 日，中国首次实现了空间交会对接，标志着中国的交会对接技术以及组合体运行技术的成熟，在此之后的两次神舟飞船与天宫一号目标飞行器的对接任务均圆满成功。2017 年成功实现了天舟一号货运飞船与天宫二号空间实验室的交会对接（见图 1 - 1），并顺利完成了货物与推进剂的在轨补给任务，为我国后续的空间站长时间在轨运行奠定了扎实的技术基础。除此之外，进一步针对在轨服务的研究，我国研制并发射了"试验 7 号""遨龙一号""在轨加注实验装置"等空间飞行器，成功完成了空间垃圾清除、在轨维护、在轨加注等空间实验验证，为我国相关任务领域的研究奠定了技术基础。

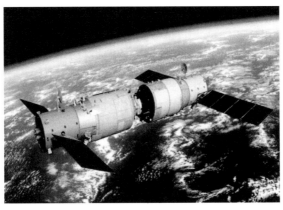

图 1 - 1 天舟一号货运飞船与天宫二号空间实验室自动交会对接示意图

　　纵观我国航天器的空间机动任务，大多空间机动任务的目的是在于躲避其他航天器的近距离碰撞风险，或是通过在轨任务展示卫星先进及精准的轨道控制和变轨能力。

　　航天器变轨是一个极其复杂的过程，因为空间的复杂性，稍有不慎会使卫星脱离控制失效，高轨卫星又是非常珍贵和昂贵的空间资源，因此针对高轨卫星变轨，必须先在地面上进行仿真验证，确保变轨策略的正确性及可行性，研究空间机动任务的决策推演与地面仿真软件设计更凸显重要。

1.3　决策推演理论相关综述

　　本书所构建的决策推演系统以任务建模和任务约束作为输入条件，以轨道机动策略优化作为核心，以系统效能作为判据，采用数字仿真作为推演验证的手段，并拓展了多目标任务规划内容作为延伸。系统内容随着章节层层递进，是本书章节分布的核心逻辑。

1.3.1　决策推演系统国内外发展现状

　　本书系统性地探讨高轨空间任务的决策推演理论及应用问题，解决空间任务中航天器的策略生成难题，给出工程上的参考解决方案。面向任务的决策推演系统具有重要的理论意义和工程实用价值，其发展现状主要包括以下两个方面。

　　（1）决策推演使用的仿真系统大多面向遥感类卫星应用

　　目前，面向任务的地面仿真系统大多面向遥感类卫星应用，进行任务分发、任务编排、星上动作规划等工作。国内外对于自主任务规划的模型和算法等有较多的研究。

　　杜永浩等[1]以航天器执行任务产生的星上独立事件和星地协同事件作为调度对象，以事件可执行时机作为调度资源，建立航天器任务调度统一化约束满足模型，搭建航天器任务调度算法与调度模型松耦合、模块化的系统架构。邓宝松等[2]对航天器任务规划的研究与应用现状及其未来发展趋势进行综述，阐述和分析了应急航天器任务规划、多系统协同任务规划、高低轨航天器联合任务规划、低轨组网航天器任务规划一体化、星地协同任务规划、基于机器学习的任务规划等技术挑战。何铭俊等[3]设计了一种航天器任务解译闭环仿真验证系统，有效解决了目前航天器任务规划的验证仿真、修改反演等关键问题。姜维等[4]讨论了任务的三种系统工作模式，并考虑风险要素来解决多星任务自主规划问题。张志清等[5]利用综合自然环境建模与仿真技术，设计了对地遥感卫星任务仿真系统模拟卫星对地遥感探测的过程，提高了系统对地观测背景仿真、平台仿真、相机仿真的逼真度和数据准确性，进而提高了卫星平台与载荷设计指标分析结论的参考价值。Beaumet等[6]针对复杂成像模式提出了一种敏捷卫星成像规划算法。Kucinskis等[7]针对星上软件和数据接口提出了一种面向任务的概念。文献［8］研究了多卫星、多地面站的控制网络问题，根据给定规划时间区间，综合考虑了地面站的天线摆角角度和时间约束、图像下行分配约束等，利用仿真软件计算卫星与地面站的可见时间，从而把规划问题转化为经典的背包问题。上述研究都较为成熟，但面向空间机动的决策仿真仍存在较大的研究空白。

（2）面向机动任务的地面系统研究处于初步阶段

面向特定目标的抵近成像、频谱探测、碎片防卫、轨道机动等空间任务，与当前常用的自主任务规划理论存在很大不同，目前我国在对应的决策推演理论和应用系统方面仍处于起步阶段。

曾安里等[9]针对空间碎片碰撞的威胁，进行了空间碎片碰撞预警分析，并使用国产化软件工具，进行了碰撞预警等关键技术研究与原型系统实现，结合嫦娥任务在内的多次重大航天发射任务，设计了 VVPSTK 卫星仿真平台。郭树人等[10]针对北斗卫星导航系统面临体制复杂、组网发射密度高、系统稳定运行难度大等难题，提出了一个与北斗系统全系统、全规模、全要素等效的地面试验验证系统体系架构，解决了多系统仿真建模、系统高动态特性模拟及软硬件协同仿真等难题。这部分的研究给了我们启发以及在机动任务决策推演领域研究的宝贵经验。

1.3.2　轨道机动策略优化算法研究现状

轨道机动是本书的核心内容，本书所采用的机动方法是常用的脉冲机动，通过对航天器施加速度脉冲，变更航天器运行轨道，从而实现轨道机动，能够根据任务需求对空间目标进行抵近或交会。最典型的轨道机动策略包括霍曼（Hohmann）变轨、兰伯特（Lambert）转移等。

对于高轨空间任务轨道机动策略设计问题的求解算法，目前常用的是遗传算法和非线性优化等方法。丁祎男等[11]分析了卫星观测任务约束和星上资源约束，建立了多星多载荷自主任务规划模型，采用了一种遗传禁忌混合算法进行求解。李九天[12]提出了考虑小推力可实现性轨道约束的最优脉冲机动轨道设计方法，研究了多目标进化算法的设计优化算法。蒋小勇等[13]给出了由 Lambert 两冲量轨道通过多次迭代得到多冲量轨道的算法，并得到了一种基于多冲量能耗的小推力任务窗口快速搜索方法。王旭生等[14]以最少消耗推进剂为性能指标，提出了一种采取粒子群优化和序列二次规划的组合优化算法来研究小行星探测任务。文献［15］提出了基于 Lyapunov 微分方程策略和粒子群算法的最优轨道交会算法，Lyapunov 微分方程策略其优点在于，在对控制饱和约束进行求解时，仅需要求解一个线性方程就能够获得最优解，适合在线求解，但该算法对于初值的设定极为敏感，粒子群算法是通过采用将控制量改写成 B 样条函数的线性组合的形式对小推力多次脉冲的航天器轨道转移方程进行求解，该算法的优点是，对于初值同样进行迭代优化，与初值的设定关系不大。文献［16］提出了通过采用同伦方法（Homotopic Approach）和直接法对小推力多脉冲模式下的航天器轨道转移进行优化求解，该算法的优点在于通过逐步迭代分布优化，所以收敛完全而且收敛速度较快。

但上述优化算法存在着计算量大无法实现星载的问题，并且，面对日益复杂的任务形式，传统算法对单一航天器与单一目标之间的任务策略的求解显得能力不足。未来趋势是多航天器与多目标之间的空间任务，因此迫切地需要对高效的空间任务问题求解算法进行研究和探索。

1.3.3 决策推演中的多目标任务规划研究现状

航天器多目标轨道机动任务的规划问题是一类复杂的工程优化问题,其往往具有非凸、多极小值的特点。有大量的文献采用各种方法来研究如何解决这类问题。Shen 等[17]首先研究了共面圆轨道上的最优交会问题,并将该问题分解为两步,第一步利用整数规划求解最优时间分配,第二步使用启发式算法规划最优交会顺序。根据 Shen 的研究,最优的交会顺序总是沿着轨道运行方向或是逆轨道运行方向。欧阳琦等[18]同样也进行了此类交会问题的研究,采用两层优化求解。外层优化求解负责计算交会顺序以及每个目标对应的任务时间,内层优化求解多圈兰伯特问题,生成脉冲速度增量。周洋、都柄晓、Yang 等[19-21]等采用类似的两层优化方法,在具体优化算法时,几人分别使用了几种不同的遗传算法进行改进。余婧等[22]以地球静止轨道上的碎片清除为背景,通过混合最优控制解决了交会顺序问题。

在解决共面交会问题的同时,人们也在探讨多星异面交会的情况。尽管调整轨道面需要付出巨大的推进剂代价,多数航天器也不具备这样的能力,但这种灵活的机动方式在某些紧急情况下仍具有重要意义。Alfriend 等[23]研究了地球同步轨道上不同轨道面航天器交会问题,并将其归属为旅行商(TSP)问题。经过研究,得出最优的交会顺序满足整个交会轨迹为最短路径这一结论。值得一提的是,作者将航天器机动分解为轨道面调整和面内机动两部分,并指出轨道面调整所需的推进剂消耗要远大于面内机动。周洋[19]研究了同样的问题并分析了任务时长与速度增量的关系,在给定一个月的任务时长下,这种异面交会所需的最小速度增量达到了每秒百米的级别,可见轨道面的调整需要付出巨大代价。张进等[24-26]还研究了 J2 摄动以及交会窗口对多航天器交会的影响,基于轨道要素推导了线性交会方程。在优化方法上采用了内外两层优化的思路,即上层优化交会次序和交会的时间,下层优化交会轨迹。他的研究指出在不考虑摄动的情况下,推进剂最优的交会顺序总是按纬度幅角依次访问,而存在摄动时,这样的规律不再满足。

大部分研究成果的差异在于具体问题的场景上,针对多航天器交会规划算法的研究较少。龙腾等[27]以地球静止轨道上的碎片清除为背景,提出了一种结合聚类的自适应差分进化算法。通过在基准函数上的测试,证明了该算法的优越性。

通过上述文献可以发现,目前关于多航天器交会的研究多以地球静止轨道上多个目标为背景。多个航天器具有相同轨道高度,可能存在一定的轨道面夹角。该问题的主流解决方式为建立两层优化模型,外层负责解算交会顺序以及时间分配,内层负责根据外层给出的指令,生成具体的脉冲策略。

无论是航天器的交会轨迹规划,还是多目标交会任务规划,其核心都是采用的优化算法。优化理论是一个历史十分悠久的研究领域,主要包括 20 世纪 60 年代发展成熟的最优化理论和 20 世纪 80 年代开始出现的智能优化理论两个分支。

最优化理论是解决规划问题的基础。一些经典的算法理论在今天仍被广泛应用,尤其是在神经网络训练和机械结构设计等方面。最优化理论又包含模式搜索法和梯度法两类求解方法。模式搜索法不需要优化函数的梯度信息，具有简单、直观的特点，代表算法主要包括 Powell 共轭方向法、单纯形法等。梯度法依赖优化函数的梯度信息，根据搜索策略可分为：线搜索和信赖域搜索两类。最优化理论在上述框架下逐渐发展出了各种具体的优化算法，以解决无约束优化和约束优化问题。其中，最具影响的就是 Powell 在 Lagrange-Newton 方法基础上提出的序列二次规划（SQP）算法[28]。该方法具有搜索能力强和效率高的特点，是目前求解非线性规划最有效的一种算法。

随着计算效率的不断提升以及工程问题的复杂化，智能优化理论开始替代最优化理论，成为工程规划问题的主流求解工具。一方面，针对单一优化目标的智能进化算法在今天已经相当成熟，主要包括遗传算法、蚁群算法、差分进化算法和模拟退火算法等。这类方法是通过模拟自然界一些客观规律现象，总结出来的一套启发式寻优方法。围绕这些算法的改进方法也陆续被各领域学者提出并应用。另一方面，针对多个优化目标的大规模智能优化算法，也逐渐成为该领域当下的研究趋势。多目标进化算法（Multi-Objective Evolutionary Algorithm，MOEA）主要分为以下三类。

1）基于分解：张青富等[29-31]首先提出了基于分解的多目标进化算法（MOEA/D），此后又提出了基于差分进化的 MOEA/D-DE 和结合动态计算资源分配的 MOEA/D-DRA。其他的改进算法也在十几年间迅速涌现出来。

2）基于支配：早期的算法主要包括 NSGA、MOGA 等。Deb 等[32]对 NSGA 进行了改进，提出了非常经典的 NSGA-Ⅱ算法。

3）基于指标：Zitzler 等[33]在 2004 年提出了代表性的 IBEA 算法。

此外，实际问题往往存在优化指标计算复杂的情况，进化算法本身就存在搜索效率低的特点，因此求解往往需要花费大量时间。在此背景下，结合回归技术的代理优化应运而生，比较有代表意义的包括采用 Kriging 插值的 ParEGO 以及 MOEA/D-EGO 等算法[34]。随着人工智能的发展，采用监督学习技术提升优化效率的方法成为新的研究热点。这类方法主要依靠训练好的模型对初始个体进行预选，仅挑选出优秀的个体进行适应度函数计算。Zhang 等[35]提出一种结合 KNN 分类的多目标进化算法 CPS-MOEA，该算法根据支配关系将个体分成了优劣两类并进行分类模型训练。类似结合分类的算法还有 CSEA、RSEA 等，学者们采用的分类技术除了 KNN 外，还包括支持向量机、朴素贝叶斯、人工神经网络等监督学习技术[36-40]。此外，Liu 等[41]应用人工神经网络学习每个个体的下降方向，在生成新个体时，加入下降方向的影响以提升优化收敛速度。

1.3.4　决策推演中的数字仿真基础

2004 年，王飞跃等[42]提出了平行系统理论，成为数字仿真技术重要的支持理论。平行系统理论提出复杂系统可由两个基本假设界定，即相对于任何有限资源，在本质上，一个复杂系统的整体行为不可能通过对其部分行为的单独分析而完全确定；一个复杂系统的整体行为也不可能预先在大范围内完全确定。因此，对于复杂系统的研究，多数情况下既没有系统的、足够精确的模型，也不能建立可以预测系统短期行为的模型。针对这一难题，平行系统理论提出人工系统、计算实验、平行执行的解决方法，其理论创新主要体现在以下三方面：

1) 以"多重世界"的观点来利用人工系统研究复杂系统。对复杂系统进行建模时，不再以逼近某一实际复杂系统的程度为唯一标准，而是把模型也认为是一种"现实"，是实际复杂系统一种可能的替代形式或另一种可能的实现方式，而实际复杂系统也只是可能出现的"现实"中的一种，其行为与模型的行为"不同"但却"等价"。因此，可以通过把人工创造的系统置于实际、仿真或混合环境下，产生复杂的互动方式和相关行为，利用"涌现（Emergence）"方法进行观测总结，以了解、分析和理解复杂系统的行为及其各种影响因素。

2) 以"简单一致"的原则将仿真实验上升到计算实验。计算实验是基于"自下而上"的代理方法，产生人工对象，然后通过对这些对象进行交互实验来实现。尽管人们容易对复杂系统整体行为的认识产生分歧，但对相对简单的人工对象的局部行为和模型认识往往能够取得一致，从而对基于这些认识较为一致的局部行为所产生出的复杂整体行为也能够理解和接受。在计算实验方法中，传统的计算模拟变成了"计算实验室"里的"实验"过程，成为"生长培育"各类复杂系统的手段，而实际系统只是这个计算实验的一种可能结果。

3) 以"平行执行"的理念将人工系统与现实系统有机结合。平行系统是指由某一个自然的现实系统和对应的一个或多个虚拟或理想的人工系统所组成的共同系统，其主要目的是通过实际系统与人工系统的相互连接，对二者之间的行为进行对比和分析，完成对各自未来状况的"借鉴"和"预估"，相应地调节各自的管理与控制方式，达到实施有效解决方案以及学习和培训的目的。长期以来，人工系统处于非主导地位，为此应该设法挖掘平行系统中人工系统的潜力，使其角色从被动到主动、静态到动态、离线到在线，以致最后由从属的地位提高到相等的地位，使人工系统在实际复杂系统的管理与控制中充分地发挥作用。

数字仿真所使用的平行系统主要包括实际系统和人工系统，通过二者的相互作用，完成对实际系统的管理与控制，对相关行为和决策的实验与评估，对有关人员和系统的学习与培训等。其基本原理和方法可以描述为：综合考虑多方面因素，采用代理建模方法建立与实际系统等价的人工系统，解决实际系统难以建立精确数学模型的难题。在人工系统上通过计算实验，来认识实际系统各要素间正常和非正常状态下的演化规律和相互作用关系。最后利用所认识的规律，通过平行执行，实现正常情况下实际系统的优化控制和减少意外的发生，非正常情况下找到让系统迅速恢复正常的方法，提高应急控制水平。

以平行系统理论为代表的一系列研究已经为多个领域进行数字仿真计算实验提供了明确的范例，但是在航天器任务空间任务规划及效能评估领域，如何利用平行系统理论完成数字仿真还存在空白部分，还有很多关键问题需要逐步研究和解决。

具体来说，针对航天领域数字仿真应用，各国针对航天器方案设计、样机设计、模型系统等其实都展开了一定的数字化仿真研究。例如为解决概念设计阶段运载火箭设计师的协同设计能力，NASA 启动先进工程环境（Advanced Engineering Environment，AEE）项目，主要目的是根据先进设计方法对设计活动的改进机理，提供适宜此类协同工作模式的数字化设计环境（设计流程与软件架构）。AEE 项目遵循并行设计理念，综合利用集成技术、多学科优化技术构建数字化设计的基础业务执行环境。AEE 将成为一个促进设计能力飞跃的平台系统，利用其提供的技术方法和技术流程、融合性技术手段，从长远看简单问题将被集成为一个鲁棒性很强的系统级设计能力方案，最终方便设计师轻松突破设计细节、快速比选大量设计方案，提高设计质量。

欧洲空间局受 NASA 的启发，1998 年 11 月搭建协同设计室（Concurrent Design Facility，CDF），聘请 NASA 专家做并行工程实践的指导。在人员方面，集中总体设计与分系统设计的专家成立并行工作团队，系统专家包括总体设计、任务分析、风险评估、成本估算和计划管理等人员；分系统专家由推进、姿态、轨控、结构、机构、构型、热控、能源、指令、数据管理、通信、系统仿真、地面支持系统等人员构成。在资源方面包括软硬件 IT 网络设备、工程软件、分析模型等专用或商业工具软件，构建了一个数字化快速卫星设计仿真系统。

2008 年，在欧洲开始实施 MODELISAR 项目。MODELISAR 项目通过引入功能样机，为系统和嵌入式软件的协同设计、仿真及测试提供下一代的方法、标准和工具。MODELISAR 项目成功地推出了功能样机接口规范，在全世界工业界得到热烈响应，现已成为不同软件之间进行模型交互和联合仿真的事实标准。

在我国数字化仿真发展过程中，构建了基于模型的航天器研制系统工程（Model - Based Software Engineering，MBSE）探索仿真系统，以基于模型系统工程为主线贯穿整个研制周期，以网络化为平台形成数字化协商的能力，以文件和产品为对象提高整体研制质量和水平。通过模型来开展协同设计、协同验证，通过模型来积累知识。建立整体产品知识设计模型，用它来替代文档。相对其他航天大国而言，我国在数字仿真以及更上层的决策推演领域的研究还存在差距，缺乏大规模的数字仿真系统项目实施经验和仿真系统产品。因此，本书深耕决策推演与任务规划理论，构建了一个成熟的可用于空间机动任务的决策推演系统，完成了配套软件工作的落地应用，填补了空间机动决策推演研究领域的缺失，能够给相关领域研究从业人员提供一个有价值的参考方向，这些就是本书的意义所在。

1.4　本书的主要内容和安排

本书内容分为 7 章。

第 1 章，绪论。主要介绍了国内外典型空间机动任务，对决策推演理论的研究现状及决策支持系统的概念内涵和技术基础进行了分析。

第 2 章，决策推演基础理论。对高轨航天器涉及的轨道动力学内容进行分析，建立轨道动力学模型。对经典轨道机动策略进行说明，包括霍曼转移、双椭圆三脉冲转移、兰伯特转移等。介绍了任务规划常用优化算法。

第3章，空间机动任务分析与建模。对几类空间机动任务进行介绍，根据在轨机动任务的需求，分为机动接近伴飞任务、机动抵近成像任务、机动避障任务、机动巡航普查任务、机动在轨维护任务并进行建模。

第4章，面向空间机动任务的航天器仿真决策。针对高轨航天器的机动策略类型，分为远距离抵近机动、近距离伴飞机动、碰撞规避及撤离三种机动情况进行介绍，构建多种具体且常见的高轨轨道机动类型并仿真实现，将这些策略组合完成第4章介绍任务。

第5章，任务综合效能评估方法。介绍常用效能评估方法，针对机动接近伴飞任务、机动抵近成像任务、机动避障任务、机动巡航普查任务、机动在轨维护任务，从任务概述、指标构建展开，建立效能评估方法模型。

第6章，面向空间多目标的轨道机动任务规划。针对高轨多目标的机动需求，建立针对多目标的轨道机动规划模型，根据多目标的巡航普查任务和在轨维护任务进行任务规划，设计机动方法，并构建高轨算例进行仿真实现。

第7章，航天器决策推演系统工程实现。针对航天器空间任务，基于前几章的算法模型，在工程上用软件实现决策推演支持系统。在此基础上，介绍各部分子软件功能，并针对本书介绍的轨道机动任务相关的任务筹划和仿真决策内容进行软件实现。

第 2 章　决策推演基础理论

决策推演基础理论是全书介绍的航天内容的数学理论支撑，包括坐标系建立、轨道动力学模型和相对运动动力学模型、经典轨道机动策略等。通过这些内容可以从物理和数学层面理解航天器的运动问题，并且能够掌握如何实现轨道转移，进而能够为后续空间机动任务实现提供理论基础。

2.1　坐标系建立

本书所采用的坐标系包括地心惯性坐标系、轨道坐标系、HILL 坐标系和本体坐标系。地心惯性坐标系通常用来描述航天器的绝对位置，在本书的公式推导中基本都需要使用到；轨道坐标系通常用来描述航天器在轨运行状态，在轨道机动中被广泛使用，包括近距离伴飞、碰撞规避、兰伯特转移等章节都有应用；HILL 坐标系通常用来描述航天器的相对位置，在近距离伴飞等需要考虑航天器相对运动的章节被广泛应用；本体坐标系固连在航天器本体上，对于对地定向卫星而言，与轨道坐标系相同，常用来衡量航天器姿态变化，在效能评估部分计算抵近成像方位等章节有所应用。

（1）地心惯性坐标系

地心惯性坐标系（Earth Centered Inertial，ECI）用来描述航天器相对于地球质心的运动状态，其示意图如图 2-1 所示。本书采用的地心惯性坐标系为 J2000 坐标系，其质心同样为地球质心，该坐标系以 2000 年 1 月 1 日 12 时的历元时刻的平赤道和春分点定义。坐标系的 $X_I O_I Y_I$ 平面为地球赤道面，$O_I Z_I$ 轴指向北极且垂直于 $X_I Y_I$ 平面，$O_I X_I$ 轴指向 JD（2000.0）时刻的春分点，坐标系的三轴满足右手定则。

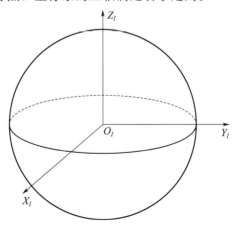

图 2-1　地心惯性坐标系

（2）轨道坐标系

轨道坐标系（Orbital Coordinate System，OCS）用来描述航天器在轨道上的运行状态，其示意图如图 2-2 所示。轨道坐标系的原点位于航天器质心，$O_O Z_O$ 轴沿航天器质心指向地心方向，$O_O Y_O$ 轴垂直于航天器轨道平面且与轨道角速度方向相反，$O_O X_O$ 轴满足右手定则，圆轨道的 $O_O X_O$ 轴与航天器速度方向相同。

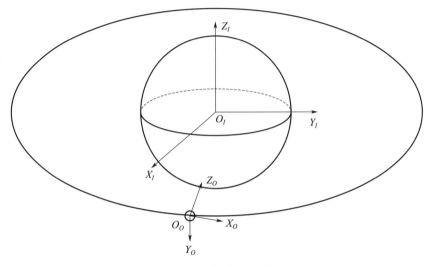

图 2-2　轨道坐标系

（3）HILL 坐标系

HILL 坐标系用于描述航天器之间的相对运动，其示意图如图 2-3 所示。坐标系的原点为航天器的质心，$O_H X_H$ 轴方向沿地心指向航天器质心的方向，$O_H Z_H$ 轴垂直于航天器轨道面且沿角动量方向，$O_H Y_H$ 轴由右手定则确定。

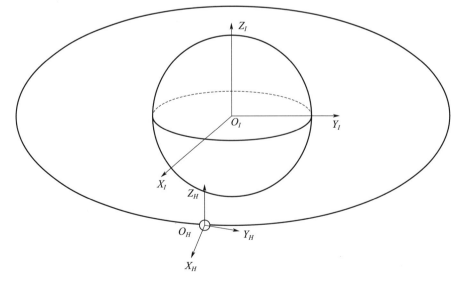

图 2-3　HILL 坐标系

（4）本体坐标系

本体坐标系与航天器的本体固连在一起，常用来描述航天器的姿态运动，其示意图如图 2-4 所示，对比图如图 2-5 所示，原点 O 为航天器的质心，OX_b、OY_b、OZ_b 三轴固定在航天器本体上。

OZ_b 轴：一般来说，在对地定向卫星的常规模式下，与 OZ_O 轴重合。

OX_b 轴：在对地定向卫星的常规模式下，与 OX_O 轴重合。

OY_b 轴：按右手定则。

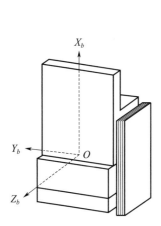

图 2-4　本体坐标系示意图

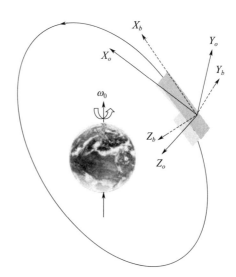

图 2-5　轨道坐标系和本体坐标系对比

2.2　轨道动力学基础

2.2.1　时间系统建模

航天器在进行轨道计算的时候需要用到时间系统，本节对时间系统进行简略介绍。一个回归年的定义是太阳连续两次经过平春分点的时间，太阳一个回归年经过了 360°黄经，1 回归年可以表示为

$$1 \text{ 回归年} = 365^{\text{d}}.242\,189\,68 - 0^{\text{d}}.000\,006\,16t$$

其中，t 表示从 $JD(2000.0)$ 历元时间起的时间间隔，其单位为儒略世纪，t 的表达式为

$$t = \frac{JD(t) - JD(2000.0)}{36\,525.0} \tag{2-1}$$

式中，$JD(t)$ 表示 t 时刻的儒略日，$JD(2000.0)$ 时刻的儒略日大小为 2 451 545.0，表示 2000 年 1 月 1 日 12 时的儒略日。

一个儒略年为 365 平太阳日，而每四年有一个闰年，一个闰年有 366 天，因此儒略年的平均长度为 365.25 平太阳日，一个儒略世纪的长度为 36 525 个平太阳日，一个儒略世纪为 100 年。儒略日是用来计算两个日期之间间隔的时间单位，是天文上通用的一种长期纪日法。

令 y、m、d、h、u、s（年、月、日、时、分、秒）表示公历日期，则儒略日和公历日期之间的转换关系为

$$
\begin{aligned}
&t_1 = 367.0 \times y \\
&t_2 = [7 \times (y + [(m+9)/12] \times 0.25)] \\
&t_3 = [275 \times m \div 9] \\
&u_t = [((s \div 60 + u) \div 60 + h] \div 24; \\
&JD = t_1 - t_2 + t_3 + d + 1\ 721\ 013.5 + u_t \\
&\quad - 0.5 \times \operatorname{sign}(100 \times y + m - 190\ 002.5) + 0.5 \\
&days = JD - 2\ 451\ 545 \\
&T = days/36\ 525.0
\end{aligned}
\tag{2-2}
$$

式中，$[X]$ 表示取 X 的整数部分；$\operatorname{sign}(X)$ 表示取 X 的符号；T 表示儒略世纪数。

2.2.2　二体问题

二体问题[43]是天体力学中的一个最基本的近似模型，它研究可被视为质点的两个天体在只考虑万有引力的情况下的动力学问题，是天体力学中的一个基本问题，可以精确求解，并且可以以此为基础，根据其他摄动力或天体引力建立更复杂更真实的天体运动模型，所以有很重要的意义。对于高轨航天器而言，主要受力来源为地球的引力，与地球之间的相互运动可以视作近似的二体问题。二体中的一个物体相对于另一个物体的运动路径为圆锥曲线，由偏心率决定其具体形状是圆、椭圆、抛物线或双曲线中的一种。

2.2.2.1 二体系统的相对运动方程

在只考虑引力的理想二体系统情况中，在地心惯性坐标系下，令地球与航天器位置矢量分别为 $\boldsymbol{R}_1$、$\boldsymbol{R}_2$，质量分别为 M、m，则航天器受到的引力为

$$
\boldsymbol{F}_m = -\frac{GMm}{r^2}\boldsymbol{u}_r
\tag{2-3}
$$

$$
\boldsymbol{u}_r = \frac{\boldsymbol{r}}{r}
\tag{2-4}
$$

其中 $\boldsymbol{r} = \boldsymbol{R}_2 - \boldsymbol{R}_1$ 表示航天器相对地球的位置矢量，对应幅值为 r，$\boldsymbol{u}_r$ 是该位置矢量方向的单位矢量。根据牛顿第二定律可以得到

$$
-\frac{GMm}{r^2}\boldsymbol{u}_r = m\ddot{\boldsymbol{R}}_2
\tag{2-5}
$$

应用牛顿第三定律可知

$$
\frac{GMm}{r^2}\boldsymbol{u}_r = M\ddot{\boldsymbol{R}}_1
\tag{2-6}
$$

将式（2-5）两侧乘以 M，式（2-6）两侧乘以 m，可得

$$
-\frac{GM^2m}{r^2}\boldsymbol{u}_r = Mm\ddot{\boldsymbol{R}}_2
\tag{2-7}
$$

$$\frac{GMm^2}{r^2}\boldsymbol{u}_r = Mm\ddot{\boldsymbol{R}}_1 \tag{2-8}$$

将式（2-7）和式（2-8）相减，可得

$$-\frac{GMm}{r^2}(M+m)\boldsymbol{u}_r = Mm(\ddot{\boldsymbol{R}}_2 - \ddot{\boldsymbol{R}}_1) \tag{2-9}$$

简化为

$$-\frac{G(M+m)}{r^2}\boldsymbol{u}_r = \ddot{\boldsymbol{r}} \tag{2-10}$$

$\mu = G(M+m)$ 为引力常数定义，则二体系统相对运动公式为

$$\ddot{\boldsymbol{r}} = -\frac{\mu}{r^3}\boldsymbol{r} \tag{2-11}$$

2.2.2.2 角动量和轨道方程建立

在二体系统下，航天器 m 相对于地球 M 的动力学方程为

$$\ddot{\boldsymbol{r}} = -\frac{G(M+m)}{r^3}\boldsymbol{r} = -\frac{\mu}{r^3}\boldsymbol{r} \tag{2-12}$$

式中，r 为航天器的位置矢量，航天器相对于地球的角动量可以表示为

$$\boldsymbol{H} = \boldsymbol{r} \times m\dot{\boldsymbol{r}} \tag{2-13}$$

则可以得到以下方程

$$\boldsymbol{h} = \boldsymbol{r} \times \dot{\boldsymbol{r}} \tag{2-14}$$

式中，h 表示单位质量航天器的角动量，垂直于航天器轨道面。对 h 求导可得

$$\frac{\mathrm{d}\boldsymbol{h}}{\mathrm{d}t} = \dot{\boldsymbol{r}} \times \dot{\boldsymbol{r}} + \boldsymbol{r} \times \ddot{\boldsymbol{r}} \tag{2-15}$$

由于 $\dot{\boldsymbol{r}} \times \dot{\boldsymbol{r}} = 0$ 并且根据第 2.2.2.1 节可知 $\ddot{\boldsymbol{r}} = -\frac{\mu}{r^3}\boldsymbol{r}$ ，所以

$$\frac{\mathrm{d}\boldsymbol{h}}{\mathrm{d}t} = 0 \tag{2-16}$$

可知 h 为常矢量，在任意时刻，航天器的位置矢量和速度矢量均处在同一平面内，也就是说航天器在只受地球引力作用时在一个平面内绕地球进行运动，从俯视角度看，可以很容易地将速度矢量分为相对地球位置的切向速度和法向速度，即

$$\dot{\boldsymbol{r}} = v_\perp \boldsymbol{u}_\perp + v_r \boldsymbol{u}_r \tag{2-17}$$

式中，$\boldsymbol{u}_\perp$ 和 $\boldsymbol{u}_r$ 表示位置矢量的切向和法向方向的单位矢量。则

$$\boldsymbol{h} = r\boldsymbol{u}_r \times (v_\perp \boldsymbol{u}_\perp + v_r \boldsymbol{u}_r) \tag{2-18}$$

$$h = rv_\perp \tag{2-19}$$

由式（2-19）可知，角动量的大小只取决于航天器相对速度的垂直分量。

分析过角动量的性质之后，对于轨道方程来说，通过相对运动方程可以进行推导，在相对运动方程两侧与角动量叉乘

$$\ddot{\boldsymbol{r}} \times \boldsymbol{h} = -\frac{\mu}{r^3}\boldsymbol{r} \times \boldsymbol{h} \tag{2-20}$$

$$\ddot{\boldsymbol{r}} \times \boldsymbol{h} = \frac{\mathrm{d}}{\mathrm{d}t}(\dot{\boldsymbol{r}} \times \boldsymbol{h}) - \dot{\boldsymbol{r}} \times \dot{\boldsymbol{h}} \qquad (2-21)$$

由于角动量为常量，则 $\dot{\boldsymbol{h}} = 0$，式（2-21）可写为

$$\ddot{\boldsymbol{r}} \times \boldsymbol{h} = \frac{\mathrm{d}}{\mathrm{d}t}(\dot{\boldsymbol{r}} \times \boldsymbol{h}) \qquad (2-22)$$

矢量叉乘满足以下法则

$$\boldsymbol{A} \times (\boldsymbol{B} \times \boldsymbol{C}) = \boldsymbol{B}(\boldsymbol{A} \cdot \boldsymbol{C}) - \boldsymbol{C}(\boldsymbol{A} \cdot \boldsymbol{B}) \qquad (2-23)$$

并且存在以下关系式

$$\frac{\mathrm{d}}{\mathrm{d}t}(\boldsymbol{r} \cdot \boldsymbol{r}) = \frac{\mathrm{d}}{\mathrm{d}t}(r^2) = 2r\frac{\mathrm{d}r}{\mathrm{d}t} \qquad (2-24)$$

$$\frac{\mathrm{d}}{\mathrm{d}t}(\boldsymbol{r} \cdot \boldsymbol{r}) = \boldsymbol{r} \cdot \frac{\mathrm{d}\boldsymbol{r}}{\mathrm{d}t} + \frac{\mathrm{d}\boldsymbol{r}}{\mathrm{d}t} \cdot \boldsymbol{r} = 2\boldsymbol{r} \cdot \frac{\mathrm{d}\boldsymbol{r}}{\mathrm{d}t} \qquad (2-25)$$

因此可以得出

$$r\dot{r} = \boldsymbol{r} \cdot \dot{\boldsymbol{r}} \qquad (2-26)$$

根据上述公式对式（2-20）右侧进行一系列推导

$$\frac{1}{r^3}\boldsymbol{r} \times \boldsymbol{h} = \frac{1}{r^3}[\boldsymbol{r} \times (\boldsymbol{r} \times \dot{\boldsymbol{r}})] \qquad (2-27)$$

$$\frac{1}{r^3}\boldsymbol{r} \times \boldsymbol{h} = \frac{1}{r^3}[\boldsymbol{r} \times (\boldsymbol{r} \cdot \dot{\boldsymbol{r}}) - \dot{\boldsymbol{r}} \cdot (\boldsymbol{r} \cdot \boldsymbol{r})] \qquad (2-28)$$

$$\frac{1}{r^3}\boldsymbol{r} \times \boldsymbol{h} = \frac{1}{r^3}[\boldsymbol{r} \cdot (r\dot{r}) - \dot{\boldsymbol{r}} \cdot r^2] \qquad (2-29)$$

$$\frac{1}{r^3}\boldsymbol{r} \times \boldsymbol{h} = \frac{r\dot{\boldsymbol{r}} - \dot{r}\boldsymbol{r}}{r^2} = -\frac{\mathrm{d}}{\mathrm{d}t}\left(\frac{\boldsymbol{r}}{r}\right) \qquad (2-30)$$

因此，将式（2-22）和式（2-30）带入式（2-20）中可得

$$\frac{\mathrm{d}}{\mathrm{d}t}(\dot{\boldsymbol{r}} \times \boldsymbol{h}) = \frac{\mathrm{d}}{\mathrm{d}t}\left(\mu\frac{\boldsymbol{r}}{r}\right) \qquad (2-31)$$

即

$$\frac{\mathrm{d}}{\mathrm{d}t}\left(\dot{\boldsymbol{r}} \times \boldsymbol{h} - \mu\frac{\boldsymbol{r}}{r}\right) = 0 \qquad (2-32)$$

$$\dot{\boldsymbol{r}} \times \boldsymbol{h} - \mu\frac{\boldsymbol{r}}{r} = \boldsymbol{C} \qquad (2-33)$$

式中，$\boldsymbol{C}$ 为任意积分常矢量。式（2-33）可以变换为以下形式

$$\frac{\boldsymbol{r}}{r} + \boldsymbol{e} = \frac{\dot{\boldsymbol{r}} \times \boldsymbol{h}}{\mu} \qquad (2-34)$$

式中，$\boldsymbol{e} = \dfrac{\boldsymbol{C}}{\mu}$，无量纲矢量 $\boldsymbol{e}$ 称为偏心率矢量，由矢量 $\boldsymbol{e}$ 所定义的直线称为拱线。式（2-34）的标量形式为

$$r + \boldsymbol{r} \cdot \boldsymbol{e} = \frac{h^2}{\mu} \qquad (2-35)$$

$$\boldsymbol{r} \cdot \boldsymbol{e} = re\cos\theta \tag{2-36}$$

$$r + re\cos\theta = \frac{h^2}{\mu} \tag{2-37}$$

$$r = \frac{h^2}{\mu} \frac{1}{1 + e\cos\theta} \tag{2-38}$$

上式为航天器轨道方程，定义了航天器相对地球的运动轨迹。其中，e 为偏心率，θ 为真近点角，它是偏心率矢量和位置矢量的夹角，h 为角动量的模，μ 为引力常数。

位置矢量的角速度为 $\dot{\theta}$，按照定义可以得到航天器切向速度的表达式为

$$v_\perp = r\dot{\theta} \tag{2-39}$$

则可以得到角动量的表达式为

$$h = rv_\perp = r^2\dot{\theta} \tag{2-40}$$

通过轨道方程可以得到切向速度的另一个表达式为

$$v_\perp = \frac{\mu}{h}(1 + e\cos\theta) \tag{2-41}$$

又因为 $v_r = \dot{r}$，可以通过轨道方程得到法向速度的表达式为

$$v_r = \frac{\mu}{h}e\sin\theta \tag{2-42}$$

2.2.2.3　Kepler 轨道要素

航天器轨道的轨道要素是一组用来描述航天器轨道形状、位置及运动等属性的参数，也可称其为轨道根数，一般由轨道半长轴、轨道偏心率、轨道倾角、升交点赤经、近地点幅角和真近点角这六个参数组成。也存在不同的表述版本，但最终都能够通过六个参数唯一确定航天器轨道和具体空间位置。其中，轨道半长轴和轨道偏心率指的是航天器轨道椭圆的半长轴和偏心率，这两个参数决定了轨道的形状；轨道倾角是航天器轨道平面和地球赤道平面的二面角；升交点赤经也是一个角度量，一般情况下，轨道平面与地球赤道平面有两个交点，航天器从南半球穿过赤道到北半球的运行弧段称为升段，这时穿过赤道的那一点为升交点。相反，航天器从北半球穿过赤道到南半球的运行弧段称为降段，相应的赤道上的交点为降交点。在地球绕太阳的公转中，太阳从南半球到北半球时穿过赤道的点称为春分点。春分点和升交点对地心的张角定义为升交点赤经，并规定从春分点逆时针量到升交点。轨道倾角和升交点赤经两个参数共同决定轨道平面在空间的方位。近地点幅角是轨道近地点与升交点对地心的张角，沿着航天器运动方向从升交点量到近地点，近地点幅角决定航天器椭圆轨道在轨道平面里的方位。真近点角指的是天体从近地点起沿轨道运动时其位置矢量扫过的角度，是某一时刻轨道近地点到航天器位置矢量的夹角。真近点角决定了航天器在轨道中的具体位置。通过轨道要素可以唯一确定航天器的轨道。

轨道要素的具体推导如下，在第 2.2.2.2 节中推导的二体运动的轨道方程为

$$r = \frac{h^2/\mu}{1 + e\cos\theta} \tag{2-43}$$

令轨道椭圆的半通径为 p，有

$$p = h^2/\mu = a(1-e^2) \qquad (2-44)$$

式中，a 表示航天器轨道半长轴，将式（2-12）两侧与 $\dot{r}$ 点乘，可得

$$\frac{1}{2}v^2 - \frac{\mu}{r} = \xi \qquad (2-45)$$

式中，v 表示航天器运行速度；ξ 表示积分常数，表示单位质量的总能量。取航天器运行中真近点角 $\theta = 90°$ 的点，可得

$$v^2 = \mu\left(\frac{2}{r} - \frac{1}{a}\right) \qquad (2-46)$$

利用式（2-46）可以计算航天器在轨道上任意位置的运行速度，可得

$$v^2 = \dot{r}^2 + r^2\dot{\theta}^2 = \mu\left(\frac{2}{r} - \frac{1}{a}\right) \Rightarrow \dot{r}^2 = \mu\left(\frac{2}{r} - \frac{1}{a}\right) - \mu\frac{p}{r^2}$$

$$\Rightarrow n\,\mathrm{d}t = \frac{r\,\mathrm{d}r}{a\sqrt{a^2e^2 - (a-r)^2}}\left(n = \sqrt{\frac{\mu}{a^3}} = \frac{2\pi}{T}, \text{平均角速度}\right) \qquad (2-47)$$

对于椭圆轨道，引入辅助量 E，如图 2-6 所示，则有：$a-r = ae\cos E$，代入式（2-47）得 $n\,\mathrm{d}t = (1 - e\cos E)\mathrm{d}E$，积分可得

$$E - e\sin E = M \qquad (2-48)$$

式（2-48）为著名的 Kepler 方程，其中 $M = n(t-\tau)$，称为平近点角。

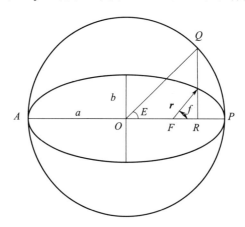

图 2-6　椭圆的辅助圆

航天器轨道可以用轨道六要素表示，但在进行轨道计算时，需要将轨道六要素转换成位置矢量和速度矢量的形式表示。

图 2-7 所示为轨道要素中各角图示，根据航天器的位置矢量和速度矢量计算轨道六要素的方式如下。

1）对于轨道半长轴 a，将位置矢量 r 和速度矢量 v 的幅值代入式（2-46）可以求得半长轴为

$$a = \frac{\mu r}{2\mu - rv^2} \qquad (2-49)$$

2）对于轨道偏心率 e，由式（2-44）可得

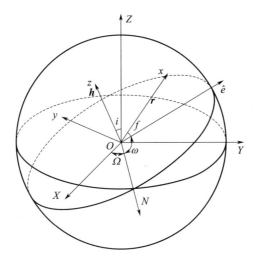

图 2 - 7　轨道要素中各角图示

$$e = \sqrt{1 - p/a} \tag{2-50}$$

式中，p 可由式（2 - 47）计算得到。

3）轨道倾角 i 为

$$i = \arccos(h_z/h) \tag{2-51}$$

式中，$\boldsymbol{h} = \boldsymbol{r} \times \boldsymbol{v}$，$h$ 为比角动量 $\boldsymbol{h}$ 的模，h_z、h_x、h_y 为 $\boldsymbol{h}$ 的三轴分量的模。

4）升交点赤经 $\varOmega$ 为

$$\varOmega = -\arctan(h_x/h_y) \tag{2-52}$$

5）真近点角 f 为

$$\cos f = (p/r - 1)/e \tag{2-53}$$

6）对于近地点幅角 ω，令

$$\boldsymbol{N} = \hat{\boldsymbol{K}} \times \boldsymbol{h} \tag{2-54}$$

式中，$\hat{\boldsymbol{K}}$ 是 Z 轴正方向单位矢量，则近地点幅角为

$$\omega = \begin{cases} \arccos\left(\dfrac{\boldsymbol{N} \cdot \boldsymbol{e}}{Ne}\right), & \boldsymbol{e} \text{ 方向指向 } Z \text{ 轴正半轴} \\ 360° - \arccos\left(\dfrac{\boldsymbol{N} \cdot \boldsymbol{e}}{Ne}\right), & \boldsymbol{e} \text{ 方向指向 } Z \text{ 轴负半轴} \end{cases} \tag{2-55}$$

图 2 - 8 为轨道平面的示意图，由航天器轨道六要素计算地心惯性坐标系下的位置矢量和速度矢量的方法为

$$r = \frac{a(1 - e^2)}{1 + e\cos f} = \frac{p}{1 + e\cos f} \tag{2-56}$$

在航天器轨道平面内存在式（2 - 56）所示的转换关系，则航天器的位置矢量和速度矢量可以表示为

$$\boldsymbol{r} = r\boldsymbol{e}_r = r(\cos f \boldsymbol{i} + \sin f \boldsymbol{j}) \tag{2-57}$$

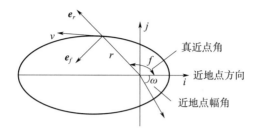

图 2-8　轨道平面的示意图

$$v = \dot{r}e_r + r\dot{f}e_f = \dot{r}(\cos f\,i + \sin f\,j) + r\dot{f}(-\sin f\,i + \cos f\,j) \qquad (2-58)$$

由 $h = \sqrt{\mu p} = r^2 \dot{f}$ 可得

$$\begin{cases} \dot{r} = \sqrt{\mu/p}\ e\sin f \\ r\dot{f} = \sqrt{\mu/p}\,(1 + e\cos f) \end{cases} \qquad (2-59)$$

将式（2-59）代入式（2-57）和式（2-58）可得

$$r = r\cos f \cdot P + r\sin f \cdot Q = a(\cos E - e)P + a\sqrt{1-e^2}\sin E Q$$
$$v = -\sqrt{\mu/p}\sin f \cdot P + \sqrt{\mu/p}\,(e + \cos f) \cdot Q \qquad (2-60)$$

式中，P 和 Q 分别表示在地心惯性坐标系下，由坐标系原点指向轨道近地点和轨道半长轴方向的单位矢量。根据 3-1-3 的转序，P 和 Q 的表达式为

$$P = R_3(-\Omega)R_1(-i)R_3(-\omega)\begin{bmatrix}1\\0\\0\end{bmatrix} = \begin{bmatrix}\cos\Omega\cos\omega - \sin\Omega\sin\omega\cos i\\ \sin\Omega\cos\omega + \cos\Omega\sin\omega\cos i\\ \sin\omega\sin i\end{bmatrix} \qquad (2-61)$$

$$Q = R_3(-\Omega)R_1(-i)R_3(-\omega)\begin{bmatrix}0\\1\\0\end{bmatrix} = \begin{bmatrix}-\cos\Omega\sin\omega - \sin\Omega\cos\omega\cos i\\ -\sin\Omega\sin\omega + \cos\Omega\cos\omega\cos i\\ \cos\omega\sin i\end{bmatrix} \qquad (2-62)$$

真近点角 f 无法直接测量得到，由航天器过近地点的时间可以得到平近点角。由于 Kepler 方程（2-48）为超越方程，需要迭代求解。对于每一个给定的平近点角 M，记为

$$f(E) = E - e\sin E - M \qquad (2-63)$$

$$E_{k+1} = E_k - \frac{f(E_k)}{f'(E_k)} = E_k - \frac{E_k - e\sin E_k - M}{1 - e\cos E_k} \qquad (2-64)$$

迭代初值 E_0 一般取 $E_0 = M$，真近点角 f 可以由式（2-65）得出

$$\tan\frac{f}{2} = \sqrt{\frac{1+e}{1-e}}\tan\frac{E}{2} \qquad (2-65)$$

由式（2-65）可知，$\dfrac{f}{2}$ 和 $\dfrac{E}{2}$ 位于同一象限内，因此真近点角 f 可以通过式中的 E 唯一确定，从而可以通过轨道要素求解航天器的位置和速度。

2.2.3　航天器轨道动力学建模

2.2.3.1　二体轨道动力学模型

轨道航天器在运动过程中，会受到空间中很多力的作用，对航天器作用力最大的是地球引力，其他力相比于地球引力要小很多，因此也被称为摄动力。我们可以通过合理的假设，得到二体轨道动力学模型。

1）假设航天器在轨道运行中只受到地球引力的作用。

2）假设航天器在运动中可以看作一个质点。

3）假设地球是一个完美的球体。

基于上述假设，可以得到航天器轨道动力学的理想模型为

$$\ddot{\boldsymbol{r}} = -\frac{\mu}{r^3}\boldsymbol{r} \tag{2-66}$$

式中，$\boldsymbol{r}$ 表示航天器在地心惯性坐标系中的位置矢量；$r = |\boldsymbol{r}|$ 表示位置矢量的模；$\mu = 3.986\ 005 \times 10^{14}\ \mathrm{kg^3/s^2}$ 为地球引力常数。

2.2.3.2　考虑其他摄动的高精度动力学模型

在二体动力学模型的基础上，考虑其他摄动力对航天器的影响，可以得到新的轨道动力学模型为

$$\ddot{\boldsymbol{r}} = -\frac{\mu}{r^3}\boldsymbol{r} + \boldsymbol{a}_T + \boldsymbol{a}_N + \boldsymbol{a}_P + \boldsymbol{a}_A + \boldsymbol{a}_S \tag{2-67}$$

式中，$\boldsymbol{a}_T$ 为考虑太阳、月球等其他天体引力带来的三体摄动加速度；$\boldsymbol{a}_N$ 为地球自身不规整球体引起的地球非球形摄动加速度；$\boldsymbol{a}_P$ 为地球潮汐摄动加速度；$\boldsymbol{a}_A$ 为地球外层大气阻力摄动加速度；$\boldsymbol{a}_S$ 为太阳光引起的光压摄动加速度。

（1）三体摄动加速度

二体模型仅考虑地球和航天器直接的引力作用，但现实中航天器往往还受到第三个天体的引力作用，这种引力会对航天器的轨道产生摄动，称为三体引力摄动。航天器轨道高度越高，受三体摄动的影响越大，太阳和月球的摄动是航天器三体摄动的主要影响因素。

以只考虑太阳作为产生摄动力的第三体为例，令太阳、地球以及航天器的质量分别为 M_S、M_M 和 M_C，太阳和航天器在地心惯性坐标系下的位置矢量分别为 $\boldsymbol{r}_S$ 和 $\boldsymbol{r}_C$。航天器相对太阳的位置矢量为

$$\boldsymbol{r}_1 = \boldsymbol{r}_C - \boldsymbol{r}_S \tag{2-68}$$

天文学中关于 N 体问题有如下通用计算方式

$$m_i \ddot{\boldsymbol{r}}_i = \boldsymbol{F} = \sum_N \frac{G m_i m_j}{r_{ij}^3} \boldsymbol{r}_{ij} \tag{2-69}$$

由 N 体问题的通式可以得到航天器 M_C 和地球 M_M 受到的加速度

$$\begin{cases} \ddot{\boldsymbol{r}}_C = -\left(\dfrac{GM_S}{|\boldsymbol{r}_1|^3} \boldsymbol{r}_1 + \dfrac{GM_M}{|\boldsymbol{r}_C|^3} \boldsymbol{r}_C \right) \\ \ddot{\boldsymbol{r}}_M = \dfrac{GM_S}{|\boldsymbol{r}_S|^3} \boldsymbol{r}_S \end{cases} \tag{2-70}$$

可以得到航天器在地心惯性坐标系下受到的总加速度为

$$\boldsymbol{a} = \ddot{\boldsymbol{r}}_C - \ddot{\boldsymbol{r}}_M$$
$$= -\left(\frac{GM_S}{|\boldsymbol{r}_1|^3}\boldsymbol{r}_1 + \frac{GM_M}{|\boldsymbol{r}_C|^3}\boldsymbol{r}_C\right) - G\frac{M_S}{|\boldsymbol{r}_S|^3}\boldsymbol{r}_S \tag{2-71}$$

由此可得航天器受到的三体摄动加速度为

$$\boldsymbol{a}_C = -\left(\frac{GM_S}{|\boldsymbol{r}_1|^3}\boldsymbol{r}_1 + \frac{GM_M}{|\boldsymbol{r}_C|^3}\boldsymbol{r}_C\right) \tag{2-72}$$

（2）大气阻力摄动加速度

航天器近地轨道上的大气密度相较于地球内部的大气密度低很多，但当航天器在大气层中高速飞行时，微小的大气阻力的积累也会引起轨道的变化。随着离地高度的增加，大气逐渐变得稀薄，大气阻力产生的摄动逐渐减小，大气阻力摄动加速度可以表示为

$$\boldsymbol{a}_A = -\frac{1}{2}C_D\frac{S_{\text{Ref}}}{m}\rho V\boldsymbol{V} \tag{2-73}$$

1）C_D 为大气阻力系数，方形航天器一般取 $C_D = 2.2$。

2）$\dfrac{S_{\text{Ref}}}{m}$ 为迎流面积质量比，单位为 m^2/kg，大气阻力与承受阻力物体的表面形状和大小有关，对于非球形航天器，大气阻力也与航天器的姿态有关，受力面积为相对大气阻力而言的有效截面面积。考虑到航天器外形和姿态的复杂性，本书选择航天器的最大横截面面积为受力面。

3）$\boldsymbol{V}$ 为航天器相对于大气的速度，对应幅值为 V，计算公式为 $\boldsymbol{V} = \boldsymbol{v} - \boldsymbol{\omega}_E \times \boldsymbol{r}$，其中 $\boldsymbol{\omega}_E$ 为地球自转角速度矢量，由于 $\boldsymbol{\omega}_E$ 很小，因此该公式可以简化为 $\boldsymbol{V} \approx \boldsymbol{v} = \boldsymbol{r}$。

4）ρ 为大气密度，单位为 kg/m^3。大气密度采用指数大气密度，指数大气密度的计算公式为 $\rho = \rho_0\exp[-(r - R_{\text{Mean}})/H]$，$R_{\text{Mean}}$ 为地球平均半径，H 为大气密度标高，ρ_0 为大气密度标高处的大气密度。NASA 官方也提供了多种大气密度模型，与指数模型相比，NASA 提供的模型利用了很多实际测量数据，因此计算结果更精确，但计算难度也更大。

（3）太阳光压摄动加速度

太阳光会对其照射的航天器的表面产生压力，这种压力引起的摄动称为太阳光压摄动，其表示方式为

$$\boldsymbol{a}_S = -k\rho_{SR}C_R\frac{S_{\text{Ref}}}{m}\boldsymbol{r}_{\text{Sun}} \tag{2-74}$$

式中，C_R 表示航天器表面光照反射系数，一般取 $1 \sim 1.44$；ρ_{SR} 表示太阳光压常数，取 $4.56 \times 10^{-6}\,\text{N/m}^2$；$k$ 表示受照参数，当 $k = 0$ 时，表示航天器运行在地球阴影中，未受太阳光照射，当 $k = 1$ 时，表示航天器暴露在太阳光下；$\dfrac{S_{\text{Ref}}}{m}$ 表示光照面积质量比；$\boldsymbol{r}_{\text{Sun}}$ 表示太阳相对地球位置矢量。

（4）地球非球形摄动加速度

地球本身不是严格意义上的球形，存在非球形和质量分布不均匀的情况，从而产生非

球形摄动，地球的引力位函数一般为

$$U = \frac{\mu}{r} \left\{ 1 - \sum_{n=2}^{\infty} \left(\frac{R_e}{r} \right)^n \left[J_n P_n(\sin\varphi) - \sum_{m=1}^{n} P_{nm}(\sin\varphi) \times (C_{nm}\cos m\lambda + S_{nm}\sin m\lambda) \right] \right\} \quad (2-75)$$

式中，r、λ、φ 分别为地球坐标系下的地心距、地心经度和地心纬度；R_e 为地球的平均赤道半径；P_n、P_{nm} 为勒让德多项式

$$P_n(t) = \frac{1}{2^n n!} \frac{\mathrm{d}^n}{\mathrm{d}t^n}(t^2-1)n$$

$$(2-76)$$

$$P_{nm}(t) = (1-t^2)^{\frac{m}{2}} \frac{\mathrm{d}^m}{\mathrm{d}t^m} P_n(t)$$

2.2.4　航天器相对运动动力学方程

前文的二体问题主要描述了地球与航天器的相对运动，在实际的空间任务中，航天器的近距离相对运动，是经常被重点关注的问题，如航天器交会对接任务等。分析航天器的相对运动，一般可以将航天器区分为服务航天器和目标航天器，服务航天器是指主要被操纵进行机动任务的航天器，目标航天器则指的是服务航天器机动的目标，在一些合作任务中目标航天器会配合服务航天器进行轨道机动或姿态机动，但完成空间任务仍要求服务航天器完成大多数的变轨变姿态操作。在地心惯性坐标系中，分析航天器的相对运动，可令服务航天器的位置矢量为 $\boldsymbol{r}_c$，目标航天器的位置矢量为 $\boldsymbol{r}_t$

$$\frac{\mathrm{d}^2 \boldsymbol{r}_c}{\mathrm{d}t^2} = -\frac{\mu \boldsymbol{r}_c}{r_c^3} + \boldsymbol{a}_c \quad (2-77)$$

$$\frac{\mathrm{d}^2 \boldsymbol{r}_t}{\mathrm{d}t^2} = -\frac{\mu \boldsymbol{r}_t}{r_t^3} + \boldsymbol{a}_t \quad (2-78)$$

式中，$\boldsymbol{a}_c$ 和 $\boldsymbol{a}_t$ 分别表示服务航天器和目标航天器所受力得到的加速度；μ 为地球引力常数。则服务航天器相对于目标航天器的位置矢量 $\boldsymbol{r}$ 可以表示为

$$\boldsymbol{r} = \boldsymbol{r}_c - \boldsymbol{r}_t = \begin{bmatrix} \boldsymbol{x} & \boldsymbol{y} & \boldsymbol{z} \end{bmatrix}^{\mathrm{T}} \quad (2-79)$$

对式（2-79）进行二次求导可得

$$\frac{\mathrm{d}^2 \boldsymbol{r}}{\mathrm{d}t^2} = \frac{\mathrm{d}^2 \boldsymbol{r}_c}{\mathrm{d}t^2} - \frac{\mathrm{d}^2 \boldsymbol{r}_t}{\mathrm{d}t^2} \quad (2-80)$$

根据动坐标系中的矢量求导运算，有

$$\frac{\mathrm{d}^2 \boldsymbol{r}}{\mathrm{d}t^2} = \frac{\delta^2 \boldsymbol{r}}{\delta t^2} + 2\boldsymbol{\omega} \times \frac{\delta \boldsymbol{r}}{\delta t} + \boldsymbol{\omega} \times (\boldsymbol{\omega} \times \boldsymbol{r}) + \dot{\boldsymbol{\omega}} \times \boldsymbol{r} \quad (2-81)$$

式中，$\boldsymbol{\omega}$ 和 $\dot{\boldsymbol{\omega}}$ 分别表示相对坐标系在地心惯性坐标系下的角速度矢量和角加速度矢量。将上式代入（2-80）可得

$$\ddot{\boldsymbol{r}} = -2\boldsymbol{\omega} \times \dot{\boldsymbol{r}} - \boldsymbol{\omega} \times (\boldsymbol{\omega} \times \boldsymbol{r}) - \dot{\boldsymbol{\omega}} \times \boldsymbol{r} + \mu \left(\frac{\boldsymbol{r}_t}{r_t^3} - \frac{\boldsymbol{r}_c}{r_c^3} \right) + (\boldsymbol{a}_c - \boldsymbol{a}_t) \quad (2-82)$$

上式得到相对运动动力学方程的矢量形式，将其中各矢量在目标航天器的 HILL 坐标系进行分解

$$\boldsymbol{r} = x\boldsymbol{e}_x + y\boldsymbol{e}_y + z\boldsymbol{e}_z \quad (2-83)$$

$$\dot{\boldsymbol{r}} = \dot{x}\boldsymbol{e}_x + \dot{y}\boldsymbol{e}_y + \dot{z}\boldsymbol{e}_z \tag{2-84}$$

$$\ddot{\boldsymbol{r}} = \ddot{x}\boldsymbol{e}_x + \ddot{y}\boldsymbol{e}_y + \ddot{z}\boldsymbol{e}_z \tag{2-85}$$

$$\boldsymbol{r}_t = r_t\boldsymbol{e}_x \tag{2-86}$$

$$\boldsymbol{r}_c = (r_t + x)\boldsymbol{e}_x + y\boldsymbol{e}_y + z\boldsymbol{e}_z \tag{2-87}$$

$$\boldsymbol{\omega} = \sqrt{\frac{\mu(1 + e_t\cos f_t)}{r_t^3}}\boldsymbol{e}_z \triangleq \omega\boldsymbol{e}_z \tag{2-88}$$

$$\dot{\boldsymbol{\omega}} = \frac{2\mu e_t\sin f_t}{r_t^3}\boldsymbol{e}_z \triangleq \dot{\omega}\boldsymbol{e}_z \tag{2-89}$$

式中，e_t、f_t 分别表示目标航天器的偏心率和真近点角。

因此，式（2-82）可整理为

$$\begin{bmatrix} \ddot{x} \\ \ddot{y} \\ \ddot{z} \end{bmatrix} = -2\begin{bmatrix} 0 & -\omega & 0 \\ \omega & 0 & 0 \\ 0 & 0 & 0 \end{bmatrix}\begin{bmatrix} \dot{x} \\ \dot{y} \\ \dot{z} \end{bmatrix} - \begin{bmatrix} 0 & -\omega & 0 \\ \omega & 0 & 0 \\ 0 & 0 & 0 \end{bmatrix}\begin{bmatrix} -y\omega \\ x\omega \\ 0 \end{bmatrix} - \begin{bmatrix} 0 & -\dot{\omega} & 0 \\ \dot{\omega} & 0 & 0 \\ 0 & 0 & 0 \end{bmatrix}\begin{bmatrix} x \\ y \\ z \end{bmatrix} +$$
$$\frac{\mu}{r_t^3}\left(\begin{bmatrix} r_t \\ 0 \\ 0 \end{bmatrix} - \frac{r_t^3}{[(r_t + x)^2 + y^2 + z^2]^{3/2}}\begin{bmatrix} r_t + x \\ y \\ z \end{bmatrix}\right) + \left(\begin{bmatrix} a_{cx} \\ a_{cy} \\ a_{cz} \end{bmatrix} - \begin{bmatrix} a_{tx} \\ a_{ty} \\ a_{tz} \end{bmatrix}\right) \tag{2-90}$$

式中，a_{cx}、a_{cy}、a_{cz}、a_{tx}、a_{ty}、a_{tz} 分别表示服务航天器和目标航天器所受外力加速度在 HILL 坐标系三个轴上的分量。

假设航天器不受外力控制，下面对上述方程进行线性化处理。

第一步，两航天器之间的距离远小于它们的轨道半长轴，即 $|r|/r_t \ll 1$，方程可简化为

$$\begin{bmatrix} \ddot{x} \\ \ddot{y} \\ \ddot{z} \end{bmatrix} = -2\begin{bmatrix} 0 & -\omega & 0 \\ \omega & 0 & 0 \\ 0 & 0 & 0 \end{bmatrix}\begin{bmatrix} \dot{x} \\ \dot{y} \\ \dot{z} \end{bmatrix} - \begin{bmatrix} 0 & -\omega & 0 \\ \omega & 0 & 0 \\ 0 & 0 & 0 \end{bmatrix}\begin{bmatrix} -y\omega \\ x\omega \\ 0 \end{bmatrix} - \begin{bmatrix} 0 & -\dot{\omega} & 0 \\ \dot{\omega} & 0 & 0 \\ 0 & 0 & 0 \end{bmatrix}\begin{bmatrix} x \\ y \\ z \end{bmatrix} + \frac{\mu}{r_t^3}\begin{bmatrix} 2x \\ -y \\ -z \end{bmatrix} \tag{2-91}$$

第二步，服务航天器和目标航天器的偏心率都为 0 或者趋于 0，即 $e_t \ll 1$，令 a_t 为目标航天器的轨道半长轴，则有

$$r_t = \frac{a_t(1 - e_t^2)}{1 + e_t\cos f_t} \approx a_t \tag{2-92}$$

$$\begin{cases} \ddot{x} = 2n\dot{y} + 3n^2 x \\ \ddot{y} = -2n\dot{x} \\ \ddot{z} = -n^2 z \end{cases} \tag{2-93}$$

式（2-93）即为 C-W 方程[44]，也称为 HILL 方程。式中，$n = \sqrt{\mu/a_t^3}$ 为目标航天器的平均轨道角速度。C-W 方程主要针对圆轨道的目标，符合本书所描述的地球同步轨

道，可以用线性方程描述 HILL 坐标系三轴上的相对运动，在该方程基础之上，一系列适用于近圆轨道的脉冲变轨策略被提出。

根据航天器在 HILL 坐标系三轴上的相对运动分解，转换到以目标航天器为坐标原点的轨道坐标系中，可以推导出三轴坐标形式的运动方程，在满足某些特定条件的情况下，航天器的相对运动会呈现出不同的构型，针对投影到 XOZ 平面的航天器相对运动，通过 C－W 方程推导，满足如下等式关系

$$\frac{\left[x_t - \left(x_0 + \dfrac{2v_{z0}}{\omega}\right) - (6\omega z_0 - 3v_{x0})\, t\right]^2}{4\left[\left(\dfrac{v_{z0}}{\omega}\right)^2 + \left(\dfrac{2v_{x0}}{\omega} - 3z_0\right)^2\right]} + \frac{\left[z_t - \left(4z_0 - \dfrac{2v_{x0}}{\omega}\right)\right]^2}{\left[\left(\dfrac{v_{z0}}{\omega}\right)^2 + \left(\dfrac{2v_{x0}}{\omega} - 3z_0\right)^2\right]} = 1$$

$$(2-94)$$

式中，ω 表示轨道坐标系相对地心惯性坐标系下的平均角速度；x_t、z_t 表示服务航天器在轨道坐标系的两轴各自随时间变化的位置；x_0、z_0 表示初始时刻服务航天器在轨道坐标系的两轴各自的位置；v_{x0}、v_{z0} 表示初始时刻服务航天器在轨道坐标系下的两轴各自的速度。

（1）定点椭圆

如图 2－9 所示，初始条件满足：$2\omega z_0 - 3v_{x0} = 0$，服务航天器相对目标航天器运动会呈现定点椭圆的运动状态。对应的航天器相对运动方程如式（2－95）所示。

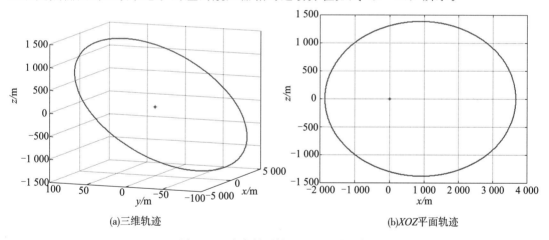

(a)三维轨迹　　　　　　　　　　　　　　(b)XOZ平面轨迹

图 2－9　定点椭圆构型相对运动状态

$$\frac{\left[x_t - \left(x_0 + \dfrac{2v_{z0}}{\omega}\right)\right]^2}{4\left[\left(\dfrac{v_{z0}}{\omega}\right)^2 + z_0^2\right]} + \frac{z_t^2}{\left[\left(\dfrac{v_{z0}}{\omega}\right)^2 + z_0^2\right]} = 1 \qquad (2-95)$$

椭圆中心为 $\left[\left(x_0 + \dfrac{2v_{z0}}{\omega}\right),\ 0\right]$。

（2）漂飞椭圆

如图 2－10 所示，初始条件满足：$x_0 + \dfrac{2v_{z0}}{\omega} = 0$，服务航天器相对目标航天器运动会呈现漂飞椭圆的运动状态。对应的航天器相对运动方程为

$$\frac{\left[x_t - (6\omega z_0 - 3v_{x0})\,t\right]^2}{4\left[\frac{1}{4}x_0^2 + \left(\frac{2v_{x0}}{\omega} - 3z_0\right)^2\right]} + \frac{\left[z_t - \left(4z_0 - \frac{2v_{x0}}{\omega}\right)\right]^2}{\left[\frac{1}{4}x_0^2 + \left(\frac{2v_{x0}}{\omega} - 3z_0\right)^2\right]} = 1 \qquad (2-96)$$

初始时刻椭圆中心为 $\left[0, \left(4z_0 - \dfrac{2v_{x0}}{\omega}\right)\right]$，椭圆中心在直线 $z_t = \left(4z_0 - \dfrac{2v_{x0}}{\omega}\right)$ 上运动。

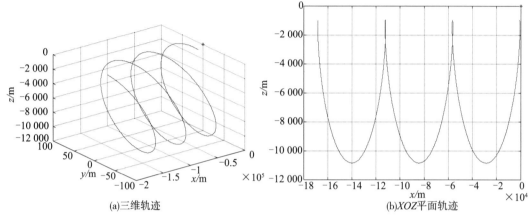

(a)三维轨迹　　　　　　　　(b)XOZ平面轨迹

图 2-10　漂飞椭圆构型相对运动状态

（3）初始条件无约束

$$\frac{\left[x_t - \left(x_0 + \frac{2v_{z0}}{\omega}\right) - (6\omega z_0 - 3v_{x0})\,t\right]^2}{4\left[\left(\frac{v_{z0}}{\omega}\right)^2 + \left(\frac{2v_{x0}}{\omega} - 3z_0\right)^2\right]} + \frac{\left[z_t - \left(4z_0 - \frac{2v_{x0}}{\omega}\right)\right]^2}{\left[\left(\frac{v_{z0}}{\omega}\right)^2 + \left(\frac{2v_{x0}}{\omega} - 3z_0\right)^2\right]} = 1$$

$$(2-97)$$

如图 2-11 所示，无约束与漂飞椭圆区别在于初始中心不同，初始时刻椭圆中心为 $\left[\left(x_0 + \dfrac{2v_{z0}}{\omega}\right), \left(4z_0 - \dfrac{2v_{x0}}{\omega}\right)\right]$，椭圆中心在直线 $z_t = \left(4z_0 - \dfrac{2v_{x0}}{\omega}\right)$ 上运动。

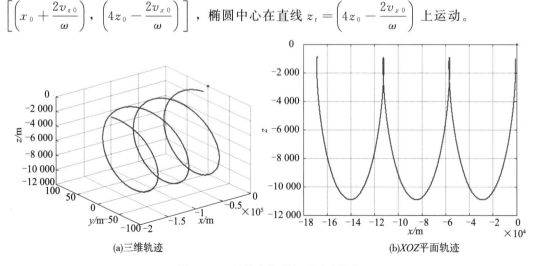

(a)三维轨迹　　　　　　　　(b)XOZ平面轨迹

图 2-11　无约束构型相对运动状态

2.3　常用轨道脉冲机动策略

　　轨道机动是使航天器从一个轨道机动到另一个轨道上。可以是较大的轨道变换，如从一个较低的停泊轨道转移到行星际轨道；也可以是非常小的调整，如航天器在交会时最后阶段的调整。变轨需要在轨航天器发动机点火提供动力。本书主要考虑工程中常用的脉冲轨道机动方式，即在相对较短的瞬间，产生所需的速度增量。在脉冲机动时，可以认为航天器的位置是固定不变的，只有速度发生变化。脉冲机动是一个理想条件，它避免求解包括航天器推力在内的运动方程。此理想条件适合在轨控发动机点火机动时航天器的位置仅发生微小变化的情况。与高轨航天器轨道周期相比，大推力轨控发动机燃烧时间很短，因此，这一条件是成立的。在诸多的变轨策略中，每一种变轨策略都有自己的特点及其适用范围，航天器在轨运行时，携带的推进剂多少很大程度上决定了航天器的寿命长短，所以在进行变轨时需要针对不同需求选择合适的变轨策略，在保证完成指定任务的前提下最大限度地减少推进剂的消耗。下面介绍几种属于脉冲机动的常用的变轨策略。

2.3.1　霍曼转移

　　利用霍曼变轨原理来实现航天器在空间中的转移称为霍曼转移。霍曼转移过程示意图如图 2-12 所示。

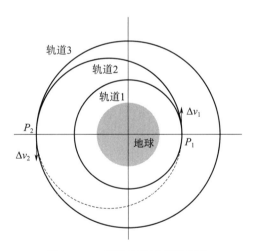

图 2-12　霍曼转移过程示意图

　　霍曼转移具体过程为：在 P_1 点施加第一次速度增量 Δv_1 使航天器由轨道 1（原轨道）转移至轨道 2（转移轨道），当航天器运行至转移轨道的远地点（P_2 点）时施加第二次速度增量 Δv_2，使航天器由轨道 2 转移至轨道 3（目标轨道）。整个过程需要的时间为转移轨道周期的一半。霍曼转移不仅适用于共面圆轨道，也适用于有同一条拱线的共焦点椭圆轨道，转移过程的两次速度增量及转移时间的表达式为

$$\begin{cases} \Delta v_1 = \sqrt{\dfrac{\mu}{r_A}} \left(\sqrt{\dfrac{2r_B}{r_A + r_B}} - 1 \right) \\ \Delta v_2 = \sqrt{\dfrac{\mu}{r_B}} \left(1 - \sqrt{\dfrac{2r_A}{r_A + r_B}} \right) \end{cases} \qquad (2-98)$$

$$T_w = \pi \sqrt{\frac{[(r_A + r_B)/2]^3}{\mu}} \qquad (2-99)$$

式中，r_A 表示轨道 1（原轨道）的半长轴；r_B 表示轨道 2（转移轨道）的半长轴。

式（2-98）的具体推导流程如下。

航天器的轨道方程为

$$r = \frac{h^2}{\mu} \frac{1}{1 + e\cos\theta} \qquad (2-100)$$

其中，e 为偏心率，e、h、μ 均为常数，θ 为真近点角，θ 的导数为真近点角的变化率，也就是位置矢量 $\boldsymbol{r}$ 的角速度。

对于轨道上质点来说，角动量（动量矩）公式为

$$\boldsymbol{H} = \boldsymbol{r} \times \boldsymbol{p} \qquad (2-101)$$

式中，$\boldsymbol{p}$ 表示质点动量；$\boldsymbol{r}$ 表示相对于参考点的位置矢量。对于本节问题来说，$\boldsymbol{p}$ 为航天器动量，$\boldsymbol{r}$ 为航天器相对于地球的位置矢量。将上述方程两端同时除以航天器质量，即可得到航天器的单位质量相对角动量为

$$\boldsymbol{h} = \boldsymbol{r} \times \boldsymbol{v} \qquad (2-102)$$

$$\boldsymbol{h} = r\boldsymbol{u}_r \times (v_r\boldsymbol{u}_r + v_\perp \boldsymbol{u}_\perp) \qquad (2-103)$$

其中 $\boldsymbol{u}_r$ 和 $\boldsymbol{u}_\perp$ 分别是航天器运行轨道径向和与其垂直方向的单位矢量，由矢量叉乘原则可知，同方向矢量叉乘结果为 0，可以推出

$$h = rv_\perp \qquad (2-104)$$

回到霍曼变轨的速度增量问题，对于圆轨道，偏心率为 0，轨道方程为

$$r = \frac{h^2}{\mu} \qquad (2-105)$$

可以解出航天器原始圆轨道速度为

$$v = \sqrt{\frac{\mu}{r_A}} \qquad (2-106)$$

对于椭圆轨道，在第一次霍曼变轨的切向位置真近点角为 0，此时只存在切向速度，偏心率为

$$e = \frac{r_B - r_A}{r_A + r_B} \qquad (2-107)$$

航天器在此时的轨道速度为

$$v = \sqrt{\frac{2\mu r_B}{r_A(r_A + r_B)}} \qquad (2-108)$$

从而可以得到速度增量表达式。

此方法的特点是：共面圆轨道或椭圆轨道，两脉冲，推力机动为当地水平方向。共面霍曼交会是指服务航天器与所交会的目标航天器处于同一轨道平面内，通过改变服务航天器的运行速度，改变其运行轨道，使其与目标航天器的轨道产生切点，并再次改变速度使其在切点处进入目标轨道。可以证明，圆轨道的霍曼变轨是共面变轨策略中能量最省的变轨策略。

虽然霍曼变轨是共面交会策略中最节省推进剂的交会方法，但是交会时间较长，需要至少半个转移轨道的周期，只能实现平面内的交会对接，且对两个航天器初始相位角差有严格的约束，导航和制导误差对交会精度影响较大。

2.3.2　双椭圆转移

双椭圆转移法需要对服务航天器施加三次速度冲量。第一次的速度冲量比霍曼转移中的要大，使服务航天器进入远地点半径大于目标航天器半径的转移轨道，在转移轨道的远地点，对其施加第二速度冲量，使转移轨道的近地点半径等于目标轨道的半径，最后在转移轨道的近地点处，对其施加第三速度冲量，使其进入目标轨道。

如图 2 - 13 所示，半径为 r_1 的服务航天器轨道和半径为 r_2 的目标航天器轨道，两个圆轨道共面，给服务航天器与实时速度方向同方向的第一速度冲量 Δv_1 后，进入近地点半径为 r_1、远地点半径为 R 的转移轨道，在远地点处给它同方向的第二个速度冲量 Δv_2，使轨道改变为近地点半径为 r_2，然后在近地点处，给它第三个速度冲量 Δv_3，使其进入目标轨道，可以看出这个速度冲量与实时速度方向相反。同样，共面双椭圆法变轨需要考虑调相问题。

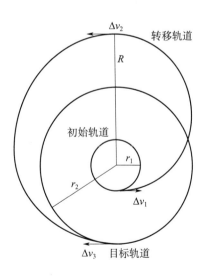

图 2 - 13　共面双椭圆交会

在共面双椭圆法中，总共需要对服务航天器施加三次速度脉冲，因此，它在大多数情况下是不经济适用的，较为耗费推进剂。理论推导证明可知，当目标轨道的半径大约不小于服务航天器原始轨道的 12 倍时，共面双椭圆法才是比较经济的。

2.3.3　兰伯特转移

兰伯特转移可以应用于两个非共面椭圆轨道之间的固定点交会。兰伯特问题（Lambert's Problem）是二体问题中的一类经典问题。它通常被描述为：给定初末位置和转移时间，求初末速度，即确定转移轨道。如图 2-14 所示，服务航天器初始点的位置矢量为 r_1，目标点的位置矢量为 r_2，两个矢量之间的夹角为 θ，则可求得两个位置之间的弦长为 c，转移时间为 $t_F - t_0$，采用兰伯特定理（转移轨道的转移时间 t，仅与半长轴 a、初始和目标轨道半径之和 $r_1 + r_2$ 以及连接始末位置向量的弦长 c 有关）可以得到转移轨道的半长轴 a。

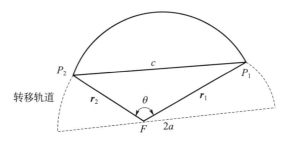

图 2-14　兰伯特问题转移过程示意图

兰伯特转移源自兰伯特问题，即任意给定空间中两点 P_1、P_2 以及转移时间 Δt，确定一条转移轨迹。该问题的本质就是在二体动力学下，一个给定时间的两点边值问题。图 2-15 所示为兰伯特转移的示意图，航天器在 P_1 点施加第一次脉冲，经过 Δt 后到达 P_2 点并施加第二次脉冲进入目标轨道。在求得转移轨迹即转移轨道上 P_1、P_2 两点的速度时，将其与转移前后的速度做差即可求得两次脉冲的速度增量。

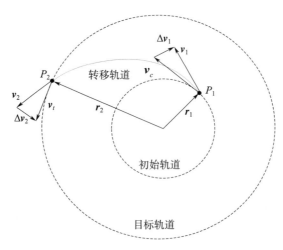

图 2-15　兰伯特转移的示意图

$$\begin{cases} \Delta \boldsymbol{v}_1 = \boldsymbol{v}_1 - \boldsymbol{v}_c \\ \Delta \boldsymbol{v}_2 = \boldsymbol{v}_t - \boldsymbol{v}_2 \end{cases} \tag{2-109}$$

兰伯特问题是经典的轨道力学问题，拉格朗日、高斯、Gooding 等众多著名学者均对此问题进行了深入研究，提出了很多求解方法。在转移时间较长时会存在转移轨道为多圈的情况，即变量 z 的取值不唯一。下面简述 Bate 及 Bond[43] 提出的求解方法。

利用拉格朗日系数 f、g 及其导数 $\dot{f}$、$\dot{g}$ 可以表示出转移轨道上的速度 $\boldsymbol{v}_1$、$\boldsymbol{v}_2$

$$\begin{cases} \boldsymbol{v}_1 = \dfrac{\boldsymbol{r}_2 - f\boldsymbol{r}_1}{g} \\[2mm] \boldsymbol{v}_2 = \dfrac{\dot{g}\boldsymbol{r}_2 - \boldsymbol{r}_1}{g} \\[2mm] f\dot{g} - \dot{f}g = 1 \end{cases} \tag{2-110}$$

根据轨道力学理论，f、g、$\dot{f}$、$\dot{g}$ 满足以下表达式

$$\begin{cases} f = 1 - \dfrac{\mu r_2}{h^2}(1 - \cos\Delta\theta) \\[2mm] g = \dfrac{r_1 r_2}{h}\sin\Delta\theta \\[2mm] \dot{f} = \dfrac{\mu(1 - \cos\Delta\theta)}{h\sin\Delta\theta}\left[\dfrac{\mu}{h^2}(1 - \cos\Delta\theta) - \dfrac{1}{r_1} - \dfrac{1}{r_2}\right] \\[2mm] \dot{g} = 1 - \dfrac{\mu r_1}{h^2}(1 - \cos\Delta\theta) \end{cases} \tag{2-111}$$

式中，r_1、r_2 表示起始点 P_1 和终止点 P_2 的位置矢量模值；$\Delta\theta$ 表示在转移轨道上经过的真近点角；h 表示轨道角动量的模值。

采用全局近点角 χ 表示拉格朗日系数及其导数

$$\begin{cases} f = 1 - \dfrac{\chi^2}{r_1}C(z) \\[2mm] g = \Delta t - \dfrac{1}{\sqrt{\mu}}\chi^3 S(z) \\[2mm] \dot{f} = \dfrac{\sqrt{\mu}\chi}{r_1 r_2}[zS(z) - 1] \\[2mm] \dot{g} = 1 - \dfrac{\chi^2}{r_2}C(z) \end{cases} \tag{2-112}$$

式中，$z = \chi^2/a$，a 为半长轴。$C(z)$、$S(z)$ 为 Stumpff 函数。定义两个变量为

$$\begin{cases} A = \sin\Delta\theta\sqrt{\dfrac{r_1 r_2}{1 - \cos\Delta\theta}} \\[3mm] y(z) = r_1 + r_2 + A\dfrac{zS(z) - 1}{\sqrt{C(z)}} \end{cases} \tag{2-113}$$

由式（2-111）和式（2-112）可构造等式并化简得到

$$\Delta t = \frac{1}{\sqrt{\mu}} \left[\chi^3 S(z) + A\chi \sqrt{C(z)} \right] \qquad (2-114)$$

式（2-114）为仅含有未知变量 χ 的非线性方程。可利用各种数值算法求解方程的根，并代入式（2-109）～式（2-111）即可求得 Δv_1、Δv_2。需要说明的是，$C(z)$、$S(z)$ 均表示为无穷级数，在实际应用中截至前两项足以满足精度要求。此外，计算 $\Delta \theta$ 时需要指定转移轨道的运行方式（顺行/逆行）。

在转移时间较长时会存在转移轨道为多圈的情况，即变量 z 的取值不唯一。韩潮等[45]等人给出了在指定圈数时的多圈兰伯特的求解方法。其本质是确定多圈下变量 z 的取值范围，并在该范围内求解式（2-114）。

由上述分析可知，在实际交会任务中，已知服务航天器初始的位置速度 x_1、目标在交会点的位置速度 x_2 以及转移时间 t 后，可能存在多个兰伯特转移策略。本书取所需速度增量最小（推进剂最优）的策略作为交会的机动方案。假设服务航天器轨道周期为 T_m，将 $N_{max} = [T/T_m]$ 定为最大圈次。遍历从圈次 0 到圈次 N_{max} 的所有顺行及逆行轨道对应的速度增量，取最小的一组为兰伯特转移的输出量。由此得出固定时间下最优两脉冲兰伯特转移。上述过程表示为

$$(\Delta v_1, \Delta v_2) = \mathrm{Lambert}(x_1, x_2, t) \qquad (2-115)$$

2.4　任务规划常用优化算法

2.4.1　遗传算法

遗传算法（Genetic Algorithm，GA）是最为经典且古老的进化算法之一，由美国科学家 John Holland[46] 于 20 世纪 70 年代首次提出。该算法通过模拟自然界中物种"优胜劣汰"的繁衍机制进行寻优搜索。遗传算法由于其强大的全局搜索能力以及灵活的编码方式，被广泛应用于各类工程规划问题中，而且以其为核心的各种算法的改进方式也成为进化计算领域研究的一大热点。

图 2-16 所示为遗传算法的流程图，算法的框架非常简单。首先生成一个初始种群，种群中的每个个体都是随机生成的一个优化变量。利用优化指标评价每个个体的适应度，并根据该值选择优胜者，进行交叉、变异生成子代种群。在多次迭代进化中，所有个体逐渐向最优解靠拢。算法的核心步骤包括编码、适应度计算、选择、交叉以及变异。

1）编码是将优化变量转换为特定表达形式的过程，经过编码后得到一组基因。编码的主要方式有二进制编码、格雷编码以及实数编码三种。

2）适应度计算就是将个体代入优化函数内，计算对应的函数值。在搜索最小值时会对函数值进行类似取倒数、取相反数的操作。

3）选择是根据适应度在所有个体中选出优秀个体进行繁衍的步骤，是保证种群收敛的核心。常用的选择方式包括轮盘赌选择、锦标赛选择、线性排序选择等。无论哪一种方式，原则都是遵循"适者生存"的进化规律。

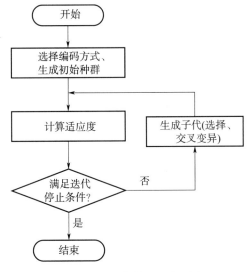

图 2 - 16　遗传算法的流程图

4）交叉是随机挑选两个父代个体生成子代个体的步骤，也是算法最灵活的地方。常用的交叉方式包括单点交叉、两点交叉、位置交叉（PBX）、顺序交叉（OBX）等。采用不同的交叉方法会对算法的收敛性、优化效果产生影响。

5）变异是对子代个体的部分基因进行的改变，是保证算法能够跳出局部最优的重要步骤。变异的常用方式包括基本位变异、高斯近似变异、均匀变异等。变异概率通常是一个比较小的值，以保证算法的整体收敛性。

在上述基本遗传算法的基础上，常采用的一些改进方法包括以下几种。

1）精英保留：将优秀个体保留至子代，避免在选择、交叉、变异过程中丢失。

2）自适应交叉、变异概率：根据个体适应度自适应地调整交叉概率和变异概率。

3）混沌搜索：利用混沌映射函数加强搜索能力。

2.4.2　差分进化算法

差分进化算法（Differential Evolution，DE）[47]可视为遗传算法的一种衍生算法，由 Storn 和 Price 在 1997 年提出，算法的基本思想和流程与遗传算法十分类似。

首先随机生成一个规模为 N 的初始种群 $X^1 = \{x_1^1 \quad \cdots \quad x_N^1\}$ ，并计算每个个体的适应度。在迭代进化中，差分进化算法首先利用差分算子进行变异操作，具体过程如下。

在迭代至第 i 代的种群中，随机选取三个个体 x_{j1}^i 、 x_{j2}^i 、 x_{j3}^i ，变异得到

$$v_j^{i+1} = x_{j1}^i + F(x_{j2}^i - x_{j3}^i) \quad j = 1, 2, \cdots, N \qquad (2-116)$$

生成的种群记为 $V^{i+1} = \{v_1^{i+1} \quad \cdots \quad v_N^{i+1}\}$ ，式中 F 为缩放因子。

变异后进行选择操作，生成种群 $U^{i+1} = \{u_1^{i+1} \quad \cdots \quad u_N^{i+1}\}$ 。个体的生成方式为

$$u_j^{i+1} = \begin{cases} v_j^{i+1} & \text{rand} \leqslant P \\ x_j^i & \text{rand} > P \end{cases} \quad j = 1, 2, \cdots, N \qquad (2-117)$$

式中，rand 为随机生成的一个在 $0-1$ 间满足均匀分布的随机数；P 为设定的交叉概率。

最后进行选择操作，生成子代种群 $X^{i+1} = \{x_1^{i+1} \quad \cdots \quad x_N^{i+1}\}$ 。个体的生成方式为

$$x_j^{i+1} = \begin{cases} u_j^{i+1} & f(u_j^{i+1}) \geqslant f(x_j^i) \\ x_j^i & f(u_j^{i+1}) < f(x_j^i) \end{cases} \quad j = 1, 2, \cdots, N \tag{2-118}$$

综上，差分进化算法与遗传算法的区别主要在于其采用了特殊的差分算子。以及在生成新个体时，按照先变异再交叉最后选择的步骤。差分算法的选择方式保证了算法的收敛性。一些改进手段主要在交叉变异的方式以及算法参数的自适应调整上[48,49]。

2.4.3　NSGA-Ⅱ算法

Deb 等学者在 2002 年提出了非支配排序遗传算法（Non-dominated Sorting Genetic Algorithm-Ⅱ，NSGA-Ⅱ）。图 2-17 所示为 NSGA-Ⅱ算法的流程图，该算法在生成子代个体时，沿用了遗传算法的选择、交叉、变异算子。同时，还增加了快速非支配排序、排挤距离计算以及精英保留的步骤。

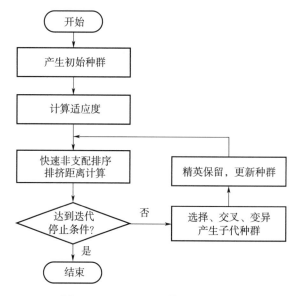

图 2-17　NSGA-Ⅱ算法的流程图

快速非支配排序旨在将种群按照 Pareto 排序进行分解

$$X = \bigcup_{i=1}^{p} X_i \tag{2-119}$$

式中，p 为分解得到的子集个数，每个子集中的元素互不支配。图 2-18 以两目标优化为例，给出了快速非支配排序的示意图，可见前面集合中的元素要整体优于后面集合中的元素，这为选择个体提供了依据。快速非支配排序的基本思路是：首先搜索所有个体，确定每个个体 j 对应的被支配个体数量 n_j 和支配个体集合 S_j。将 $n_j = 0$ 的全部个体归为第一非支配集合，找到这些个体对应的支配个体集合中的元素。并将对应元素的被支配个体数量减 1。继续搜索 $n_j = 0$ 的个体并归为第二支配集合，重复上述过程直到所有个体都被分

至相应集合中。

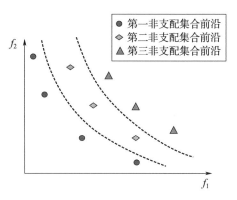

图 2 - 18　快速非支配排序的示意图

排挤距离计算用于确定每个个体的代价指标和相邻个体的距离关系，其定义公式为

$$d_i = \sum_{j=1}^m \left| \frac{f_j^{i+1} - f_j^{i-1}}{f_j^{\max} - f_j^{\min}} \right| \qquad (2-120)$$

式中，$f_j^{\max}$、$f_j^{\min}$ 分别为所有个体中，在第 j 个指标函数上的最大值和最小值。f_j^{i+1}、f_j^{i-1} 分别为在第 j 个指标函数值上，与个体 i 前后相邻的两个个体的函数值。排挤距离表征了种群的多样性，该值越大解的分布也越均匀。

NSGA - Ⅱ 在进行选择时应遵循的原则是：非支配排序等级靠前的个体占优；同一排序等级下，排挤距离值大的占优。在生成子代个体后，需要从子代与父代中挑选出前一半占优的个体作为精英个体进入下一轮迭代。

2.4.4　MOEA/D 算法

张青富于 2007 年首次提出基于分解的多目标优化算法（Multi - objective Evolutionary Algorithm Based on Decomposition，MOEA/D），该算法对进化计算领域产生了深远影响。其基本思想在于通过取不同的权值将多目标优化问题分解为若干单目标优化子问题。经过多次迭代寻优后，所有子问题的解共同组成了 Pareto 最优集。图 2 - 19 所示为 MOEA/D 算法的流程图，下面简述算法的步骤。

步骤 1：生成 N 个均匀权重向量 $\{\lambda_1 \quad \lambda_2 \quad \cdots \quad \lambda_N\}$。确定一个领域变量 T，并针对每个权值 $\lambda_i (i=1，\cdots，N)$，由与其最相近的 T 个权重变量组成相应的权重集合 $B_i = \{\lambda_i^1 \quad \lambda_i^2 \quad \cdots \quad \lambda_i^N\}$。集合中每个权重变量对应的序号为 $P_i = \{i_1 \quad i_2 \quad \cdots \quad i_N\}$。

步骤 2：随机生成一个规模为 N 的初始种群 $Q_0 = \{x_1^0 \quad x_2^0 \quad \cdots \quad x_N^0\}$，并计算每个个体的多个目标函数值。初始化参考点 $Z = [z_1 \quad z_2 \quad \cdots \quad z_m]$。

步骤 3：针对每个个体，依次从其对应集合 $P_i(i=1，2，\cdots，N)$ 中随机挑选两个个体序号，并由选中的两个个体进行交叉产生新个体。计算新个体的多个目标函数值，更新参考点 Z。

步骤 4：遍历 $P_i(i=1，\cdots，N)$ 中所有编号对应的个体，并由权重 $\lambda_i(i=1，\cdots，N)$

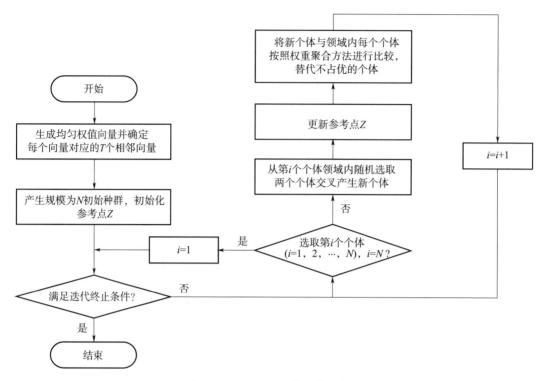

图 2-19 MOEA/D 算法的流程图

及相应的聚合方式,将多个优化目标转为单一优化目标,与新个体进行比较。不占优的个体将被新个体代替。

步骤5:判断迭代次数是否达到设定上限,若满足则停止搜索并输出种群,反之返回步骤3。

其中,在步骤2中参考点 Z 计算方式为

$$Z_i = \min_{1 \leqslant j \leqslant N} f_i(\boldsymbol{x}_j) \qquad (2-121)$$

步骤3中产生新个体的方法可采用差分算子或者遗传算法中的各种交叉算子。在步骤4中,常用的权值聚合方法包括线性权重聚合方法、切比雪夫方法以及惩罚边界交叉方法等。

2.5 小结

本章介绍了决策推演基础理论,主要包括空间任务相关运算所使用的坐标系和轨道动力学,给出了航天器轨道计算的基本方程和描述轨道的轨道要素等内容,还有描述航天器相对运动的方程与航天器轨道动力学的基础模型,以及根据动力学内容得到的常用轨道脉冲机动策略和任务规划常用优化算法。

第 3 章　空间机动任务分析与建模

决策推演是为了能够模拟不同空间任务情况，建立起对应的机动策略。其中，首先要明确不同类型空间任务的功能与背景，本章将对常见的五类空间任务进行介绍，分别是机动接近伴飞任务、机动抵近成像任务、机动避障任务、机动巡航普查任务以及机动在轨维护任务。通过介绍任务相关的背景与功能，使读者对空间任务的基本概念有所了解，并建立起相关的数学模型与评价指标，这样才能将仿真的轨道机动策略与真实的空间任务结合起来。

本书中所提到的五种空间任务十分具有代表性，在航天器发射成功，并确定了服务的目标航天器之后，首先要进行接近伴飞任务，从而靠近目标，达到预定位置；然后根据需要可以执行抵近成像任务，通过调相机动等方式，在合适的成像时间机动到合适的位置，完成成像任务；也可以执行在轨维护任务，通过近距离连续的机动，完成和目标航天器的交会，达成速度和位置的一致，使用机械臂等载荷完成在轨维护；在上述任务过程中，可能存在与空间碎片的碰撞风险，面对这类突发情况，需要执行机动避障任务避免发生安全事故；在扩展到存在多个待服务的目标航天器的情况下，需要对多个目标航天器依次机动到足够近的距离，这也是巡航普查任务和在轨维护任务的一种形式。

空间机动任务建模方式见表 3 - 1。

表 3 - 1　空间机动任务建模方式

任务类型	建模方式
机动接近伴飞任务	近距离时使用相对运动模型的 C - W 方程推导模型 $$\begin{cases} \ddot{x} = 2\dot{y}\omega + x\omega^2 + y\dot{\omega} + 2\dfrac{\mu x}{r^3} + a_x \\ \ddot{y} = -2\dot{x}\omega + y\omega^2 - x\dot{\omega} - \dfrac{\mu}{r^3}y + a_y \\ \ddot{z} = -\dfrac{\mu}{r^3}z + a_z \end{cases}$$ 远距离使用优化指标 $$\begin{cases} \min J = \sum_{i=1}^{n} \|\Delta v_i\| \\ s.t. \quad g_i(x) \leqslant 0 \quad i = 1,2,\cdots,l \end{cases}$$
机动抵近成像任务	使用相对运动模型的 C - W 方程推导模型 $$\begin{cases} \ddot{x} = 2\dot{y}\omega + x\omega^2 + y\dot{\omega} + 2\dfrac{\mu x}{r^3} + a_x \\ \ddot{y} = -2\dot{x}\omega + y\omega^2 - x\dot{\omega} - \dfrac{\mu}{r^3}y + a_y \\ \ddot{z} = -\dfrac{\mu}{r^3}z + a_z \end{cases}$$

续表

任务类型	建模方式
机动避障任务	使用相对运动模型的 C‐W 方程推导模型 $$\begin{cases} \ddot{x} = 2\dot{y}\omega + x\omega^2 + y\dot{\omega} + 2\dfrac{\mu x}{r^3} + a_x \\ \ddot{y} = -2\dot{x}\omega + y\omega^2 - x\dot{\omega} - \dfrac{\mu}{r^3}y + a_y \\ \ddot{z} = -\dfrac{\mu}{r^3}z + a_z \end{cases}$$
机动巡航普查任务	使用优化指标建模 $$\begin{cases} \min J = \sum_{i=1}^{n} \|\Delta v_i\| \\ s.t. \quad g_i(x) \leqslant 0 \quad i=1,2,\cdots,l \end{cases} \quad or \quad \begin{cases} \min J = \sum_{i=1}^{n} t_i \\ s.t. \quad g_i(x) \leqslant 0 \quad i=1,2,\cdots,l \end{cases}$$
机动在轨维护任务	使用相对运动模型的 C‐W 方程推导模型 $$\begin{cases} \ddot{x} = 2\dot{y}\omega + x\omega^2 + y\dot{\omega} + 2\dfrac{\mu x}{r^3} + a_x \\ \ddot{y} = -2\dot{x}\omega + y\omega^2 - x\dot{\omega} - \dfrac{\mu}{r^3}y + a_y \\ \ddot{z} = -\dfrac{\mu}{r^3}z + a_z \end{cases}$$

3.1 机动接近伴飞任务模型

3.1.1 接近伴飞任务简介

接近伴飞任务广泛地存在于本书介绍的其他空间任务中，是许多其他空间任务的基础，接近伴飞任务典型轨迹如图 3‐1 所示。接近伴飞任务分为抵近阶段和伴飞阶段两个阶段。抵近阶段通常是预设转移轨道通过脉冲机动完成变轨，使服务航天器朝向目标航天器的方向靠近；伴飞阶段是在抵近到一定距离后，再次通过对服务航天器施加速度脉冲，变更轨道，从而与目标航天器始终能保持一个相对较近的距离范围内运动，进行观察，以便于后续的空间任务进行。

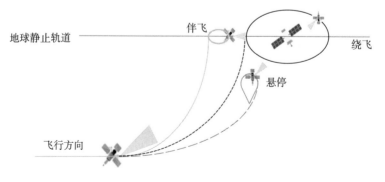

图 3‐1 接近伴飞任务伴飞、悬停、绕飞三种轨迹示意图

一般来说，抵近阶段的转移轨道选取有多种选择，如何平衡机动时间与推进剂消耗，选取最优的转移轨道需要反复设计；伴飞阶段的目的在于很多空间任务要求服务航天器相对目标航天器形成稳定的相对构型，从而实现长期稳定的在轨服务功能或者对目标准确位置的抵近，以完成检视探测或者防卫维修功能。常见伴飞阶段的近距离相对运动构型包括1）伴飞构型、2）悬停构型以及3）绕飞构型。

伴飞构型通常是指服务航天器相对目标航天器形成同轨道稳定相对运动，服务航天器可以在目标航天器前方或者后方进行观测，通常可以应用于编队航天器任务中。在伴飞构型中，随着服务航天器伴飞时间的延长，伴飞状态会由于摄动因素的影响而发生漂移，从而产生累积误差，影响任务精度，因此需要通过轨道机动进行伴飞状态的调整或者进行轨道修正。

悬停构型是指服务航天器相对于目标航天器长期维持在某个固定位置或者固定区域，服务航天器可以实现对目标航天器的特定角度观测。在悬停构型中，服务航天器的轨道高度与目标航天器的轨道高度不同，因此为了维持悬停构型，服务航天器需要施加持续小脉冲推力或者周期性的脉冲推力。"水滴"悬停是其中的典型构型，是利用 C‑W 方程推导出的 HILL 坐标系下的悬停构型。

绕飞构型是指服务航天器对目标航天器形成周期性的环绕飞行，也可以看作是一种特殊的伴飞构型，通常分为强迫绕飞和自然绕飞。强迫绕飞是指服务航天器通过施加主动控制，实现对目标航天器的环绕飞行；自然绕飞是指服务航天器在绕飞过程中不施加任何主动控制，形成的绕飞周期与目标航天器轨道周期相同。服务航天器通过绕飞构型，可以实现对目标航天器的全方位监测，具有重要的实际工程意义，目前关于绕飞构型的研究也越来越多。

3.1.2　接近伴飞任务数学模型

针对数学模型问题，由于本书的重点在于轨道机动研究，数学模型也是以轨道运动模型为主，考虑到空间中的复杂条件，在建模前进行以下假设：由于本书考虑高轨空间环境，常见的空间摄动影响较小，建模时忽略摄动力影响，只考虑地球引力和航天器自身推力。

接近伴飞任务建模存在两种情况，在服务航天器距离目标航天器较远时，对服务航天器建立绝对运动模型，根据优化目标函数进行轨道机动规划，从而决定机动参数的选取；在服务航天器距离目标航天器较近时，建立服务航天器与目标航天器的相对运动模型。

服务航天器的绝对运动模型可以由轨道动力学得出，记空间中服务航天器和目标航天器的位置矢量分别为 $\boldsymbol{r}_c$ 和 $\boldsymbol{r}_t$，根据地球引力和航天器自身推力，运动模型为

$$\frac{\mathrm{d}^2 \boldsymbol{r}_c}{\mathrm{d}t^2} = -\frac{\mu}{r_c^3}\boldsymbol{r}_c + \boldsymbol{a}_c \qquad (3-1)$$

$$\frac{\mathrm{d}^2 \boldsymbol{r}_t}{\mathrm{d}t^2} = -\frac{\mu \boldsymbol{r}_t}{r_t^3} \qquad (3-2)$$

式中，$\boldsymbol{a}_c$ 表示服务航天器推力的加速度；μ 表示地球引力常数。

优化指标为服务航天器脉冲机动的模的总值，即优化目标为服务航天器完成所有任务的轨道转移代价最小。

$$
\begin{cases}
\min J = \sum_{i=1}^{n} \parallel \Delta v_i \parallel \\
s.t. \quad g_i(x) \leqslant 0 \quad i = 1, 2, \cdots, l
\end{cases}
\tag{3-3}
$$

式中，Δv_i 表示第 i 次脉冲的机动向量；g_i 表示接近伴飞任务的约束条件。

当服务航天器与目标航天器的距离远远小于轨道半径时，建立相对运动模型，记空间中服务航天器和目标航天器的位置矢量分别为 $\boldsymbol{r}_c$ 和 $\boldsymbol{r}_t$，如式（3-1）和式（3-2）所示，则服务航天器相对于目标航天器的位置矢量 $\boldsymbol{r}$ 可以表示为

$$
\boldsymbol{r} = \boldsymbol{r}_c - \boldsymbol{r}_t = \begin{bmatrix} x & y & z \end{bmatrix}^{\mathrm{T}}
\tag{3-4}
$$

由于服务航天器和目标航天器距离远远小于航天器飞行轨道半径，使用第 2 章相对运动力学方程相关内容，可以得到航天器的相对运动模型，也是航天器在接近伴飞任务中的运动模型

$$
\begin{cases}
\ddot{x} = 2\dot{y}\omega + x\omega^2 + y\dot{\omega} + 2\dfrac{\mu x}{r^3} + a_x \\[2mm]
\ddot{y} = -2\dot{x}\omega + y\omega^2 - x\dot{\omega} - \dfrac{\mu}{r^3}y + a_y \\[2mm]
\ddot{z} = -\dfrac{\mu}{r^3}z + a_z
\end{cases}
\tag{3-5}
$$

3.1.3　约束条件

接近伴飞任务考虑的约束条件主要与机动时间和推进剂消耗相关，整个任务的实现都是通过轨道机动完成的，建模中所设计的优化目标函数的目的是为了得到最好的轨道机动策略，而设置约束条件的目的是为了确保任务成功完成，得到实现任务的最低要求参数。

（1）机动时间约束

在接近伴飞任务的变轨过程中，由于机动策略和转移轨道选取的问题，转移时间也有所不同，一些紧急任务存在时效性或者窗口期，为了确保任务的顺利进行，需要对任务的时间加以约束。

$$
\sum_{i=1}^{n} \Delta t_i \leqslant T_{\max}
\tag{3-6}
$$

式中，Δt_i 表示从任务开始每次施加速度脉冲进行轨道机动，在转移轨道上所耗时间，直至抵近到目标位置，进行后续任务为止；$T_{\max}$ 表示接近伴飞任务抵近阶段允许的最大时长。

$$
T_1 \leqslant \sum_{i=1}^{n} \Delta t_i \leqslant T_2
\tag{3-7}
$$

式中，Δt_i 与式（3-6）相同，T_1 与 T_2 表示接近伴飞任务的窗口时间，需要在此时间范围内完成轨道机动，达到目标位置。

（2）推进剂消耗约束

推进剂消耗约束需要考虑两部分，一部分是抵近过程中进行轨道机动消耗推进剂，另一部分是伴飞阶段维持伴飞构型消耗推进剂，特别是悬停和一些绕飞构型，需要持续供给推进剂才能保持工作相对位置。

$$\int_{t_1}^{t_2} \dot{m}\,\mathrm{d}t \leqslant m - \Delta m \tag{3-8}$$

式中，$\dot{m}$ 表示单位时间内航天器的推进剂消耗量；m 表示航天器携带推进剂的总量；Δm 为执行其他航天器任务和轨道机动预估消耗的推进剂量。

（3）机动加速度约束

考虑到航天器携带的推进剂在单位时间提供的能量有限（取决于推进剂类型与供能方式等因素），航天器进行轨道机动时所能产生的加速度也是有限的，不能超过推进发动机的额定负载能力，因此对轨道机动的加速度进行条件约束。

$$\Delta a \leqslant a_0 \tag{3-9}$$

式中，Δa 表示航天器轨道机动时发动机提供的加速度；a_0 表示发动机所能提供的最大加速度。

（4）伴飞位置约束

伴飞任务需要保持在一定距离范围内，以绕飞为例，图 3-2 是绕飞和伴飞任务的示意图。当服务航天器对目标航天器绕飞时，绕飞椭圆的短半轴为服务航天器至目标航天器的最短距离，短半轴长度发生变化时，服务航天器相对目标航天器的空间位置和距离也发生变化，会比标称的距离有所增加，绕飞控制精度会对目标航天器探测造成影响，距离相对标称值会增加，导致接收增益的下降。

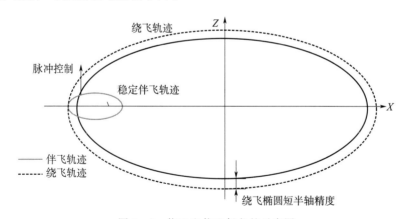

图 3-2　绕飞和伴飞任务的示意图

绕飞控制相对精度对接收增益和任务功率衰减影响见表 3-2。

表 3-2　绕飞控制相对精度对接收增益和任务功率衰减影响

绕飞控制相对精度（%）	0	2	4	6	8	10	12	14	16	18	20
功率衰减/dB	0.00	0.17	0.34	0.51	0.67	0.83	0.98	1.14	1.29	1.44	1.58

从表 3 - 2 中可以看出，绕飞控制相对精度小于 12% 时，信号信噪比损失在 1 dB 以内。

$$d_1 \leqslant \int_{t_1}^{t_2} \Delta v \mathrm{d}t \leqslant d_2 \qquad (3-10)$$

式中，Δv 表示服务航天器相对目标航天器的径向速度；d_1、d_2 表示允许的误差范围，距离过近或过远都会改变轨道和影响信号接收，需要控制在一定精度范围内才能稳定伴飞。

3.2　机动抵近成像任务模型

3.2.1　抵近成像任务简介

抵近成像任务是指空间飞行器上的成像检视系统使用搭载的光学、雷达成像设备，通过抵近机动靠近空间目标，到达轨道上与目标足够近的点，能够进行准确成像，也存在绕飞调相一段时间后再抵近的情况，对在空间飞行或通过空间的飞行物包括卫星、空间站、航天器，以及空间失效载荷和空间碎片等进行观测和跟踪识别。与地基空间目标观测系统相比，天基空间目标观测系统由于距空间目标更近，因而能够更准确、更及时地获取目标信息，弥补地基空间目标观测系统的不足。

早期的在轨服务由航天员出舱完成，如 1973 年美国航天员在舱外成功维修了"天空实验室"上故障的太阳翼；先后五次对哈勃空间望远镜进行维修和保养，从而使望远镜的性能和可靠性显著提升。但考虑到航天员出舱存在诸多限制，遥操作机械臂的应用优势逐渐显现，它可以通过视觉监控目标状态，人工远距离操作完成简单任务。美国 NASA 的 RRM（Robotic Refueling Mission）任务在 2013 年完成了第一阶段任务，首次使用机械臂在两个相机及附属照明系统的信息支持下为服役卫星加注推进剂。中国在空间交会对接中也使用遥操作相机获取靶标的观测信息，在月球探测器玉兔号的任务执行过程中，基于视觉的遥操作在导航定位和月面探测中提供了技术保障。以上相关空间任务都需要航天器设备具有抵近成像检视相关的功能。

从上面的介绍可以看出抵近成像任务是很多其他空间任务的基础，在碎片防卫任务中，需要成像系统辅助飞行碎片的具体情况；在包括在轨维修的交会对接任务中，成像系统也是对接过程和维修过程的重要组成部分；此外，航天器的成像检视系统的主要作用还体现在空间观测系统上，拥有空间目标跟踪与观测手段是实现空间控制、把握空间主动的基础和前提。空间目标跟踪与观测系统的主要任务是运用雷达探测、光电观测、无线电探测等各种技术手段，对空间目标进行精确探测、跟踪识别和编目管理，测量空间目标的位置、速度和结构等，获取空间目标的特征和图像，掌握空间活动/非活动目标类型、属性与功能，监测空间环境，判明空间威胁，进行风险评估，为航天活动提供预警信息。

3.2.2　抵近成像任务数学模型

在抵近成像过程中，将己方的航天器设为服务航天器，将待观测目标设为目标航天器。建立抵近成像问题的数学模型，从轨道机动角度而言，需要建立服务航天器和目标航天器的相对运动方程。记空间中服务航天器和目标航天器的位置矢量分别为 $\boldsymbol{r}_c$ 和 $\boldsymbol{r}_d$，根据地球引力和航天器自身推力，服务航天器和目标航天器的轨道动力学方程分别为

$$\frac{\mathrm{d}^2 \boldsymbol{r}_c}{\mathrm{d} t^2} = -\frac{\mu}{r_c^3} \boldsymbol{r}_c + \boldsymbol{a}_c \tag{3-11}$$

$$\frac{\mathrm{d}^2 \boldsymbol{r}_d}{\mathrm{d} t^2} = -\frac{\mu \boldsymbol{r}_d}{r_d^3} \tag{3-12}$$

式中，$\boldsymbol{a}_c$ 表示服务航天器推力的加速度，μ 表示地球引力常数。则服务航天器相对于目标航天器的位置矢量 $\boldsymbol{r}$ 可以表示为

$$\boldsymbol{r} = \boldsymbol{r}_c - \boldsymbol{r}_d = \begin{bmatrix} x & y & z \end{bmatrix}^{\mathrm{T}} \tag{3-13}$$

根据第 3.1.2 节内容可推导出航天器在抵近成像任务中的数学模型为

$$\begin{cases} \ddot{x} = 2\dot{y}\omega + x\omega^2 + y\dot{\omega} + 2\dfrac{\mu x}{r^3} + a_x \\[2mm] \ddot{y} = -2\dot{x}\omega + y\omega^2 - x\dot{\omega} - \dfrac{\mu}{r^3}y + a_y \\[2mm] \ddot{z} = -\dfrac{\mu}{r^3}z + a_z \end{cases} \tag{3-14}$$

3.2.3　约束条件

（1）成像设备约束

抵近成像任务通常使用相机雷达等多种设备，这些设备的组合选用、信号传输、分辨率选择、光谱选择等因素都会对成像效果造成影响，由于本书主要研究方向在于轨道机动方面，这部分只做简要介绍，不做深入研究。

（2）光照角度约束

相机成像要考虑光照条件影响，目标航天器表面材料反射太阳光过强，或者逆光拍摄等因素可能会导致成像效果不佳，因此对成像时的光照角度进行约束。

$$\theta_0 \leqslant \theta \leqslant \theta_1 \tag{3-15}$$

式中，θ_0、θ_1 表示服务航天器相对于目标航天器允许的光照角范围。

（3）成像抵近距离约束

抵近距离约束与图像分辨率有关，图像分辨率是指能区分的两相邻目标之间的最小角度间隔或线性间隔。随着分辨率的提高，图像中目标的细节信息变得越来越丰富。当图像的分辨率较低时，只能发现目标，对目标实施态势跟踪；当图像的分辨率较高时，不但能发现目标，还可以通过把目标图片与已知图片比对来确认目标，对目标实施精细化辨识。因此需要确定成像时所需的最远抵近距离，建立抵近距离约束为

$$\int_{t_1}^{t_2} \Delta v_r \, \mathrm{d}t \leqslant D \tag{3-16}$$

式中，Δv_r 表示服务航天器相对于目标航天器的径向速度；D 表示保证成像效果的最远抵近距离。

（4）成像位姿约束

除了考虑抵近到足够成像的距离外，还需要考虑成像时刻相对于目标的位置与姿态，这样才能清晰准确地拍摄目标的全貌和目标航天器上高价值的载荷，因此建立成像位姿约束

$$\boldsymbol{r}_c(t_2) - \boldsymbol{r}_d(t_2) = \boldsymbol{r}_0 \tag{3-17}$$

$$\boldsymbol{C}(t_2) = \boldsymbol{C}_0, \quad \boldsymbol{C} \in \boldsymbol{R}^3 \tag{3-18}$$

式中，$\boldsymbol{r}_c$、$\boldsymbol{r}_d$ 表示服务航天器和目标航天器的位置矢量；$\boldsymbol{r}_0$ 表示预设的成像位置相对矢量；$\boldsymbol{C}$ 表示服务航天器相对于目标航天器三轴的姿态角。

（5）稳定时间约束

为了保证成像精度，不仅需要考虑载荷摆动过程的速度、加速度对成像效果的影响，还要考虑载荷摆动精度等参数，一般情况下，成像卫星实施侧视效果需要一定的稳定时间，之后才能开启星载传感器设备。不同指向调整时间不同，至少需要 5 s 以上。对于速度对图像造成的运动模糊，可以通过变更相机类型和使用图像处理的方式解决，对于稳定时间需要成像前留好裕量，稳定之后再进行拍摄。

$$\begin{cases} \left| \boldsymbol{r}_c(t_1) - \boldsymbol{r}_d(t_1) \right| \leqslant d \\ \boldsymbol{r}_c(t_1 + t_f) - \boldsymbol{r}_d(t_1 + t_f) = \boldsymbol{r}_0 \end{cases} \tag{3-19}$$

式中，$\boldsymbol{r}_c$、$\boldsymbol{r}_d$ 表示服务航天器和目标航天器的位置矢量；$\boldsymbol{r}_0$ 表示预设的抵近位置相对矢量；t_1 表示抵近过程所需的时间；t_f 表示稳定过程所需时间，一般为 5～30 s 不等，视设备情况而定；d 表示能够准确成像的最大距离。

3.3 机动避障任务模型

3.3.1 机动避障任务简介

随着全球航天事业的快速发展，世界范围内航天器发射次数也是逐年攀升，全世界先后有超过 30 个国家和地区相继进行了发射任务。进入 21 世纪，世界各国进行航天器发射的任务越来越紧迫，发射活动也越发频繁。然而由于宇宙空间资源的有限，特别是近地空间以及地球同步轨道空间的有限性，导致地球附近的地外空间中物体的数量迅速攀升，空间航天器运行环境逐步变得拥挤不堪，空间碎片造成的太空环境问题已经呈现持续恶化的趋势。航天器在轨道运行期间，由于误差等因素的存在，轨道状态信息会产生偏差，因此如何解决受到误差影响航天器与空间目标的碰撞预警与规避问题，也是本书的重点研究工作之一。

空间碎片包括火箭上面级、失效卫星、航天任务抛弃物及航天器解体或相互之间碰撞后产生的衍生物，主要集中在太阳同步轨道和地球静止轨道。空间碎片的超高速撞击会导致航天器损伤甚至爆炸解体，是在轨空间系统安全运行的重大威胁。虽然与空间碎片碰撞的概率很小，但是造成的后果非常严重。例如，美国"铱星"系列 33 号卫星与俄罗斯"宇宙"系列 2251 号卫星在 2009 年 2 月发生碰撞，致使两个航天器损毁，10 cm 以上空间

碎片增加近 3 000 个。对空间碎片的防卫任务就是通过预警避障或清理来避免与空间碎片发生碰撞，在本书中主要针对避障的机动策略进行研究。

对于避障机动的研究，可以维护航天器及空间站的安全运行，保证载人航天任务、探月工程、火星探测工作的顺利稳定推进，以及维护地球外空间环境等，必须发展一套完整有效的航天器碰撞预警理论和及时高效的规避机动策略。航天器碰撞概率计算和规避机动策略从概念角度来说是两个相互独立的过程，但是在实现过程中，两者有着共同的理论基础，在计算实现上也有着关联性，因此将碰撞预警和规避机动理论有机结合起来，共同形成一套完整有效的空间防撞避让的理论方法。

3.3.2　机动避障任务数学模型

在机动避障过程中，将己方的航天器设为服务航天器，将空间中的空间碎片、其他运行卫星以及废弃卫星等空间目标设为目标航天器。建立机动避障问题的数学模型，由于本书的重点在于轨道机动研究，考虑到空间中的复杂条件，在建模前进行以下假设：由于本书考虑高轨空间环境，常见的空间摄动影响较小，建模时忽略摄动力影响，只考虑地球引力和航天器自身推力。

记空间中服务航天器和障碍目标位置矢量分别为 $\boldsymbol{r}_c$ 和 $\boldsymbol{r}_o$，根据地球引力和航天器自身推力，服务航天器和障碍物的轨道动力学方程分别为

$$\frac{\mathrm{d}^2\boldsymbol{r}_c}{\mathrm{d}t^2} = -\frac{\mu}{r_c^3}\boldsymbol{r}_c + \boldsymbol{a}_c \tag{3-20}$$

$$\frac{\mathrm{d}^2\boldsymbol{r}_o}{\mathrm{d}t^2} = -\frac{\mu\boldsymbol{r}_o}{r_o^3} \tag{3-21}$$

式中，$\boldsymbol{a}_c$ 表示服务航天器推力的加速度；μ 表示地球引力常数。则服务航天器相对于空间障碍物的位置矢量 $\boldsymbol{r}$ 可以表示为

$$\boldsymbol{r} = \boldsymbol{r}_c - \boldsymbol{r}_o = \begin{bmatrix} x & y & z \end{bmatrix}^{\mathrm{T}} \tag{3-22}$$

由第 3.1.2 节内容可推导出航天器在机动避障任务中的数学模型为

$$\begin{cases} \ddot{x} = 2\dot{y}\omega + x\omega^2 + y\dot{\omega} + 2\dfrac{\mu x}{r^3} + a_x \\[2mm] \ddot{y} = -2\dot{x}\omega + y\omega^2 - x\dot{\omega} - \dfrac{\mu}{r^3}y + a_y \\[2mm] \ddot{z} = -\dfrac{\mu}{r^3}z + a_z \end{cases} \tag{3-23}$$

3.3.3　约束条件

在机动避障的任务过程中，优先考虑的是任务的完成情况，即顺利地完成对空间目标的规避，同时在规避的过程中考虑的约束条件包括误差情况、推进剂情况和能量消耗，综合考虑太空环境以及航天器飞行控制、轨道动力学约束前提下，确保在完成任务的同时，规划出最优的避障机动路径。

（1）轨道偏离约束

航天器在机动避障任务过程中需考虑轨道保持，即在规避成功后能快速成功地回到初始运行轨道，继续执行原来的任务，避免受到一些不确定因素的影响。因此，对航天器相对于原始轨道的偏移量进行约束。

$$\int_{t_1}^{t_2} \Delta D_i \, dt \leqslant D_i \tag{3-24}$$

式中，ΔD_i 表示航天器单位时间内偏离既定轨道的转移量；D_i 表示航天器机动控制范围内允许的最大累计偏离量。

（2）推进剂消耗约束

航天器机动避障属于突发情况，为了避免影响原有任务，延长航天器工作时间，需要对推进剂的消耗进行约束，至少要使机动避障的推进剂消耗小于或等于服务航天器携带推进剂量减去完成其他轨道机动任务需要的推进剂量。

$$\int_{t_1}^{t_2} \dot{m} \, dt \leqslant m - \Delta m \tag{3-25}$$

式中，$\dot{m}$ 表示单位时间航天器进行轨道规避机动的推进剂消耗量；m 表示航天器携带推进剂的总量；Δm 表示执行其他航天器任务和轨道机动预估消耗的推进剂量。

（3）避障加速度约束

航天器进行避障机动时所能产生的加速度也是有限的，不能超过推进发动机的额定负载能力，因此对规避机动的加速度进行条件约束。

$$\Delta a \leqslant a_0 \tag{3-26}$$

式中，Δa 表示航天器规避机动时发动机提供的加速度；a_0 表示发动机所能提供的最大加速度。

（4）最小距离约束

避障机动的目的是要规避空间碎片或是其他空间单位，避免发生碰撞事故，主要操作就是使服务航天器与规避目标始终保持安全距离，因此对距离保持条件进行约束。

$$\int_{t_1}^{t_2} \Delta v \, dt \geqslant d \tag{3-27}$$

式中，Δv 表示服务航天器与规避目标的相对速度；d 表示避障机动考虑误差情况预设的最小安全距离，保持最小安全距离也是避障任务成功完成的最低要求。

3.4 机动巡航普查任务模型

3.4.1 巡航普查任务简介

巡航普查任务与机动接近伴飞任务相似，在巡航过程中，服务航天器需要从原始停泊轨道开始进行脉冲机动，依次飞掠多个目标航天器，以快速高效地完成巡查观测等任务。在本书中表示为一个服务航天器连续对多个高轨 GEO 目标航天器进行在轨巡查的规划问题，目标航天器和服务航天器不需要具有等高或者共面等特殊性质，因为巡航普查任务不要求与目标航天器完成交会，因此只需要保障巡航卫星和目标航天器在巡查时刻存在位置上重合或者说距离达到足够近即可，不要求两者速度上保持一致，因此大大降低了任务难度。

巡航普查任务在空间安全监测，或是小行星探测上都很有价值，由于其相对于许多在轨服务任务而言更为简便与可实现，是当前航天领域最常用的任务之一。

2006 年，美国发射新地平线号探测器，主要任务是探测冥王星及其卫星和柯伊柏带的小行星群，探测方式是在较近距离掠飞过目标进行拍摄然后飞向下一个目标星。新地平线号于 2015 年 7 月飞掠过冥王星，目前已经离开了太阳系。

2011 年，美国又发射了旨在探测木星及其卫星的朱诺号探测器，朱诺号计划环绕木星进行观测并掠飞过木星卫星进行拍摄，为木星环境的研究提供了有力的支持。

3.4.2　巡航普查任务数学模型

巡航普查任务的模型为绝对运动模型和优化指标的组合，在整个巡航普查任务过程中，主要通过预先规划好的轨道机动完成多次变轨，从而实现巡查的功能，主要考虑服务航天器自身的轨道运动。

服务航天器的绝对运动模型可以由轨道动力学得出，记空间中服务航天器和目标航天器的位置矢量分别为 $\boldsymbol{r}_c$ 和 $\boldsymbol{r}_l$，根据地球引力和航天器自身推力，运动模型为

$$\frac{\mathrm{d}^2 \boldsymbol{r}_c}{\mathrm{d}t^2} = -\frac{\mu}{r_c^3}\boldsymbol{r}_c + \boldsymbol{a}_c \qquad (3-28)$$

$$\frac{\mathrm{d}^2 \boldsymbol{r}_l}{\mathrm{d}t^2} = -\frac{\mu}{r_l^3}\boldsymbol{r}_l \qquad (3-29)$$

式中，$\boldsymbol{a}_c$ 表示服务航天器推力的加速度；μ 表示地球引力常数。

优化指标包括服务航天器脉冲机动的速度总增量最小与消耗总时间最小，因为在具体的任务过程中，存在不同的任务需求，有些情况下需要能量最优，有些情况下需要时间最优，有些情况会考虑权重，得到两者的总体最优情况。故优化指标包括服务航天器完成所有任务的轨道转移代价最小与速度最优。

$$\begin{cases} \min J = \sum_{i=1}^{n} \| \Delta v_i \| \\ s.t. \quad g_i(x) \leqslant 0 \quad i=1,2,\cdots,l \end{cases} \quad \text{或} \quad \begin{cases} \min J = \sum_{i=1}^{n} t_i \\ s.t. \quad g_i(x) \leqslant 0 \quad i=1,2,\cdots,l \end{cases} \qquad (3-30)$$

式中，Δv_i 表示第 i 次脉冲的机动向量；t_i 表示每次机动之间消耗的时间；g_i 表示巡航普查任务的约束条件。

3.4.3　约束条件

巡航普查是一个服务航天器对多个目标航天器进行抵近的空间任务，需要进行多次轨道机动的任务规划。任务实施与机动伴飞的抵近阶段相似，主要考虑的是时间与推进剂消耗的约束。

（1）任务时间约束

机动巡航任务由多次轨道机动组成，通常情况对总消耗时间存在要求，因此需要任务时间的条件约束为

$$\sum_{i=1}^{n} \Delta t_i \leqslant T_{\max} \qquad (3-31)$$

式中，Δt_i 表示从任务开始到每次施加速度脉冲进行轨道机动的时间；$T_{\max}$ 表示巡航普查任务允许的最大时长。

（2）推进剂约束

推进剂约束是制约巡航普查任务的主要因素，巡航普查任务模型的优化目标函数也是基于能量最优构建的，推进剂约束的形式与上述任务基本相同。

$$\int_{t_1}^{t_2} \dot{m}\,dt \leqslant m - \Delta m \qquad (3-32)$$

式中，$\dot{m}$ 表示单位时间航天器进行轨道机动的推进剂消耗量；m 表示航天器携带推进剂的总量；Δm 表示执行其他航天器任务和轨道机动预估消耗的推进剂量。

（3）位置一致性约束

在机动巡航任务中，服务航天器需进行脉冲机动，以改变轨道使轨迹与目标航天器轨道有交点，在抵近目标航天器后，选择合适的时机继续变轨，以抵近下一颗目标航天器，直到所有目标航天器均被巡查过，因此需要考虑位置一致性的约束。

$$\boldsymbol{r}_s(t_i) = \boldsymbol{r}_i(t_i), \quad \forall i = 1, 2, \cdots, n \qquad (3-33)$$

式中，t_i 表示目标航天器 i 被巡查的时刻；$\boldsymbol{r}_s$ 和 $\boldsymbol{r}_i$ 分别表示服务航天器和目标航天器的位置矢量。

（4）机动加速度约束

其他任务中也包含此约束，航天器进行轨道机动时所能产生的加速度是有限的，不能超过推进发动机的额定负载能力，因此对轨道机动的加速度进行条件约束。

$$\Delta a \leqslant a_0 \qquad (3-34)$$

式中，Δa 表示航天器轨道机动时发动机提供的加速度；a_0 表示发动机所能提供的最大加速度。

3.5　机动在轨维护任务模型

3.5.1　在轨维护任务简介

在轨维护是指对在轨发生故障的航天器执行辅助展开、功能模块更换等修复性操作，广义上也包含对未能正确入轨航天器的辅助入轨、对寿命末期卫星的接管控制等。同时也包括在轨补给，即对卫星的消耗品进行补给，延长使用寿命，最典型的是补加推进剂。随着航天器的日益增多，各国越来越重视发展航天器在轨服务技术，包括航天器在轨维修、导引和补给等项目，在航天器在轨服务技术领域取得了极大的成效。自 20 世纪 60 年代以来，国内外已成功执行数百次交会对接任务，其已经发展成为空间例行的常规操作。在交

会对接技术的基础上，在轨维修正在付诸实施，美国在该技术领域领先于其他各国，俄罗斯、日本和德国等也进行了大量的研究，他们都具备对绝大多数目标进行交会、维修和变轨等操作的技术能力。

早在 2012 年，针对航天器的在轨维修与重建，美国国防高级研究计划局建立并启动了"凤凰"计划，旨在从超寿命服务与不再提供服务的空间飞行器上摘取并收集仍具备空间作业能力的零部件，通过与空间站等大型航天员可操作的航天器对接，对采集的零部组件进行重新组装。在 2017 年，就成功完成地球同步轨道卫星"高度集成卫星"的再组装并成功发射至预定轨道，开启作业。

2020 年，美国诺斯罗普·格鲁曼公司首次实现了卫星与卫星之间的交会对接，他们所发射的 MEV-1 卫星经过四个半月的飞行，成功和推进剂耗尽的国际通信卫星-901 对接，这个航天器已经在轨服役 18 年，2019 年 12 月因推进剂耗尽停止工作，但其他功能系统一切正常，对接完成后，MEV-1 卫星成为它的临时发动机和临时油箱，接管卫星的轨道与姿态控制任务，使这颗高龄的通信卫星能继续工作五年。这项技术的实现具有开创性意义，对于那些高价值、高品质、高轨道卫星来说，不必再被迫面对推进剂耗尽后被弃的命运，让这些动辄上亿美元的卫星能更好地发挥作用，是真正意义上的太空救援，同时也为在轨维修和太空捕获任务提供新的突破。

2020 年 5 月，NASA 宣布在轨服务、装配和制造任务-1（OSAM-1），即此前称为 Restore-L 在轨加注机器人的平台完成关键设计评审与节点评估。该机器人由两条"机器人服务臂"和推进剂传输系统等有效载荷、基础平台子系统、自主实时相对导航系统等构成，该机器人计划为一颗近地轨道卫星（Landsat 7）进行空间交会、对接、加注。相关技术也将为在轨制造与装配、维修和升级、太空碎片主动移除，以及火星探索相关任务提供帮助，是在轨维护技术的又一突破。

3.5.2　在轨维护任务数学模型

在在轨维护过程中，将己方的航天器设为服务航天器，将待服务的航天器设为目标航天器。由于在轨维护需要实现航天器的交会对接，主要考虑服务航天器和目标航天器达到近距离后的相对运动过程，之前的抵近过程在接近伴飞任务中实现。因此根据相对运动建立在轨维护数学模型。

记空间中服务航天器和目标航天器的位置矢量分别为 $\boldsymbol{r}_c$ 和 $\boldsymbol{r}_{rvd}$，根据地球引力和航天器自身推力，服务航天器和目标航天器的轨道动力学方程分别为

$$\frac{\mathrm{d}^2 \boldsymbol{r}_c}{\mathrm{d}t^2} = -\frac{\mu}{r_c^3}\boldsymbol{r}_c + \boldsymbol{a}_c \qquad (3-35)$$

$$\frac{\mathrm{d}^2 \boldsymbol{r}_{rvd}}{\mathrm{d}t^2} = -\frac{\mu \boldsymbol{r}_{rvd}}{r_{rvd}^3} \qquad (3-36)$$

式中，$\boldsymbol{a}_c$ 表示服务航天器推力的加速度；μ 为地球引力常数。则服务航天器相对于目标航天器的位置矢量 $\boldsymbol{r}$ 可以表示为

$$\boldsymbol{r} = \boldsymbol{r}_c - \boldsymbol{r}_{rod} = \begin{bmatrix} x & y & z \end{bmatrix}^{\mathrm{T}} \tag{3-37}$$

由第 3.1.2 节内容可推导出航天器在在轨维护任务中的数学模型为

$$\begin{cases} \ddot{x} = 2\dot{y}\omega + x\omega^2 + y\dot{\omega} + 2\dfrac{\mu x}{r^3} + a_x \\ \ddot{y} = -2\dot{x}\omega + y\omega^2 - x\dot{\omega} - \dfrac{\mu}{r^3}y + a_y \\ \ddot{z} = -\dfrac{\mu}{r^3}z + a_z \end{cases} \tag{3-38}$$

3.5.3　约束条件

在轨维护任务与本书其他任务相比最大不同在于需要完成交会过程，需要保证服务航天器与目标航天器在交会末时刻速度和位置均相同，这也是约束条件里最突出的一点。

（1）交会对接约束

交会对接约束是在轨维护任务最根本的约束条件，即保证服务航天器与目标航天器末速度与末位置均相同。

$$\boldsymbol{r}_s(t_i) = \boldsymbol{r}_a(t_i) \tag{3-39}$$

$$\boldsymbol{v}_s(t_i) = \boldsymbol{v}_a(t_i) \tag{3-40}$$

式中，t_i 表示服务航天器和目标航天器 a 交会的时刻；$\boldsymbol{r}_s$ 和 $\boldsymbol{r}_a$ 分别表示服务航天器和目标航天器的位置矢量；$\boldsymbol{v}_s$ 和 $\boldsymbol{v}_a$ 分别表示服务航天器和目标航天器的速度矢量。

（2）推进剂消耗约束

推进剂约束的形式与上述任务基本相同。

$$\int_{t_1}^{t_2} \dot{m} \, \mathrm{d}t \leqslant m - \Delta m \tag{3-41}$$

式中，$\dot{m}$ 表示单位时间内航天器推进剂消耗量；m 表示航天器携带推进剂的总量；Δm 表示执行其他航天器任务和轨道机动预估消耗的推进剂量。

（3）交会位姿约束

交会之前要保证服务航天器和目标航天器的位置姿态信息准确对应，这样才能成功利用星上装置完成交会，执行后续在轨维护任务，因此建立交会位姿约束

$$\boldsymbol{r}_c(t_2) - \boldsymbol{r}_{rod}(t_2) = \boldsymbol{r}_0 \tag{3-42}$$

$$\boldsymbol{C}(t_2) = \boldsymbol{C}_0, \quad \boldsymbol{C} \in \boldsymbol{R}^3 \tag{3-43}$$

式中，$\boldsymbol{r}_c$、$\boldsymbol{r}_{rod}$ 表示服务航天器和目标航天器的位置矢量；$\boldsymbol{r}_0$ 表示预设的交会位置相对矢量；$\boldsymbol{C}$ 表示服务航天器相对目标航天器三轴的姿态角。

3.6　面向空间任务的机动策略决策

针对本书涉及的五类空间任务，通过第 4 章所介绍的机动决策进行任务中轨道机动相关内容，并扩展了多目标时空间任务的解决方案。根据不同空间任务的特性，分别组合远

距离抵近、近距离伴飞、碰撞规避和多目标轨道机动任务规划的策略，可以完成空间任务轨道机动需求，本节根据不同空间任务选取具体的机动策略，对于策略相关内容需要对后续章节有所了解后才能更好理解。

如图 3-3 所示，对本书包含的五类空间任务进行分类，描述了任务的主要特点以及所需要的机动策略，明确了不同任务的任务目标，具体的机动策略选取见表 3-3。

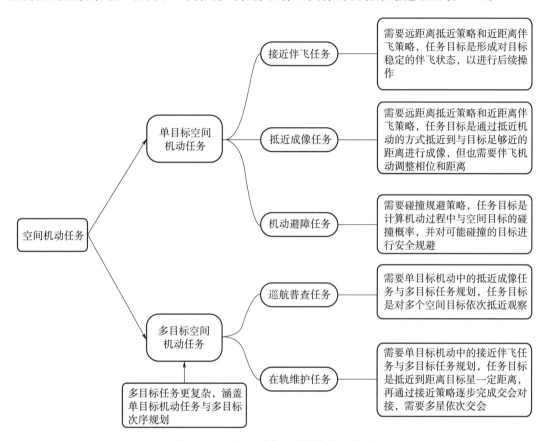

图 3-3　空间机动任务分类与策略概述

表 3-3　不同空间任务具体机动策略的选择

任务类型	机动策略类型
接近伴飞任务	4.1.3 节　远程大范围转移机动决策 4.1.4 节　多脉冲多构型抵近机动决策 4.2 节　近距离接近伴飞机动
抵近成像任务	4.1 节　远距离抵近机动 4.2 节　近距离伴飞机动
机动避障任务	4.3 节　碰撞预警及规避
巡航普查任务	4.1 节　远距离抵近机动 第 6 章　多目标的轨道机动任务规划

续表

任务类型	机动策略类型
在轨维护任务	4.2.6节　交会对接过程 V－bar 接近策略 第 6 章　多目标的轨道机动任务规划

3.6.1　接近伴飞任务

接近伴飞任务广泛地存在于其他空间任务中，是许多其他空间任务的基础。接近伴飞任务分为抵近阶段和伴飞阶段两个阶段，其主要目的是完成对目标航天器的持续伴飞，以待后续的空间任务进行。抵近阶段通常是预设转移轨道通过脉冲机动完成变轨，使服务航天器朝向目标航天器的方向靠近；伴飞阶段是在抵近到一定距离后，再次通过对服务航天器施加速度脉冲，变更轨道，从而与目标航天器始终能保持一个相对较近的距离范围内运动，进行观察，以便于后续的空间任务进行。

从任务描述中可以看出，接近伴飞主要通过远距离抵近机动和近距离伴飞机动实现。在抵近机动过程中，通过大范围转移和多脉冲机动方式抵近到目标航天器附近，进入伴飞过程。在伴飞过程中，第 4 章所介绍的自主绕飞等伴飞策略都能实现不同的伴飞任务。

具体来说，在执行接近伴飞任务过程中，使用远距离抵近机动方式时，当目标距离过远考虑快速转移到目标附近时，使用远程大范围转移机动决策和多脉冲机动策略，通过多段的脉冲机动，在多个转移轨道上运行，快速抵近目标航天器；当在抵近过程中，需要优先考虑抵近目标光照窗口或时间窗口这类约束条件，限制抵近时间与位置时，使用考虑光照约束和交会窗口约束的抵近决策。当与目标保持相对近距离时，利用航天器相对运动方程，使用近距离伴飞机动方式，对于具体伴飞方式，包括自主绕飞、快速转移、镜像调相等，根据任务的需要选取，通常这部分会包括在抵近成像和在轨维护等后续任务中。

3.6.2　抵近成像任务

抵近成像任务是指空间飞行器上的成像检视系统通过搭载的光学、雷达成像设备，通过抵近机动靠近空间目标，对在空间飞行或通过空间的飞行物（包括卫星、空间站、航天器），以及空间失效载荷和空间碎片等进行观测和跟踪识别。与地基空间目标观测系统相比，天基空间目标观测系统由于距空间目标更近，因而能够更准确、更及时地获取目标信息，弥补地基空间目标观测系统的不足。

相比接近伴飞任务而言，抵近成像任务中轨道机动并不是任务的全部内容，由于本书研究的是空间任务的轨道机动，对抵近成像任务也只关注航天器机动到成像位置的过程。抵近成像任务的机动过程既包括远距离抵近过程，也包括近距离的伴飞过程，航天器需要进行快速转移与自主绕飞等位姿调整过程，以保证成像效果，因此使用近距离伴飞机动；但同时存在远距离抵近到目标航天器周围，在相对近距离完成成像任务后掠飞过去的任务情况，因此需要用到远距离抵近机动。这样航天器才可以满足抵近成像任务的机动需求。

具体来说，在抵近成像过程中，几种伴飞机动方法都可能被使用，为保证满足成像光照要求，在伴飞过程中，通常需要通过快速相位调整，改变服务航天器与目标航天器的相对位置，从而进行观测光照的调整或者观测角度的调整；为保证成像精度，需要从较远的伴飞轨道转移至较近的伴飞轨道，需要使用快速转移机动方法；对于一些需要持续观察和多角度观察的目标，使用水滴悬停和自主绕飞的方式，从而保证持续性的近距离观察。

3.6.3　机动避障任务

机动避障任务就是航天器在轨道运行期间对可能发生碰撞的空间目标进行预警判断和规避的任务，由于误差等因素的存在，航天器的轨道状态信息会产生偏差，因此机动避障任务还需要考虑如何解决受到误差影响航天器与空间目标的碰撞预警与规避问题。

在轨道机动方面，机动避障任务不存在对可能碰撞目标的伴飞需求，也不存在对目标的抵近需求，正是本书第 4 章提到的第三种机动任务类型——碰撞规避。考虑的是在预留误差前提下的碰撞概率计算，以及如何安全地对障碍目标进行规避。首先对潜在的可能发生碰撞的目标进行碰撞概率计算，对大于碰撞阈值的目标视为障碍目标，进行避碰轨道机动，从而保证航天器安全运行。

3.6.4　巡航普查任务

巡航普查任务与机动接近伴飞任务相似，在巡航过程中，服务航天器需要从原始停泊轨道开始进行脉冲机动，依次飞掠多个目标航天器，以快速高效地完成巡查观测等任务。在本书中表示为一个服务航天器连续对多个高轨 GEO 目标航天器进行在轨巡查的规划问题，目标航天器和服务航天器不需要具有等高或者共面等特殊性质，因为巡航普查任务不要求与目标航天器完成交会，因此只需要保障巡航航天器和目标航天器在巡查时刻存在位置上重合或者说距离达到足够近即可，不要求两者速度上保持一致，因此大大降低了任务难度。

巡航普查任务与接近伴飞任务的最大不同在于目标的多少，接近伴飞通常只是针对单目标的机动过程，巡航普查是针对多目标航天器，不仅需要对每一个目标使用远距离抵近策略进行服务，还需要考虑不同的服务次序，得到时间或推进剂最优的任务目标，这方面通过第 6 章中的多目标轨道机动任务规划相关内容可以实现。

具体来说，针对每个目标的特性，选择共面或异面抵近方式，或者是多脉冲机动的抵近方式；对于任务整体而言，使用任务规划相关优化算法确定每个目标机动次序，从而得到时间最优或者推进剂最优的机动策略。

3.6.5　在轨维护任务

在轨维护是指对在轨发生故障的航天器执行辅助展开、功能模块更换等修复性操作，广义上也包含对未能正确入轨航天器的辅助入轨、对寿命末期卫星的接管控制等。同时也包括在轨补给，即对航天器的消耗品进行补给，延长使用寿命，最典型的是补加推进剂。

从轨道机动角度而言，在轨维护任务的突出特点是需要完成与目标的交会，要考虑极近距离的轨道机动，需要使用交会对接过程的 V－bar 接近策略。在不考虑存在多个维护目标，只考虑完成交会任务的情况下，在轨维护任务主要用到近距离伴飞相关机动策略，从而逐步实现交会；在考虑多个维护目标的情况下，任务中则需要考虑交会次序，即需要第 6 章中的多目标任务规划相关内容进行实现。

　　具体来说，使用近距离伴飞策略调整伴飞位置和角度，通过兰伯特变轨等方式实现交会，当存在多目标在轨维护的情况，通过多目标任务规划方法确定机动次序。

3.7　小结

　　本章对五类常见的空间机动任务进行了介绍，分别对每一种任务根据其特点建立了数学模型，从而便于后续轨道机动策略的设计；分析不同任务包括的约束条件，更好地理解不同任务实现的区别，以及为每一类任务提供统一的数学模型支持，有助于后续的仿真实现。

第4章 面向空间机动任务的航天器仿真决策

本书涉及的空间机动任务类型丰富，任务目标也大不相同，但在机动策略实现上，可以根据任务之间的相同与不同特性进行分析总结，确定所需要的空间机动策略，从而将不同任务进行分解，更系统地完成任务的仿真决策。根据机动任务的需要，机动策略可以分为远距离抵近机动、近距离伴飞机动和碰撞预警与规避三类。在这三类机动策略中，通过并行展开的形式进行叙述，远距离抵近机动任务和近距离伴飞机动任务是本章的重点内容，分别考虑空间远距离和近距离机动过程中存在的不同情况和约束条件，其中，第4.1.4节和整个第4.2节使用相对运动的 C - W 方程进行了详细的推导，具有实用价值。远距离抵近机动任务分为共面目标抵近、异面目标抵近、大范围转移和多脉冲多构型抵近，伴飞机动任务分为伴飞距离调整的快速转移决策、伴飞相位调整的镜像调相决策、自主绕飞决策和水滴悬停构型设计决策以及多点快速兰伯特转移决策。结合决策推演理论，根据轨道动力学方程和相对运动方程，结合实际任务中需要考虑的约束条件，包括光照约束、相位约束、时间约束、推进剂约束等，采用如霍曼变轨等不同的脉冲机动策略实现机动需求。通过将经典的机动策略结合特有的空间场景与约束条件，使本书的轨道机动策略更贴合实际，符合工程需求，实现工程与理论知识的结合，广泛地考虑了多种空间情况，从广阔的视角剖析轨道机动决策过程，有助于相关科研人员的学习和深入研究。

4.1 远距离抵近机动策略

远距离抵近机动策略考虑到实际任务约束与实际任务需要进行设计，包含远距离抵近中存在的多种情况，并设计独特的仿真算例进行验证，包括共面目标抵近、异面目标抵近、大范围转移和多脉冲多构型抵近。其中，共面目标抵近是考虑光照约束的机动策略，通过考虑太阳光照角选取合适的机动时机和转移轨道，使服务航天器抵近目标航天器时存在理想的光照条件；异面目标抵近是考虑抵近窗口的机动策略，由于变更轨道面的机动策略消耗过大，对于服务航天器和目标航天器异面的情况，通过相位调整和共面变轨，使服务航天器运行到赤道上方时恰好能够抵近到目标航天器足够近的距离；大范围转移是通过多次霍曼转移实现远距离抵近的一种任务情况；多脉冲多构型抵近是根据相对运动的 C - W 方程，通过在不同特定位置的三脉冲机动实现服务航天器对目标航天器的不同相对运动构型与不同抵近距离的机动决策。

4.1.1 考虑光照约束的共面目标抵近决策及算例仿真

对于地球同步轨道的在轨服务，服务航天器的初始运行轨道一般都是在地球同步轨道下方数百千米范围内的高轨轨道，这样的区域方便对目标航天器进行在轨服务，且变轨前后服务航天器会始终在赤道平面上运行。根据目标航天器的轨道倾角将转移过程分为共面转移过程和异面转移过程，这种分类方法可以为各个过程消耗的时间的求解提供便利，同时也方便对不同的过程提出不同的约束条件。

本节介绍共面抵近问题中轨道转移策略的求解方法，通过对共面抵近过程的描述及分析，得到共面抵近问题中存在的约束条件，将共面抵近过程转化成一个带有约束的非线性优化问题，从而通过求解优化问题的方式完成对轨道转移策略的求解，并对得到的轨道转移策略进行数值仿真分析，验证其准确性。

在共面抵近问题中，目标航天器运行轨道的倾角一般小于 $0.05°$。并且在共面抵近过程中，服务航天器需要在过程的末期对目标航天器进行较近距离的观察或探测，以完成在轨服务过程或为后续的在轨服务过程提供必要的目标航天器的信息。所以共面抵近过程中，在过程末期需要保证服务航天器与目标航天器之间的距离满足给定的期望距离，并且需要保证服务航天器对目标航天器进行观察时有良好的光照条件。下面将对共面抵近过程中的距离和光照条件进行分别的说明。

对于末期状态的距离限制，两航天器在任务末期的距离变化过程如图 4－1 所示。

如图 4－1 所示，两航天器按照①→②→③的顺序在各自的轨道上运行，可以看出，当服务航天器运行到目标航天器正下方，即两航天器位置矢量夹角为 $0°$ 时两航天器的距离最近，为了最大限度地节省推进剂，可以利用服务航天器的轨道升高对目标航天器进行在轨服务，即将两航天器最终的轨道高度差作为最近距离。所以在过程末期需要保证两航天器的位置矢量夹角为 $0°$，在此前提下就可以根据两航天器的期望最短距离确定服务航天器的目标轨道。

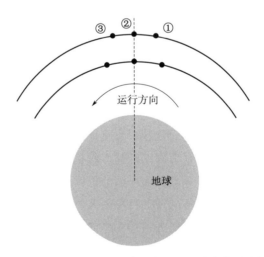

图 4－1　共面抵近过程末期两航天器距离变化示意图

对于共面抵近过程末期的光照条件，需要按照图 4－2 所示定义光照角进行量化。

如图 4－2 所示，太阳光照角的定义是太阳矢量投影矢量与目标航天器在地球惯性坐标系下位置矢量的夹角，即图中的 θ，其中太阳矢量投影矢量就是太阳指向目标航天器的矢量在目标航天器轨道平面的投影。在之前的距离问题中已经说明，在共面抵近过程末期，服务航天器与目标航天器在地心惯性坐标系下的位置矢量是重合的或夹角极小，所以如此定义太阳光照角可以表示共面抵近过程末期服务航天器对目标航天器进行观察时的光照条件。

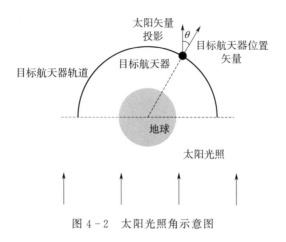

图 4-2　太阳光照角示意图

在定义了太阳光照角之后，就可以对共面抵近过程的末期提出光照角的约束，从而得到时间约束，确定整个过程消耗的时间。为保证共面抵近过程末期服务航天器对目标航天器有最好的光学观察条件，在本任务中设定需要保证在共面抵近过程末期太阳光照角为零，即 $T=T_f$ 时 $\theta=0°$。同时，考虑到优化计算过程中使用的是理想的轨道动力学模型，而验证计算时采用的是高精度的轨道动力学模型，所以在共面抵近过程末期太阳光照角应该考虑由于模型差别产生的角度差异，即在共面抵近过程末期 $\theta=\theta_{HPOP}$，根据这一条件可以先求出若干满足条件的共面抵近过程的完成时间，即若干的 T_f。

除了前面提到的抵近末期的光照条件限制会对整个过程的完成时间有影响外，完成整个共面抵近过程也是有时间限制的。设服务航天器与目标航天器在整个过程开始时的夹角为 θ_0，航天器在轨运行的角速度为

$$\omega=\frac{1}{\sqrt{a^3/\mu}} \tag{4-1}$$

式中，a 表示运行轨道的半长轴。

在理论上，完成整个共面抵近过程消耗的最短时间（$T_{\min}$）和最长时间（$T_{\max}$）分别为

$$\begin{cases} T_{\min}=\dfrac{\theta_0}{\omega_{ci}-\omega_t} \\[2mm] T_{\max}=\dfrac{\theta_0}{\omega_{ct}-\omega_t} \end{cases} \tag{4-2}$$

式中，ω_{ci} 表示服务航天器初始运行轨道的角速度；ω_{ct} 表示服务航天器经过转移之后在目标轨道上运行的角速度；ω_t 表示目标航天器运行轨道的角速度。

综上所述，共面抵近过程消耗时间 T_f 需要满足太阳光照角的约束，同时 T_f 需要在 T_{min} 与 T_{max} 范围内。

由于实际过程中服务航天器会进行多次的在轨服务，考虑到服务航天器的寿命及携带推进剂，每次抵近过程不应消耗太多的推进剂，所以这里选择共面变轨策略中消耗推进剂最少的霍曼变轨作为共面抵近问题的解决方案，下面介绍采用霍曼变轨解决共面抵近问题两航天器的轨迹及整个过程的流程。图 4 - 3 所示为两航天器在共面抵近过程中的轨迹。

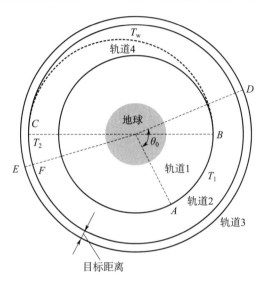

图 4 - 3　共面抵近过程两航天器轨迹示意图

如图 4 - 3 所示，在共面抵近过程中，服务航天器和目标航天器都是在赤道平面或与赤道平面倾角较小的轨道上运行，所以这里给出垂直赤道平面方向的俯视图。服务航天器的运行轨迹为 $A \to B \to C \to F$，目标航天器的运行轨迹为 $D \to E$。整个过程可以分成三部分：服务航天器在初始轨道（轨道 1）上运行 T_1 时间（$A \to B$），在转移轨道（轨道 4）上运行 T_w 时间（$B \to C$），在目标轨道（轨道 2）上运行 T_2 时间（$C \to F$）；目标航天器一直在初始的轨道上运行（轨道 3），运行时间与服务航天器总体运行时间相同（$D \to E$）。所以整个过程耗时为 $T_f = T_1 + T_w + T_2$，并且在整个过程结束时服务航天器和目标航天器位置矢量夹角应该为 0°，这时两航天器的距离就是期望的最短距离，也就是服务航天器的目标轨道与目标航天器轨道的轨道高度差。

根据式（4 - 3），可以得到服务航天器在转移轨道上运行的时间 T_w（$B \to C$），再根据之前描述的共面抵近末期需要满足的光照条件，可以求出完成整个共面抵近过程消耗的时间 T_f。根据图 4 - 3 所示的共面交会过程还可以得到理想情况下（假设图 4 - 3 中的轨道 1、轨道 2、轨道 3 均为标准的圆轨道）角速度、时间及两航天器初始位置矢量夹角之间的关系。上述两种关系可以得到

$$\begin{cases} T_1 + T_w + T_2 = T_f \\ \omega_{c1} T_1 + \pi + \omega_{c2} T_2 = \theta_0 + \omega_t T_f \end{cases} \tag{4 - 3}$$

根据式（4-3）可以得到服务航天器在初始轨道（轨道 1）和目标轨道（轨道 2）上的运行时间 T_1 和 T_2，以上都是在理想情况下（图 4-3 中的轨道 1、轨道 2、轨道 3 均为标准的圆轨道）得到的结果，实际上所有的运行轨道偏心率都是不为 0 的，虽然偏心率的数值极小，但是本书研究对象为高轨及同步轨道航天器，即使很小的偏心率产生的偏差相对于载荷的有效距离来说都是极大的，所以不能直接采用由式（4-3）得到的结果作为最终的策略，由于该结果在数值上与真实结果是很相近的，可以将其用作后面优化过程的初值。至此，优化变量（T_1 和 T_2）及其初值已经得到，下面要对优化问题的目标函数进行说明。

之前已经说明了共面抵近过程末期光照条件对服务航天器观察目标航天器的影响，但是求解共面抵近过程消耗时间时用的是目标航天器的位置矢量与太阳矢量投影矢量的夹角，而并未考虑服务航天器的位置，所以在共面抵近过程末期还要考虑服务航天器的位置，以实现前面介绍的光照条件。因此将目标航天器与服务航天器在共面抵近过程末期的位置矢量夹角作为优化问题的目标函数，只要该夹角的值足够小，就可以保证共面抵近过程末期服务航天器对目标航天器进行在轨服务时有良好的观察条件。目标函数为

$$\min \quad \theta_f = \frac{\boldsymbol{r}_{tf}^{\mathrm{T}} \cdot \boldsymbol{r}_{cf}}{\parallel \boldsymbol{r}_{tf} \parallel \parallel \boldsymbol{r}_{cf} \parallel} \qquad (4-4)$$

式中，θ_f 表示共面抵近过程末期时刻两航天器位置矢量夹角；$\boldsymbol{r}_{tf}$ 表示目标航天器末端位置矢量；$\boldsymbol{r}_{cf}$ 表示服务航天器末端位置矢量。

经过之前的描述，已经将共面抵近过程中的变轨策略求解问题转化成了一个带有约束的非线性优化问题，可以写成

求解：T_1，T_2，

使 $\theta_f = \dfrac{\boldsymbol{r}_{tf} \cdot \boldsymbol{r}_{cf}}{\parallel \boldsymbol{r}_{tf} \parallel \parallel \boldsymbol{r}_{cf} \parallel}$ 最小， $\qquad (4-5)$

并且满足：$T_1 + T_w + T_2 = T_f$

整个优化问题的求解流程如图 4-4 所示。

整个流程描述如下：首先根据共面抵近开始时两航天器的位置及期望的最短距离，给出初始的输入参数，得到理论上完成共面抵近过程的最短时间（$T_{\min}$）及最长时间（$T_{\max}$），再根据目标航天器初始位置及太阳位置得到完成共面抵近过程的时间（T_f），此处得到的时间会有多个，可以根据实际的需要选择一个或多个进行后续的计算，在得到霍曼转移的两次速度增量 Δv_1 和 Δv_2 及共面抵近过程的转移时间后，可以得到待优化变量 T_1 和 T_2 的优化初值，根据两航天器的运行轨迹，利用理想的轨道动力学模型对两航天器的整个过程进行积分，并求出两航天器在共面抵近过程末期时刻的位置矢量夹角，判断该夹角是否达到最小值，如果达到最小值，则得到了完整的轨道转移策略，如果夹角未达到最小值，则对待优化变量 T_1 和 T_2 进行调整，并重新积分，直到夹角达到最小值为止，此时就得到了完整的轨道转移策略。

针对上述对于共面抵近问题的求解方法，下面进行数值仿真验证，初始参数见表 4-1。

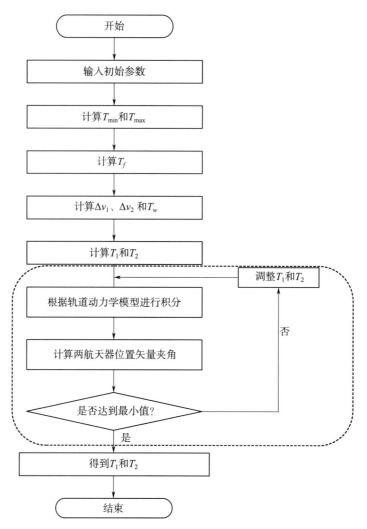

图 4 - 4　共面抵近优化问题求解流程图

表 4 - 1　共面抵近过程仿真算例初始参数

	服务航天器	目标航天器
初始时间	2017 - 01 - 01 00:00:00.000	
期望最短距离/km	50	
轨道半长轴/km	42 066.3	42 166.3
偏心率	0.000 2	0.000 1
轨道倾角/(°)	0	0
升交点赤经/(°)	0	0
近地点幅角/(°)	0	0
真近点角/(°)	16	32

从表 4 - 1 可以看到，目标航天器在同步轨道上运行，服务航天器位于比同步轨道低 100 km 的高轨轨道上，两航天器的初始轨道都有较小的偏心率，期望的最短距离为

50 km，即在共面抵近末期，服务航天器需要通过轨道机动转移至目标航天器正下方 50 km。根据上述算法的描述，在理论的最短时间（$T_{\min}$）及最长时间（$T_{\max}$）之间存在很多满足共面抵近末期光照条件的时间 T_f，由于计算方法相同，所以选择第一个满足条件的 T_f 作为仿真算例进行后续的计算，得到轨道转移策略及一些中间结果，见表 4-2。

表 4-2　共面抵近轨道转移策略结果及中间结果

中间结果	$T_{\min}$（相对）/s	1 084 524.265
	$T_{\max}$（相对）/s	2 172 272.165
	$T_{\min}$（绝对）	2017-01-13 13:15:24.265
	$T_{\max}$（绝对）	2017-01-26 03:24:32.165
	T_f（相对）/s	1 192 761.385
	T_f（绝对）	2017-01-14 19:19:21.385
	终端位置矢量夹角/（°）	0.002 532
结果	Δv_1/(m/s)	0.966 48
	Δv_2/(m/s)	0.966 17
	T_1/s	966 866.800
	T_w/s	182 922.286
	T_2/s	42 972.302

表 4-2 中的中间结果中包含了理论上完成整个共面抵近过程的最短时间和最长时间，还有整个共面抵近过程末端的两航天器位置矢量夹角，可以看到，该夹角数值很小，也就是共面抵近过程末端，服务航天器正好位于目标航天器的下方，这也就是图 4-1 中表示的最理想情况。根据表 4-1 中两航天器在共面抵近过程初始阶段的轨道参数及表 4-2 中三段时间和速度增量，可以利用高精度轨道动力学模型进行轨道递推，对整个共面抵近过程进行仿真。得到两航天器之间的距离随时间变化的曲线如图 4-5 所示。

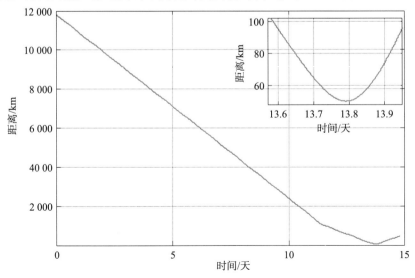

图 4-5　共面抵近过程两航天器之间的距离随时间变化曲线

从图 4-5 所示的曲线可以看出，两航天器之间的距离随时间增加先逐渐减小后逐渐增加，这符合共面抵近过程中服务航天器先接近目标航天器再远离目标航天器的事实。右上方是共面抵近过程末期状态的两航天器距离曲线，在共面抵近过程末期，两航天器之间的距离达到最小值 50 km 左右，同时达到最短期望距离。除了距离的限制外，光照条件也是共面抵近过程中重要的条件，图 4-6 是上文中定义的太阳光照角随仿真时间变化的曲线。

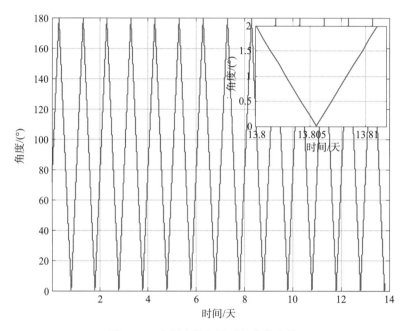

图 4-6　太阳光照角随时间变化曲线

从图 4-6 中的曲线可以看到，太阳光照角在 0°~180°范围内线性变化，右上角的小图表示共面抵近过程末期太阳光照角的变化，当两航天器之间的距离达到最小值时，对应的太阳光照角也极小，这就为服务航天器对目标航天器进行近距离在轨服务提供了良好的光照条件。

4.1.2　考虑交会窗口的异面目标抵近决策及算例仿真

本节讨论异面抵近问题的变轨策略问题，由于在共面抵近及异面抵近过程中，服务航天器始终在赤道平面上运行，所以异面抵近问题轨道转移策略的求解方法与共面抵近过程类似。在第 4.1.1 节通过对共面抵近过程的描述及分析，将共面抵近过程转化成一个带有约束的非线性优化问题，从而解决了共面抵近过程的变轨策略求解问题。下面将在共面抵近过程转移策略求解的基础上，通过对异面抵近问题进行分析，得到异面抵近过程轨道转移策略的求解方法，同时根据优化结果对策略进行修正得到更加准确的转移策略，并进行数值仿真验证。

在异面抵近问题中，目标航天器运行轨道的倾角大于或等于 0.05°。在异面抵近过程末期，服务航天器同样要对目标航天器进行探测，所以异面抵近过程和共面抵近过程都存在距离的限制，但是异面抵近过程的目标航天器存在较大的轨道倾角，使目标航天器在与赤道平面垂直的方向上会产生比较大的距离振幅，而服务航天器的载荷能够探测到的距离有限，只能在目标航天器偏离赤道平面距离一定范围时对其进行观察，所以就需要考虑倾角带来的抵近窗口约束，图 4 - 7 给出了目标航天器运行平面与赤道平面之间的关系。

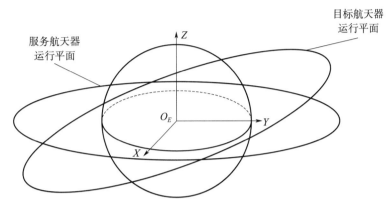

图 4 - 7　目标航天器运行平面与赤道平面之间的关系示意图

在异面抵近过程中，首先就要考虑目标航天器垂直赤道平面方向的距离偏差问题，图 4 - 8 是一个倾角为 4° 的同步轨道航天器偏离赤道平面的距离曲线。航天器初始状态见表 4 - 3。

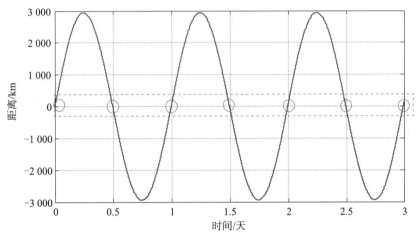

图 4 - 8　倾角为 4° 的同步轨道航天器偏离赤道的距离曲线

表 4 - 3　倾角为 4° 的同步轨道航天器初始参数

初始时间	2018 年 1 月 1 日	
航天器初始状态参数	轨道半长轴/km	42 166
	偏心率	0
	轨道倾角/(°)	4
	升交点赤经/(°)	0
	近地点幅角/(°)	0
	真近点角/(°)	0

根据图 4-8，倾角较大的同步轨道航天器相对赤道平面会产生很大的距离偏差，且变化趋势是周期与轨道周期相同的正弦函数，但是服务航天器的载荷有效距离有限，只能探测到图 4-8 中的虚线区域范围中的航天器。综合目标航天器的运行特性和服务航天器的载荷能力，异面抵近过程末期的在轨服务过程只能在图 4-8 中虚线中圈出的部分进行，即目标航天器经过运行轨道的升交点和降交点时服务航天器才能对其进行在轨服务。

异面抵近过程末期时刻求解的准确性决定了目标航天器在垂直赤道方向上偏移的距离，准确的末期时刻可以使目标航天器的偏移距离更小且服务航天器有更长的观察时间，所以求解整个过程消耗时间需要采用高精度的轨道动力学模型对目标航天器进行轨道递推，得到目标航天器在地球惯性坐标系下 Z 方向坐标为零的时刻，该时刻与过程开始时刻之间的时长就是异面抵近过程消耗的时间。

与共面抵近过程相同，异面抵近过程也有理论上消耗的最短时间（T_{min}）和最长时间（T_{max}），所以在求解变轨策略之前可以先将异面抵近过程消耗的时间 T_f 求出来。

在异面抵近过程中，虽然目标航天器的运行轨道存在轨道倾角，但是服务航天器还是始终在赤道平面上运行，所以当只考虑服务航天器的轨道运行状况时，可以将问题看作与共面抵近问题相同的轨道转移问题，异面抵近过程示意图如图 4-9 所示。

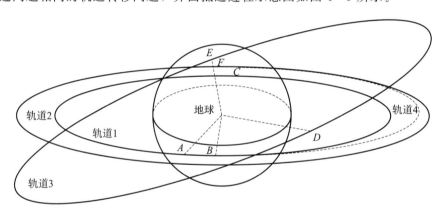

图 4-9　目标航天器运行平面与赤道平面之间的关系示意图

异面抵近过程与共面抵近过程类似，服务航天器的运行轨迹为 $A \rightarrow B \rightarrow C \rightarrow F$，目标航天器的运行轨迹为 $D \rightarrow E$。整个过程可以分成三部分：服务航天器在初始轨道（轨道 1）上运行 T_1 时间（$A \rightarrow B$），在转移轨道（轨道 4）上运行 T_w 时间（$B \rightarrow C$），在目标轨道（轨道 2）上运行 T_2 时间（$C \rightarrow F$）；目标航天器一直在原来的轨道上运行（轨道 3），运行时间与服务航天器总体运行时间相同（$D \rightarrow E$），所以整个过程耗时为 $T_f = T_1 + T_w + T_2$。与共面抵近过程不同的是，异面抵近过程末期需要使服务航天器的位置矢量与目标航天器的位置矢量在轨道面的投影矢量的夹角为 0°，因为目标航天器的运行轨道平面相对于服务航天器的运行轨道平面有一定的倾角，如果直接计算两航天器的位置矢量夹角会包含因轨道倾角差别引起的夹角，所以需要目标航天器位置矢量在服务航天器运行的平面内进行投影。

求解方法也与共面抵近问题的求解方法十分类似。在求解流程中只有两点不同，第一点是异面抵近过程的结束时间是根据目标航天器初始状态进行轨道递推，然后得到目标航天器位置矢量在地球惯性坐标系下 Z 方向矢量为 0 或接近 0 的时间。第二点是计算两航天器在异面抵近过程末期的位置矢量夹角时，需要将目标航天器的位置矢量向服务航天器运行平面，即赤道平面，进行投影得到投影矢量，然后再计算该投影矢量与服务航天器位置矢量之间的夹角，在异面抵近过程末期需要保证该夹角为 0° 或接近 0°。

但是对于异面目标的轨道转移过程，由于抵近窗口十分短暂，所以对两航天器在末期状态的位置矢量夹角必须在 0° 附近，因此当第一次求得的末期状态两航天器位置矢量夹角较大时，需要对得到的结果进行修正，具体的修正方法如下：

1）根据优化得到的变轨策略，采用轨道动力学模型对整个过程进行积分，得到末期状态的两航天器位置矢量夹角 θ_f。

2）根据末期状态两航天器相对位置关系分别对服务航天器在初始轨道及目标轨道上的运行时间进行修正，修正的时间为

$$T_{ad} = \frac{\theta_f}{\omega_{in} - \omega_{fi}} \qquad (4-6)$$

式中，T_{ad} 表示服务航天器在初始轨道及目标轨道上进行调整的时间；ω_{in} 表示服务航天器在初始轨道上运行的轨道角速度；ω_{fi} 表示服务航天器在目标轨道上运行的轨道角速度。

3）根据两航天器末期状态的相对位置关系调整 T_1 和 T_2，得到新的 T_1 和 T_2，即新的变轨策略。

采用上述方法对异面抵近问题进行求解，并进行仿真验证，异面抵近问题初始参数见表 4-4。

表 4-4　异面抵近过程仿真算例初始参数

	服务航天器	目标航天器
初始时间	2018-01-01 00:00:00.000	
期望最短距离/km	50	
轨道半长轴/km	42 066.6	42 166.3
偏心率	0.000 15	0
轨道倾角/（°）	0.004	4
升交点赤经/（°）	50.27	201
近地点幅角/（°）	3.73	0
真近点角/（°）	357.01	217

从表 4-4 中可以看到，与共面抵近过程不同，目标航天器在存在较大倾角的同步轨道上运行，服务航天器位于比同步轨道低 100 km 的高轨轨道上，两航天器的初始轨道都有较小的偏心率，期望的最短距离为 50 km，即在异面抵近末期，服务航天器需要通过轨道机动转移至目标航天器正下方 50 km。根据上述算法的描述，在理论的最短时间（$T_{\min}$）及最长时间（$T_{\max}$）之间存在很多满足目标航天器在地球惯性坐标系下 Z 方向坐标为 0 的时间 T_f，由于计算方法相同，所以选择第一个满足条件的 T_f 作为仿真算例进行后续的

计算，得到轨道转移策略及一些中间结果，见表 4 - 5。

表 4 - 5　异面抵近轨道转移策略结果及中间结果

中间结果	T_{min}（相对）/s	652 594.169
	T_{max}（相对）/s	1 044 676.201
	T_{min}（绝对）	2018 - 01 - 08 13:16:34.169
	T_{max}（绝对）	2018 - 01 - 13 02:11:16.201
	T_f（相对）/s	680 460
	T_f（绝对）	2018 - 01 - 08 21:01:00.000
	过程末期目标航天器 Z 向坐标/km	−2.992
修正前结果	终端位置矢量夹角/（°）	1.386
	终端位置两航天器距离/km	1 020.33
	T_1 /s	430 189.391
	T_2 /s	207 299.997 728 339
	T_{ad}/s	186 629.858 837 569
修正后结果	Δv_1 /（m/s）	0.909 20
	Δv_2 /（m/s）	0.908 93
	T_1 /s	243 559.532
	T_w /s	42 970.611
	T_2 /s	393 929.857
	终端位置矢量夹角/（°）	0.000 68
	终端位置两航天器距离/km	51.05

　　表 4 - 5 中包含了中间结果及修正前与修正后的结果，其中，中间结果包含了理论上完成整个近距离过程的最短时间及最长时间，并且包含完成该算例的时间。修正前结果为优化过程得到的结果，从修正前的结果可以看到，该策略的末端时刻两航天器的夹角为 1.386°，距离为 1 020.33 km，不符合 50 km 的期望最短距离，且误差较大，经过一次修正后，两航天器在末端状态的位置矢量夹角变为 0.000 68°，距离变为 51.05 km，满足了观察要求。

　　根据表 4 - 3 中两航天器在异面抵近过程初始阶段的轨道参数及表 4 - 5 中修正后的三段时间和速度增量，可以利用高精度轨道动力学进行轨道递推，对整个异面抵近过程进行仿真。得到两航天器之间的距离随时间变化的曲线，如图 4 - 10 所示。

　　从图 4 - 10 所示曲线可以看出，由于两航天器的运行轨道存在倾角差，所以两航天器之间的距离随时间增加呈现正弦式减小的趋势，右上方的曲线是异面抵近过程末期状态的两航天器距离曲线，在异面抵近过程末期，两航天器之间的距离达到最小值 50 km 左右，同时达到最短期望距离。除了距离的限制外，目标航天器末期状态在地心惯性坐标系下的 Z 向坐标也是异面抵近过程的重要条件，图 4 - 11 所示为目标航天器位置矢量在地心惯性坐标系下 Z 向的坐标随仿真时间变化的曲线。

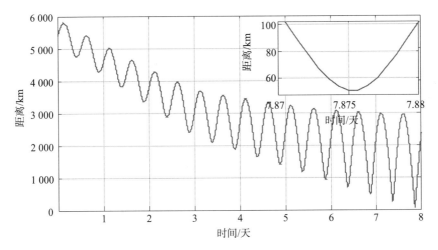

图 4 - 10　异面交会过程两航天器之间的距离随时间变化曲线

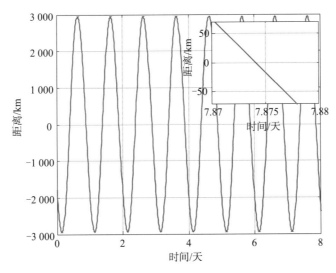

图 4 - 11　目标航天器位置矢量在地心惯性坐标系下 Z 向的坐标随仿真时间变化的曲线

　　从图 4 - 11 中的曲线可以看到，目标航天器在地心惯性坐标系下 Z 向的坐标在较大范围内上下波动，右上角的小图表示异面抵近过程末期目标航天器在地心惯性坐标系下 Z 向坐标的变化，与图 4 - 10 中的小图对应来看，当两航天器之间的距离达到最小值时，对应的目标航天器在地心惯性坐标系下 Z 向的坐标也极小，这就为服务航天器对目标航天器进行近距离在轨服务提供了更长的时间。

4.1.3　远程大范围转移机动决策及算例仿真

　　当服务航天器与目标航天器距离很远，两者相距几千甚至上万千米时，服务航天器通过大范围转移到目标航天器附近，对目标航天器进行观察或服务。如图 4 - 12 所示，大范围转移能够满足服务航天器转移到目标航天器的上方轨道或下方轨道，目标航天器的东侧或西侧，实现从不同角度观察目标航天器的各个面。

大范围转移可以描述为以下五个过程：

1）在原轨道停留时长 T_1；

2）进行第一次霍曼变轨，根据任务需求抬高或降低轨道，转移时长为 $T_{\omega 1}$；

3）在抬高或降低的轨道运行 T_2；

4）进行第二次霍曼变轨，从抬高或降低的轨道转移到目标轨道，转移时长为 $T_{\omega 2}$；

5）在目标轨道运行 T_3，满足对目标航天器观察的需求。

在大范围转移过程中，服务航天器这五个过程为原轨道停留→第一次霍曼变轨→转移轨道停留→第二次霍曼变轨→到达目标轨道，实现从目标航天器的各个方向抵近目标航天器。在图 4-12 中，曲线显示了大范围转移的五个过程中服务航天器相对于目标航天器的相对轨迹。

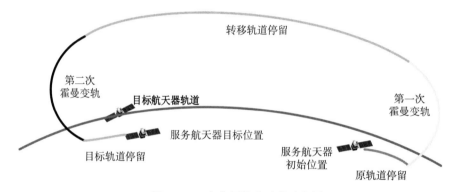

图 4-12　大范围转移过程示意图

大范围转移策略流程图如图 4-13 所示。

在转移任务中，输入转移模式任务需求与航天器轨道信息，判断是否满足任务条件，若不满足则结束，若满足则计算原轨道与转移轨道高度差，计算原轨道停留时长与转移轨道停留时长，并进行优化。

大范围转移过程的输入如下：

1）服务航天器的初始位置；

2）目标航天器的初始位置；

3）服务航天器需要到达的位置，即距离目标航天器轨道的距离（在目标航天器上方下方都可）和在目标航天器东侧或西侧的距离，目标轨道的半长轴；

4）任务所消耗的时长 T；

5）在目标轨道运行时长 T_3。

大范围转移过程的输出如下：

1）原轨道停留时长 T_1；

2）转移轨道停留时长 T_2；

3）原轨道与转移轨道的轨道高度差 h；

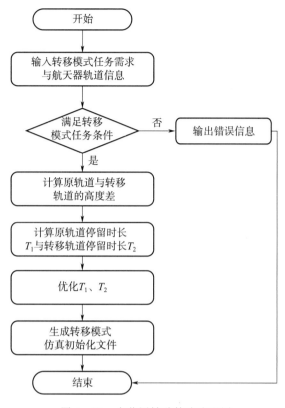

图 4 - 13　大范围转移策略流程图

4）第一次霍曼变轨的两个速度增量 Δv_1、Δv_2；

5）第一次霍曼变轨的变轨时长 $T_{\omega 1}$；

6）第二次霍曼变轨的两个速度增量 Δv_3、Δv_4；

7）第二次霍曼变轨的变轨时长 $T_{\omega 2}$。

将大范围转移问题转化为方程组

$$T = T_1 + T_{\omega 1} + T_2 + T_{\omega 2} + T_3 \tag{4-7}$$

$$\theta_0 + \omega_c T = T_1 \omega_1 + T_{\omega 1} \omega_{c1} + T_2 \omega_2 + T_{\omega 2} \omega_{c2} + T_3 \omega_3 \tag{4-8}$$

在方程组中，第一个等式为两星的时间关系式，第二个等式为两星的相位差关系式。式中，θ_0 为两星初始位置和末端位置的相位差，ω_c 为目标航天器的平均角速度，ω_1 为服务航天器在原轨道的角速度，ω_{c1} 为服务航天器第一次霍曼转移的平均角速度，ω_{c2} 为服务航天器第二次霍曼转移的平均角速度，ω_3 为服务航天器在目标轨道的角速度。

在方程组中，T_1、T_2 为未知量，其余为物理量，$T_{\omega 1}$、Δv_3、Δv_4、$T_{\omega 2}$、ω_{c1}、ω_{c2}、ω_3、ω_1、ω_2 均可由已知条件和轨道参数及 T_1、T_2、h 来表示。因此，将此问题转化为三元方程组。在方程组中，有三个未知量和两个方程，因此理论上此方程组有无穷多解。考虑到实际航天器轨道运行情况、转移时长和推进剂消耗等因素，方程组的求解方法如下。

大范围转移模式的策略求解流程图如图 4 - 14 所示。当求解策略时，先预估服务航天器的原轨道与转移轨道高度差 h，服务航天器进行第一次霍曼变轨时，轨道高度差 h 相比于原轨道的高度是一个微小量，所以第一次霍曼变轨的时长接近于原轨道的半个周期，同理，第二次霍曼变轨的时长也接近于原轨道的半个周期，因此两次霍曼转移共耗时接近原轨道的一个周期 T_t 长。可理解为，在 $T-T_t-T_3$ 这段时长内，服务航天器与目标航天器的相位差 θ_0，T_1 为假设接近于 0，则在转移轨道运行的时长 T_2 为

$$T_2 = T - T_t - T_3 \tag{4-9}$$

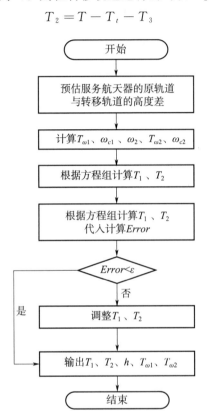

图 4-14　大范围转移模式的策略求解流程图

服务航天器需要在 T_2 内追上目标航天器，相对于原来的角速度差为

$$\Delta\omega = \frac{\theta_0}{T_2} \tag{4-10}$$

在转移轨道运行的角速度为

$$\omega_2 = \omega_1 + \Delta\omega \tag{4-11}$$

转移轨道的半长轴为

$$a_2 = \sqrt[3]{\frac{\mu}{(\omega_1 + \Delta\omega)^2}} \tag{4-12}$$

计算初始轨道与转移轨道的高度差 $h = a_2 - a_1$，当得到转移轨道的半长轴 a_2 与初始轨道的半长轴 a_1，能计算出第一次霍曼变轨的两个速度增量为

$$\Delta v_1 = \sqrt{\frac{\mu}{a_1}}\left(\sqrt{\frac{2a_2}{a_1 + a_2}} - 1\right) \tag{4-13}$$

$$\Delta v_2 = \sqrt{\frac{\mu}{a_2}} \left(1 - \sqrt{\frac{2a_1}{a_1 + a_2}} \right) \tag{4-14}$$

计算第一次霍曼变轨的变轨时长 $T_{\omega 1}$ 为

$$T_{\omega 1} = \pi \sqrt{\frac{\left(\dfrac{a_1 + a_2}{2} \right)^3}{\mu}} \tag{4-15}$$

在初始轨道上运行时，服务航天器的角速度 ω_1 为

$$\omega_1 = \sqrt{\frac{\mu}{a_1^3}} \tag{4-16}$$

第一次霍曼变轨时，服务航天器的角速度 ω_{c1} 为

$$\omega_{c1} = \sqrt{\frac{\mu}{(a_1 + a_2)^3}} \tag{4-17}$$

在转移轨道上运行时，服务航天器的角速度 ω_2 为

$$\omega_2 = \sqrt{\frac{\mu}{a_2^{~3}}} \tag{4-18}$$

同样，通过转移轨道的半长轴 a_2 与目标轨道的半长轴 a_3 可以得到第二次霍曼变轨的两个速度增量为

$$\Delta v_3 = \sqrt{\frac{\mu}{a_2}} \left(\sqrt{\frac{2a_3}{a_3 + a_2}} - 1 \right) \tag{4-19}$$

$$\Delta v_4 = \sqrt{\frac{\mu}{a_3}} \left(1 - \sqrt{\frac{2a_4}{a_4 + a_3}} \right) \tag{4-20}$$

第二次霍曼变轨的变轨时长 $T_{\omega 2}$ 为

$$T_{\omega 2} = \pi \sqrt{\frac{\left(\dfrac{a_3 + a_2}{2} \right)^3}{\mu}} \tag{4-21}$$

第二次霍曼变轨时，服务航天器的角速度 ω_{c2} 为

$$\omega_{c2} = \sqrt{\frac{\mu}{(a_3 + a_2)^3}} \tag{4-22}$$

在目标轨道上运行时，服务航天器的角速度 ω_3 为

$$\omega_3 = \sqrt{\frac{\mu}{a_3^{~3}}} \tag{4-23}$$

令 θ_1 为

$$\theta_1 = T_{\omega 1} \omega_{c1} + T_2 \omega_2 + T_{\omega 2} \omega_{c2} + T_3 \omega_3 \tag{4-24}$$

目标航天器所转过的弧度 θ_2 为

$$\theta_2 = \omega_c T \tag{4-25}$$

根据方程组计算 T_1

$$T_1 = \frac{\theta_0 + \theta_1 - \theta_2}{\omega_1} \qquad\qquad (4-26)$$

以上算出的 T_1、T_2 为经验公式得到的初值,在仿真软件中用所有的参数进行验证,发现服务航天器与所需要到达的位置有较大误差,因此需要对 T_1、T_2 进行优化调整。

优化调整的步骤如下。

将服务航天器和目标航天器在任务时长内所经过的弧度差与 θ_0 比较,令

$$Error = \theta_0 + \omega_c T - (T_1\omega_1 + T_{\omega 1}\omega_{c1} + T_2\omega_2 + T_{\omega 2}\omega_{c2} + T_3\omega_3) \qquad (4-27)$$

设定一个 ε,ε 为阈值,若 $|Error| \leqslant \varepsilon$,则 T_1、T_2 满足要求。否则,调整 T_1、T_2,直到 $|Error| \leqslant \varepsilon$。

T_1、T_1 的调整优化满足以下规则:

1)若服务航天器由东向西转移,且 $0 < \varepsilon < Error$,则 T_1 逐步变大,T_2 逐步变小,直到 $|Error| \leqslant \varepsilon$。

2)若服务航天器由东向西转移,且 $Error < \varepsilon < 0$,则 T_1 逐步变小,T_2 逐步变大,直到 $|Error| \leqslant \varepsilon$。

3)若服务航天器由西向东转移,且 $0 < \varepsilon < Error$,则 T_1 逐步变小,T_2 逐步变大,直到 $|Error| \leqslant \varepsilon$。

4)若服务航天器由西向东转移,且 $Error < \varepsilon < 0$,则 T_1 逐步变大,T_2 逐步变小,直到 $|Error| \leqslant \varepsilon$。

采取上述方法对转移策略进行求解,使服务航天器从远距离转移到目标航天器附近,服务航天器和目标航天器的轨道六根数见表 4-6。

表 4-6　转移策略中两航天器轨道六根数

	服务航天器	目标航天器
初始时间	2018-05-27 00:00:00.000	
轨道半长轴/km	42 066.0	42 166.8
偏心率	0	0
轨道倾角/(°)	0.000 9	0.000 9
升交点赤经/(°)	123	130
近地点幅角/(°)	0	0
真近点角/(°)	295	285

两航天器在同步轨道上运行,服务航天器位于比同步轨道低 100 km 的高轨轨道上。对服务航天器的目标位置要求是,转移到目标航天器的西边 50 km,转移时长是 5 天。通过转移策略求解,得到策略中的变轨时刻、脉冲大小,见表 4-7。

表 4 - 7　转移策略结果输出

变量	变量大小
T_1 / s	2 924
$T_{\omega 1} / s$	43 054
T_2 / s	336 110
$T_{\omega 2} / s$	43 131
T_3 / s	0
$\Delta v_1 / (m/s)$	2.952
$\Delta v_2 / (m/s)$	2.949
$\Delta v_3 / (m/s)$	1.111 2
$\Delta v_4 / (m/s)$	1.111 6
h / km	161.759 4

为了验证转移策略的正确性和可行性，通过设置服务航天器和目标航天器，并将转移策略应用到服务航天器上，得到转移末期时刻两航天器的位置和相对距离。在转移初始时刻，两航天器初始距离在 2 207 km 左右。

服务航天器根据算出来的转移策略进行机动，经过 5 天的机动后，服务航天器位于目标航天器的西侧，相对距离为 51.67 km 左右，目标距离为 50 km，误差大约为 1.67 km，误差较小，在可接受的范围内。

4.1.4　多脉冲多构型抵近机动决策及算例仿真

航天器在轨操作任务中，抵近机动是相对运动控制的重要组成。在抵近过程中，需要施加若干次脉冲，形成近距离绕飞、伴飞和掠飞等效果，方便对目标故障情况进行成像。由于飞掠距离短，且抵近任务较为频繁，因此要求在抵近过程控制精度高，任务时间合理，且要求燃料消耗小，为多次执行任务创造条件。在工程实现上，为有效建立和评估抵近机动方案，迫切需要提出有效的构型转移策略，实现快速、稳定地抵近脉冲机动计算，为燃料消耗、任务时间、工程约束等指标的权衡设计提供有效的工具。

假设参考目标的轨道偏心率为零，在 HILL 坐标系下，线性化的 C - W 方程描述为

$$\ddot{x} = 3n^2 x + 2n\dot{y} + u_x \tag{4 - 28}$$

$$\ddot{y} = -2n\dot{x} + u_y \tag{4 - 29}$$

$$\ddot{z} = -n^2 z + u_z \tag{4 - 30}$$

式中，u_x、u_y 和 u_z 表示推力加速度分量；$n = (\mu / R_0^3)^{1/2}$ 表示参考目标轨道角速度，R_0 表示参考目标的地心距。

定义以下参数

$$a = [(3x_0 + 2\dot{y}_0/n)^2 + (\dot{x}_0/n)^2]^{1/2} \tag{4-31}$$

$$d = y_0 - 2\dot{x}_0/n \tag{4-32}$$

$$c = 2x_0 + \dot{y}_0/n \tag{4-33}$$

$$\cos\alpha = -(1/a)(3x_0 + 2\dot{y}_0/n) \tag{4-34}$$

$$\sin\alpha = -\dot{x}_0/(na) \tag{4-35}$$

式中，下标 0 表示初始时刻的状态，则在纵向平面内，线性化 C - W 方程的解析解为

$$x(t) = 2c + a\cos[n(t-t_0) + \alpha] \tag{4-36}$$

$$y(t) = d - 3nc(t-t_0) - 2a\sin[n(t-t_0) + \alpha] \tag{4-37}$$

$$\dot{x}(t) = -an\sin[n(t-t_0) + \alpha] \tag{4-38}$$

$$\dot{y}(t) = -3nc - 2an\cos[n(t-t_0) + \alpha] \tag{4-39}$$

进一步地，可以将纵向平面内的运动轨迹合并为以下形式

$$\left[\frac{x(t)-2c}{a}\right]^2 + \left[\frac{y(t)-d+3nc(t-t_0)}{2a}\right]^2 = 1 \tag{4-40}$$

由此可见，$c \neq 0$ 时，相对运动轨迹为螺旋曲线；$c = 0$ 时，相对运动轨迹为闭合的椭圆曲线，如图 4 - 15 所示，其中 a 为椭圆的短半轴，坐标 $(0, d)$ 为椭圆中心位置。

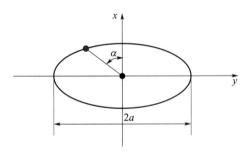

图 4 - 15　$c = 0$ 伴飞椭圆

根据以上分析可知，纵向平面内的运动轨迹可以由尺寸参数 a 、偏离参数 d 以及漂移参数 c 确定。

绕飞构型转换问题可以描述为参数状态 (a_0, d_0, c_0) 到 (a_f, d_f, c_f) 的转换，其中下标 0 表示初始状态，下标 f 表示目标状态。

假设在构型转换中，脉冲量仅允许在切向方向施加，脉冲位置 α 仅在 0 或者 π，则考虑构型参数状态转换涉及三个变量，构型转换至少需要三个脉冲。

为了方便阐述，令第 k 次脉冲作用后的构型参数为 (a_k, d_k, c_k)。假定有下列条件恒成立[50]

$$|a_f - a_0|/2 > |c_f - c_0| \tag{4-41}$$

则构型转换需要的最优总脉冲为

$$\Delta V^* = n|a_f - a_0|/2 \tag{4-42}$$

且有最优转移策略[50]为

$$\Delta \dot{x}_k^* = \begin{bmatrix} 0 & \Delta \dot{y}_k^* \end{bmatrix}^{\mathrm{T}} \tag{4-43}$$

$$n(t_k - t_{k-1}) + \alpha_{k-1}^* = \alpha_k^* + 2q_k \pi \tag{4-44}$$

当 $\alpha_k^* = 0$ 时

$$\Delta \dot{y}_k^* = n(a_{k-1} - a_k)/2 \tag{4-45}$$

当 $\alpha_k^* = \pi$ 时

$$\Delta \dot{y}_k^* = -n(a_{k-1} - a_k)/2 \tag{4-46}$$

式中，上标"$*$"表示最优参数；下标 k 表示第 k 次脉冲；q_k 为整数。注意到，脉冲施加的相位角 α_k^* 可以取 0 或者 π，这表明最优转移可以包含多种转移轨道。下面以 $(\alpha_1^*, \ \alpha_2^*, \ \alpha_3^*) = (\pi, \ 0, \ \pi)$ 为例，阐述参数 a_k、q_k 的确定方法。

假设 t_0 时刻，α 为 0 或者 π，同时令脉冲施加时刻为 τ^*，位置 α_k^* 也为 0 或者 π，则有

$$\dot{x}(\tau^*) = -an\sin[n(\tau^* - t_0) + \alpha] = -an\sin\alpha = 0 \tag{4-47}$$

$$\dot{y}(\tau^*) = -3nc - 2an\cos[n(\tau^* - t_0) + \alpha] = -3nc + 2an \tag{4-48}$$

$$x(\tau^*) = 2c + a\cos[n(\tau^* - t_0) + \alpha] = 2c - a \tag{4-49}$$

$$y(\tau^*) = d - 3nc(\tau^* - t_0) - 2a\sin[n(\tau^* - t_0) + \alpha] = d - 3nc(\tau^* - t_0) \tag{4-50}$$

式中，a、d、c 以及 α 表示 t_0 时刻的构型参数。

令 τ^* 时刻脉冲作用后的构型参数为 a'、d'、c' 以及 α'，则有

$$d' = y(\tau^*) - 2[\dot{x}(\tau^*) + \Delta \dot{x}^*]/n = d - 3nc(\tau^* - t_0) \tag{4-51}$$

$$c' = 2x(\tau^*) + [\dot{y}(\tau^*) + (\Delta \dot{y}^*)]/n = c + \Delta \dot{y}^*/n \tag{4-52}$$

根据以上最优三脉冲策略，可知脉冲施加后，有

$$c_1 = c_0 - (a_0 - a_1)/2 \tag{4-53}$$

$$c_2 = c_1 + (a_1 - a_2)/2 \tag{4-54}$$

$$c_3 = c_2 - (a_2 - a_3)/2 \tag{4-55}$$

$$d_1 = d_0 - 3nc_0\Delta t_1 \tag{4-56}$$

$$d_2 = d_1 - 3nc_1\Delta t_2 \tag{4-57}$$

$$d_3 = d_2 - 3nc_2\Delta t_3 \tag{4-58}$$

式中

$$\Delta t_1 = t_1 - t_0 = (\alpha_1^* - \alpha_0 + 2q_1\pi)/n = [(2q_1 + 1)\pi - \alpha_0]/n \tag{4-59}$$

$$\Delta t_2 = t_2 - t_1 = (\alpha_2^* - \alpha_1^* + 2q_2\pi)/n = (2q_2 - 1)\pi/n \tag{4-60}$$

$$\Delta t_3 = t_3 - t_2 = (\alpha_3^* - \alpha_2^* + 2q_3\pi)/n = (2q_3 + 1)\pi/n \tag{4-61}$$

第三次脉冲施加后，有

$$d_f = d_3 = d_0 + 3(c_f - c_0)[(2q_1 + 1)\pi - \alpha_0] + \\ 3(c_f - c_1)(2q_2 - 1)\pi + 3(c_f - c_2)(2q_3 + 1)\pi \tag{4-62}$$

$$c_f = c_3 = c_0 - (a_0 - 2a_1 + 2a_2 - a_f)/2 \tag{4-63}$$

$$c_1 = c_0 - (a_0 - a_1)/2 \tag{4-64}$$

$$c_2 = c_1 + (a_1 - a_2)/2 \tag{4-65}$$

对 a_1 和 a_2 求解，得

$$a_1 = a_0 + [(a_f - a_0)/2 - (c_f - c_0)](q_3 + 1/2)/(q_2 + q_3) + \tag{4-66}$$
$$[(d_0 - d_f)/3\pi + (c_f - c_0)(2q_1 + 2q_2 + 2q_3 + 1 - \alpha_0/\pi)]/(q_2 + q_3)$$

$$a_2 = a_f - 2(c_f - c_0) - [(a_f - a_0)/2 - (c_f - c_0)](q_2 - 1/2)/(q_2 + q_3) +$$
$$[(d_0 - d_f)/3\pi + (c_f - c_0)(2q_1 + 2q_2 + 2q_3 + 1 - \alpha_0/\pi)]/(q_2 + q_3) \tag{4-67}$$

为确保最优性，参数 a 应满足 $a_0 < a_1 < a_2 < a_f$ 或者 $a_f < a_2 < a_1 < a_0$。

对于 $a_0 > a_f$，q_k 需满足

$$2(c_f - c_0)[2(q_1 + q_2)\pi - \alpha_0] -$$
$$[(a_0 - a_f)/2 - (c_f - c_0)](2q_3 + 1)\pi < (2/3)(d_f - d_0) \tag{4-68}$$

$$2(c_f - c_0)[(2q_1 + 1)\pi - \alpha_0] +$$
$$[(a_0 - a_f)/2 + (c_f - c_0)](2q_2 - 1)\pi > (2/3)(d_f - d_0) \tag{4-69}$$

对于 $a_0 < a_f$，q_k 需满足

$$2(c_f - c_0)[2(q_1 + q_2)\pi - \alpha_0] +$$
$$[(a_f - a_0)/2 + (c_f - c_0)](2q_3 + 1)\pi < (2/3)(d_f - d_0) \tag{4-70}$$

$$2(c_f - c_0)[(2q_1 + 1)\pi - \alpha_0] -$$
$$[(a_f - a_0)/2 - (c_f - c_0)](2q_2 - 1)\pi < (2/3)(d_f - d_0) \tag{4-71}$$

本节以高轨目标抵近、伴飞为分析对象，给出数值仿真算例。在仿真计算中，参考目标半长轴为 42 164 km，偏心率为 0，轨道倾角为 0°；地球引力常数为 398 601.19 km³/s²，赤道半径为 6 378.137 km。

首先，对尺寸参数 a、偏离参数 d 以及漂移参数 c 描述的构型进行仿真计算。考虑参数的取值为 $(a, d, c) = (10\ km, 0, 0)$、$(a, d, c) = (10\ km, 5\ km, 0)$、$(a, d, c) = (10\ km, 0, 5\ km)$ 以及 $(a, d, c) = (0, 0, 5\ km)$，初始相位角均取值 0°，计算结果如图 4-16 所示。

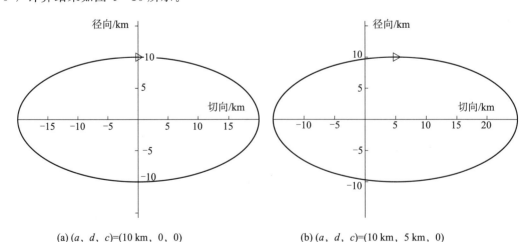

(a) $(a, d, c)=(10\ km, 0, 0)$　　　　　(b) $(a, d, c)=(10\ km, 5\ km, 0)$

图 4-16　不同参数下的相对运动构型

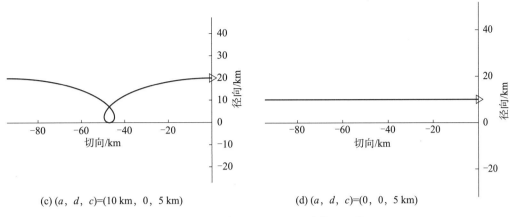

(c) $(a, d, c) = (10\,\mathrm{km}, 0, 5\,\mathrm{km})$　　　　　　　(d) $(a, d, c) = (0, 0, 5\,\mathrm{km})$

图 4 - 16　不同参数下的相对运动构型（续）

下面对构型转换策略进行仿真分析。针对伴飞构型的尺寸和偏离参数进行调整，假设初始构型参数为

$$(a_0, d_0, c_0) = (10\ \mathrm{km}, 0, 0) \tag{4-72}$$

目标构型参数为

$$(a_f, d_f, c_f) = (20\ \mathrm{km}, 50\ \mathrm{km}, 0) \tag{4-73}$$

在计算中，参数 q_k 的取值为 $(q_1, q_2, q_3) = (0, 1, 1)$ 。根据计算结果，脉冲 1 速度增量为 $0.04\ \mathrm{m/s}$，脉冲 2 速度增量为 $-0.182\ 3\ \mathrm{m/s}$，脉冲 3 速度增量为 $0.142\ 3\ \mathrm{m/s}$，总速度增量为 $0.365\ \mathrm{m/s}$，转移轨迹如图 4 - 17 所示。

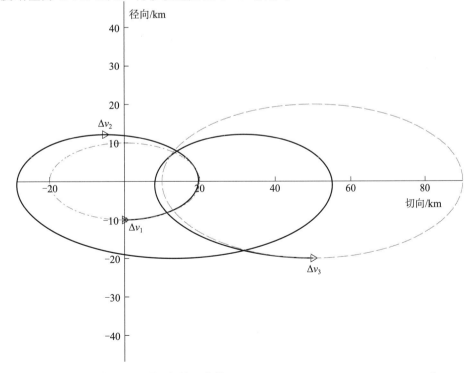

图 4 - 17　转移轨迹 $[$目标构型参数 $(a_f, d_f, c_f) = (20\ \mathrm{km}, 50\ \mathrm{km}, 0)]$

假设初始构型参数保持不变，将目标构型参数调整为漂移状态，即

$$(a_f, d_f, c_f) = (20 \text{ km}, 50 \text{ km}, 5 \text{ km}) \tag{4-74}$$

参数 q_k 的取值仍为 $(q_1, q_2, q_3) = (0, 1, 1)$。根据计算结果，脉冲 1 速度增量为 0.268 m/s，脉冲 2 速度增量为 0 m/s，脉冲 3 速度增量为 0.097 m/s，总速度增量为 0.365 m/s，转移轨迹如图 4-18 所示。

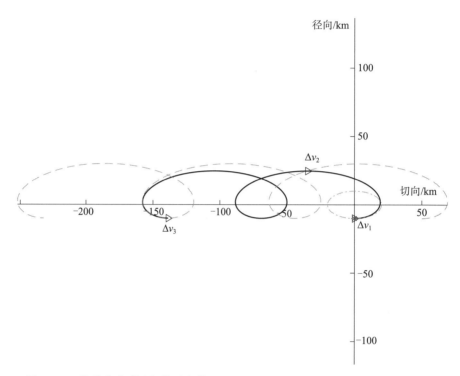

图 4-18　转移轨迹［目标构型参数 $(a_f, d_f, c_f) = (20 \text{ km}, 50 \text{ km}, 5 \text{ km})$］

本节根据绕飞构型切换控制问题，给出了构型转换的参数化定义，将绕飞构型切换视为状态参数转换控制问题。进一步，针对该问题，给出了三脉冲最优转移策略，并详细推导了脉冲计算模型。最后，采用数值仿真校验了三脉冲最优转移策略的有效性。

4.2　近距离伴飞机动策略

针对不同空间任务需求，在抵近到近距离的情况下，服务航天器需要有形成稳定伴飞或绕飞构型的机动能力或者改变与目标航天器伴飞的相位与距离的机动能力，常见的此类伴飞机动任务包括伴飞距离调整的快速转移决策、伴飞相位调整的镜像调相决策、自主绕飞决策和水滴悬停构型决策以及多点快速兰伯特转移决策。其中，快速转移决策是针对伴飞决策过程中需要转移到更近的伴飞轨道进行任务所设计的机动方式；镜像调相决策是针对伴飞过程中面对光照约束等条件，需要调整伴飞相位时所设计的机动方式；自主绕飞决策是通过对服务航天器进行轨道机动，实现服务航天器和目标航天器之间自然绕飞的机动

方式，可以避免任务过程中持续的推进剂消耗；水滴悬停构型决策是通过轨道机动，使服务航天器通过每周期固定地施加脉冲，完成对目标航天器持续的近距离多角度的伴飞任务；多点快速兰伯特转移决策是在基础兰伯特转移的基础上，考虑实际任务需要，设计的一种面向任务常见的快速机动接近策略。

4.2.1　伴飞距离调整的快速转移决策及算例仿真

由 C - W 方程可知，航天器的相对运动具有以下特性：

1）服务航天器和目标航天器在 HILL 坐标系下的相对运动可以分解为轨道面（$X_H O_H Y_H$ 平面）和垂直于轨道面（$O_H Z_H$ 方向）的运动。

2）垂直于轨道面的相对运动是周期为 n 的简谐振荡运动。

3）对于轨道面内（$X_H O_H Y_H$ 平面）的运动，联立并消去时间参数 t 可得

$$\left(\frac{x - x_{c0}}{a}\right)^2 + \left(\frac{y - y_{c0} + \frac{3}{2} x_{c0} nt}{2a}\right)^2 = 1 \qquad (4-75)$$

式中

$$x_{c0} = 4x_0 + 2\frac{\dot{y}_0}{n} \qquad (4-76)$$

$$y_{c0} = y_0 - 2\frac{\dot{x}_0}{n} \qquad (4-77)$$

$$a = \sqrt{\left(\frac{\dot{x}_0}{n}\right)^2 + \left(3x_0 + 2\frac{\dot{y}_0}{n}\right)^2} \qquad (4-78)$$

服务航天器和目标航天器在轨道面（$X_H O_H Y_H$ 平面）的相对运动轨迹为动椭圆，椭圆中心点为 $\left(x_{c0},\ y_{c0} - \frac{3}{2} x_{c0} nt\right)$，其长轴长度是短轴长度的 2 倍，长轴方向沿 HILL 坐标系 $O_H Y_H$ 轴方向。

（1）参数 x_{c0}

当 $x_{c0} = 0$ 时，椭圆方程的中心不随时间变化，椭圆的平均角速度为 n，此时形成服务航天器对目标航天器的伴飞。当 $x_{c0} \neq 0$ 时，椭圆的中心沿 HILL 坐标系的 $O_H Y_H$ 轴随时间移动，且移动速度与 x_{c0} 成正比，无法形成稳定的伴飞。形成伴飞的条件为

$$\dot{y}_0 = -2nx_0 \qquad (4-79)$$

（2）参数 y_{c0}

当 $y_{c0} = 0$ 时，相对运动的椭圆中心为 HILL 坐标系的原点，此时服务航天器对目标航天器形成环绕飞行，由于环绕飞行状态下的服务航天器不需要施加任务主动控制，因此也称为自然绕飞，可以看出自然绕飞属于一种特殊的伴飞飞行，即目标航天器的位置在服务航天器伴飞椭圆的中心点，形成自然绕飞的条件为

$$\begin{cases} y_0 = 2\dfrac{\dot{x}_0}{n} \\ \dot{y}_0 = -2nx_0 \end{cases} \qquad (4-80)$$

（3）参数 a

当 $a=0$ 时，航天器椭圆的长轴与短轴均为 0，服务航天器相当于目标航天器的运动轨迹为 HILL 坐标系 $O_H Y_H$ 轴上的一个点，此时 $\dot{x}_0$、x_0 和 $\dot{y}_0$ 均为 0。

满足伴飞的运动方程为

$$
\begin{cases}
x = \dfrac{\dot{x}_0}{n}\sin nt + x_0 \cos nt \\[2mm]
y = -2x_0 \sin nt + \dfrac{2}{n}\dot{x}_0 \cos nt + y_0 - \dfrac{2}{n}\dot{x}_0 \\[2mm]
z = \dfrac{\dot{z}_0}{n}\sin nt + z_0 \cos nt \\[2mm]
\dot{x} = -nx_0 \sin nt + \dot{x}_0 \cos nt \\[2mm]
\dot{y} = -2\dot{x}_0 \sin nt - 2nx_0 \cos nt \\[2mm]
\dot{z} = -nz_0 \sin nt + \dot{z}_0 \cos nt
\end{cases}
\tag{4-81}
$$

当服务航天器和目标航天器处于同轨道高度的圆轨道时，服务航天器对目标航天器形成伴飞状态，服务航天器相对目标航天器的运动轨迹为椭圆，椭圆长轴与短轴的长度比为 2∶1，长轴方向沿 HILL 坐标系 $O_H Y_H$ 轴方向，椭圆的大小和椭圆中心点位置可以由两航天器的相对位置表示。实际工程中已经形成伴飞状态的服务航天器，经常需要通过轨道机动，转移到另一个伴飞椭圆上，从而实现对目标航天器的逼近或者远离，这种工况称为快速转移。通过快速转移任务，服务航天器可以实现对目标航天器的伴飞距离调整，以及伴飞的椭圆大小调整，其示意图如图 4-19 所示。

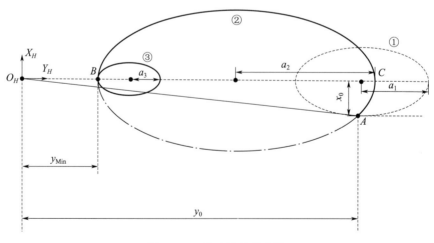

图 4-19　快速转移示意图

在图 4-19 中，$X_H O_H Y_H$ 平面为目标航天器 HILL 坐标系的 $X_H O_H Y_H$ 平面，原点为目标航天器质心位置。A 点为服务航天器的初始位置，x_0、y_0 为服务航天器初始时刻在目标航天器 HILL 坐标系 $O_H X_H$ 轴和 $O_H Y_H$ 轴的位置分量，y_{Min} 为服务航天器离目标航天器的最近距离。a_1、a_2、a_3 分别为服务航天器初始伴飞椭圆、转移轨道椭圆和转移后伴飞椭圆的半长轴。

服务航天器初始时刻位于 A 点，运动轨迹分为以下三部分：

1）服务航天器位于初始伴飞轨道椭圆①，并在 A 点施加第一次速度脉冲。

2）服务航天器经过转移轨道椭圆②到达 B 点，在 B 点施加第二次速度脉冲，此时 B 点为服务航天器距离目标航天器最近的位置，需要提前给定，服务航天器在转移轨道上运行的时间为 T_w。

3）服务航天器到达转移后的轨道椭圆③，形成新的稳定伴飞椭圆。

在 $X_H O_H Y_H$ 平面内，转移轨道椭圆②的半长轴为 a_2，中心点为 $(0，y_{Min}+a_2)$，椭圆②的方程可以表示为

$$\frac{4x^2}{a_2^2}+\frac{(y-y_{Min}-a_2)^2}{a_2^2}=1 \qquad (4-82)$$

服务航天器的初始位置 $(x_0，y_0)$ 在椭圆②上，将服务航天器的初始位置 $(x_0，y_0)$ 代入可以求得转移轨道半长轴表达式为

$$a_2=\frac{(y_0-y_{Min})^2+4x_0^2}{2(y_0-y_{Min})} \qquad (4-83)$$

转移轨道椭圆②的中心坐标可以用解析法表示为

$$\left(0，y_0-2\frac{\dot{x}_{A0}}{n}\right) \qquad (4-84)$$

椭圆②的中心坐标用另一种几何法表示为

$$(0，y_{Min}+a_2) \qquad (4-85)$$

椭圆②中心坐标的解析法表示方式和几何法表示方式等效，即

$$y_0-2\frac{\dot{x}_{A0}}{n}=y_{Min}+a_2 \qquad (4-86)$$

式中，$\dot{x}_{A0}$ 表示服务航天器施加完第一次速度脉冲后的速度分量。

$\dot{x}_{A0}$ 的表达式为

$$\dot{x}_{A0}=\left[\frac{n(y_{Min}-y_0)^2}{4}-nx_0^2\right]/(y_{Min}-y_0) \qquad (4-87)$$

由此可得服务航天器在 A 点施加第一次速度脉冲的大小为

$$\Delta v_A=\dot{x}_{A0}-\dot{x}_0=\left[\frac{n(y_{Min}-y_0)^2}{4}-nx_0^2\right]/(y_{Min}-y_0)-\dot{x}_0 \qquad (4-88)$$

式中，$\dot{x}_0$ 表示服务航天器的初始速度分量，即未施加速度脉冲之间的速度分量。服务航天器在初始位置 A 点施加第一次速度脉冲，由初始伴飞椭圆进入转移轨道椭圆，在到达转移轨道椭圆 B 点时，需要施加第二次速度脉冲，从而进入转移后的稳定伴飞椭圆，接下来将分析施加第二次速度脉冲的计算方法。

对于第二次施加速度脉冲的大小，同样需要求得服务航天器在 B 点施加速度脉冲前后的速度，转移轨道椭圆②的中心坐标可以表示为

$$\left(0，y_B-2\frac{\dot{x}_{B0}}{n}\right) \qquad (4-89)$$

式中，$y_B = y_{Min}$ 表示服务航天器距离目标航天器最近的位置，为初始给定参数；$\dot{x}_{B0}$ 表示服务航天器在 B 点未施加第二次速度脉冲之前的速度分量。

椭圆②的中心坐标用另一种表示形式可得

$$\dot{x}_{B0} = \frac{-na_2}{2} \tag{4-90}$$

B 点未施加第二次速度脉冲之前的速度分量为

$$\dot{x}_{B0} = -\sqrt{(\Delta v_A + \dot{x}_0)^2 + (ny_0)^2} \tag{4-91}$$

转移后的伴飞椭圆③中心的解析法表达式为

$$\left(0, y_B - \frac{2\dot{x}_B}{n}\right) \tag{4-92}$$

式中，$\dot{x}_B$ 表示服务航天器施加第二次速度脉冲之后的速度分量，即进入伴飞椭圆③的速度分量。

转移后的伴飞椭圆③的中心坐标几何法表示形式为

$$(0, y_{Min} + a_3) \tag{4-93}$$

得到施加完第二次速度脉冲之后的速度为

$$\dot{x}_B = \frac{-na_3}{2} \tag{4-94}$$

由此得到施加第二次速度脉冲的大小为

$$\Delta v_B = -\frac{na_3}{2} + \sqrt{(\Delta v_A + \dot{x}_0)^2 + (ny_B)^2} \tag{4-95}$$

服务航天器的伴飞椭圆周期与目标航天器轨道周期相同，因此计算两次施加速度脉冲的时间间隔，即 A 点转移到 B 点所用的时间。对于转移轨道椭圆，同样满足伴飞椭圆，因此转移轨道椭圆的周期与目标航天器周期相同，转移时间为半个椭圆加上或减去由 A 点运行到 C 点阶段

$$\begin{cases} x(\Delta t) = \frac{\dot{x}_0}{n}\sin(n\Delta t) + x_0\cos(n\Delta t) \\ y(\Delta t) = -2x_0\sin(n\Delta t) + \frac{2}{n}\dot{x}_0\cos(n\Delta t) + y_0 - \frac{2}{n}\dot{x}_0 \end{cases} \tag{4-96}$$

求解式（4-96）可得

$$\Delta t = \frac{1}{n}\arcsin\frac{\sqrt{2a_1\Delta y - \Delta y^2}}{a_1} \tag{4-97}$$

式中，$\Delta y = 2a_1 - |y_{Min} - y_0|$。

由此得到了快速转移过程中，服务航天器两次施加速度脉冲的大小及间隔时间为

$$\begin{cases} \Delta v_A = \left[\frac{n(y_{Min} - y_0)^2}{4} - nx_0^2\right]/(y_{Min} - y_0) - \dot{x}_0 \\ \Delta v_B = -\frac{na_3}{2} + \sqrt{(\Delta v_A + \dot{x}_0)^2 + (ny_{Min})^2} \end{cases} \tag{4-98}$$

$$\tau = \begin{cases} T/2 - \Delta t & x_0 >= 0 \\ T/2 + \Delta t & x_0 < 0 \end{cases} \tag{4-99}$$

式中，τ 表示第二次脉冲施加时间。

对于快速转移任务而言，服务航天器和目标航天器的初始状态为稳定伴随飞行状态，目标状态为通过轨道机动，实现伴随飞行距离和伴随飞行椭圆尺度的调整，因此选取一组初始状态为稳定伴随飞行状态的仿真初始参数，见表 4-8。

表 4-8　快速转移构型仿真参数

	服务航天器	目标航天器
半长轴/km	42 161.9	42 166.3
偏心率	0.000 1	0
轨道倾角/(°)	0.1	0.1
升交点赤经/(°)	0.125	0.125
近地点幅角/(°)	359.9	147.4
真近点角/(°)	0.18	212.58
转移后椭圆半长轴/km	3	
转移后与目标的距离/km	20	

通过计算可以求得快速转移构型的机动策略，具体结果见表 4-9。

表 4-9　快速转移构型仿真结果

	结果
第一次施加速度脉冲时间/s	0
第一次施加速度脉冲大小 Δv_A /(m/s)	-0.956 0
第二次施加速度脉冲时间 τ /s	47 298
第二次施加速度脉冲大小 Δv_B /(m/s)	-0.891 1

仿真后服务航天器与目标航天器之间的构型轨迹如图 4-20 所示。

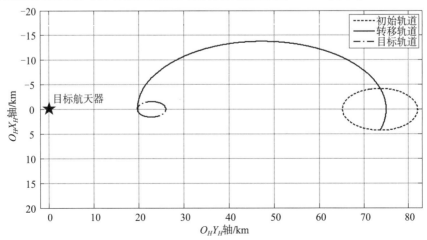

图 4-20　快速转移构型仿真结果

由图 4-20 可知，坐标原点为目标航天器的位置，服务航天器初始轨道为稳定的伴随飞行椭圆，为图中虚线；服务航天器施加第一次速度脉冲，进入转移轨道，为图中实线；服务航天器施加第二次速度脉冲，进入目标轨道，为图中点划线，目标轨道的半长轴为 3 km，与目标航天器的最近距离为 20 km，满足任务要求，同时由图可知，转移前后的轨道均满足伴随飞行椭圆构型。

由图 4-21 可知，服务航天器与目标航天器通过轨道机动，由尺度为 65~82 km 的远距离伴随飞行椭圆，转移到尺度为 20~26 km 的近距离伴随飞行椭圆，从而实现了伴随飞行尺度的调整。

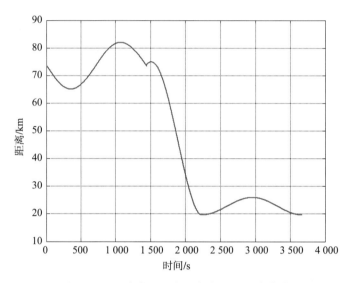

图 4-21　服务航天器与目标航天器距离曲线

4.2.2　伴飞相位调整的镜像调相决策及算例仿真

在伴飞过程中，通常需要通过相位调整，改变服务航天器与目标航天器的相对位置，从而进行观测光照的调整或者观测角度的调整。如图 4-22 所示，由于在相位调整过程中转移轨道与初始轨道具有对称性，因此整个过程称为镜像调相。

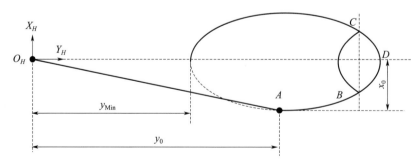

图 4-22　镜像调相过程示意图

在图 4 - 22 中，$X_H O_H Y_H$ 平面为目标航天器 HILL 坐标系的平面，坐标系原点为目标航天器质心位置。A 点为服务航天器的初始位置，x_0、y_0 为服务航天器初始时刻在目标航天器 HILL 坐标系 $O_H X_H$ 轴和 $O_H Y_H$ 轴的位置分量，y_{Min} 为服务航天器离目标航天器的最近距离。

服务航天器初始时刻位于 A 点，运动轨迹分为以下两部分：

1）服务航天器运行在伴飞椭圆上，其初始位置为 A 点，初始坐标为 $(x_0，y_0)$，服务航天器逆时针运行到 C 点时，施加第一次速度脉冲。

2）服务航天器由转移椭圆轨道运行到 B 点，在 B 点施加第二次速度脉冲，从而完成相位调整，服务航天器在转移轨道上运行的时间为 T_ω，T_ω 根据实际需求给定，转移后的服务航天器继续运行在初始伴飞椭圆上。

对于镜像调相，初始伴飞椭圆与转移后的伴飞椭圆轨迹重合，转移轨道椭圆与初始伴飞椭圆关于直线 BC 对称（直线 BC 为两个椭圆的交点，也是两次施加速度脉冲的位置点），如图 4 - 23 所示。

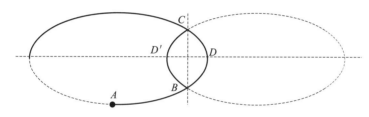

图 4 - 23　伴飞椭圆与转移轨道椭圆示意图

在镜像调相过程中，调相时间 T_ω，即服务航天器由 $B \to D \to C \to D' \to B$ 的所用时间为给定值。由于镜像调相的伴飞轨道椭圆与转移轨道椭圆具有对称性，因此 $B \to D$、$D \to C$、$C \to D'$ 及 $D' \to B$ 四个阶段所用的时间相同，均为 $T_\omega / 4$。

伴飞椭圆的方程可以表示为

$$\frac{4x^2}{a^2} + \frac{(y - y_{\text{Min}} - a)^2}{a^2} = 1 \tag{4-100}$$

伴飞椭圆中心的解析法表达式为

$$\left(0, y_0 - 2\frac{\dot{x}_0}{n}\right) \tag{4-101}$$

设伴飞椭圆的半长轴为 a，伴飞椭圆中心的另一种几何法表示方式为

$$(0, y_{\text{Min}} + a) \tag{4-102}$$

联立椭圆中心解析法表示公式可得

$$y_{\text{Min}} = y_0 - 2\frac{\dot{x}_0}{n} - a \tag{4-103}$$

服务航天器初始位置 $(x_0，y_0)$ 位于伴飞椭圆上

$$a = 2\sqrt{x_0^2 + \left(\frac{\dot{x}_0}{n}\right)^2} \tag{4-104}$$

与快速转移过程类似，首先求解服务航天器初始位置运行至 D 点（过 HILL 坐标系 $O_H X_H$ 轴）的时间为

$$\Delta t = \frac{1}{n}\arcsin\frac{\sqrt{2a\,\Delta y - \Delta y^2}}{a} \tag{4-105}$$

式中，$\Delta y = 2a - |y_t - y_0|$。

伴飞椭圆与转移轨道椭圆关于直线 BC 对称，同时 B、C 点也关于 HILL 坐标系 $O_H X_H$ 对称，因此可得

$$\begin{cases}\Delta v_C = -2\dot{x}_C \\ \Delta v_B = 2\dot{x}_B\end{cases} \tag{4-106}$$

式中，$\dot{x}_C$ 和 $\dot{x}_B$ 为服务航天器在伴飞椭圆上 C 点和 B 点的速度分量，且存在 $\dot{x}_C = -\dot{x}_B$，这两个量需要通过轨道积分进行计算。

由此得到了服务航天器进行镜像调相两次施加速度脉冲的时刻和两次施加速度脉冲的大小为

$$\begin{cases}t_1 = \Delta t + T_\omega/4 \\ t_2 = \Delta t + 3T_\omega/4\end{cases} \tag{4-107}$$

$$\begin{cases}\Delta v_C = -2\dot{x}_C \\ \Delta v_B = -2\dot{x}_B\end{cases} \tag{4-108}$$

同样对于镜像调相任务，服务航天器和目标航天器的初始状态为稳定伴随飞行状态，服务航天器通过轨道机动实现相位调整，因此与快速转移任务选取同样的服务航天器和目标航天器初始参数，见表 4-10。

表 4-10　镜像调相构型仿真参数

参数	服务航天器	目标航天器
半长轴/km	42 161.9	42 166.3
偏心率	0.000 1	0
轨道倾角/(°)	0.1	0.1
升交点赤经/(°)	0.125	0.125
近地点幅角/(°)	359.9	147.4
真近点角/(°)	0.18	212.58

通过计算可以求得镜像调相构型的机动策略，具体结果见表 4-11。

表 4-11　镜像调相构型仿真结果

参数	结果
第一次施加速度脉冲时间 t_1 /s	14 400
第一次施加速度脉冲大小 Δv_A /(m/s)	0.487 9

参数	结果
第二次施加速度脉冲时间 t_2 /s	30 433
第二次施加速度脉冲大小 Δv_B /(m/s)	−0.487 9

仿真后服务航天器与目标航天器之间的构型轨迹如图 4 - 24 所示。

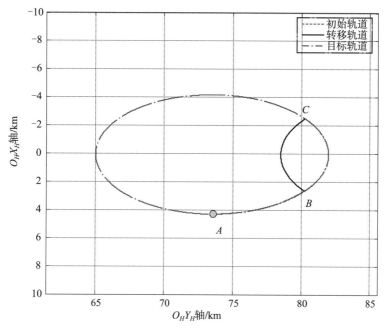

图 4 - 24　镜像调相仿真结果

如图 4 - 24 所示，服务航天器初始位置为 A 点，服务航天器沿初始轨道运行至 C 点，然后由转移轨道回到 B 点，继续在伴随飞行椭圆上运行，在整个过程中，航天器第一次经过 B 点到由转移轨道再次返回 B 点的时间为调相时间，服务航天器可以通过调相来实现光照条件、观测角度等在轨任务的调整。

4.2.3　自主绕飞决策及算例仿真

由航天器相对运动学模型可知，在形成自然绕飞时，服务航天器相对于目标航天器的运动为一个偏心率为 $\sqrt{3}/2$ 的椭圆，且椭圆的中心坐标及半长轴都由服务航天器在目标航天器轨道坐标系中的初始位置决定。服务航天器在目标航天器轨道坐标系下形成对目标航天器的自然绕飞过程示意图，如图 4 - 25 所示。

在图 4 - 25 中，$X_O O Z_O$ 为目标航天器轨道坐标系的轨道平面；S 点代表服务航天器；x_0 和 z_0 是服务航天器在目标航天器轨道坐标系下 X 方向和 Z 方向的初始位置坐标；x_t 为服务航天器形成稳定绕飞椭圆时距目标航天器的最远距离，其绝对值为绕飞椭圆长半轴。

在服务航天器对目标航天器形成自然绕飞过程中，服务航天器的相对运动轨迹为 $A \rightarrow$

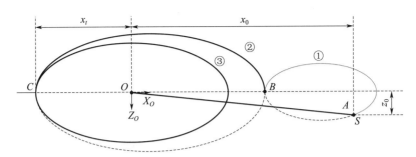

图 4 - 25　$x_0 > 0$ 时形成绕飞示意图

$B \rightarrow C \rightarrow$ 形成自然绕飞。整个过程可以分为三个部分：服务航天器在初始伴飞椭圆（椭圆 ①）上由 A 点运行到 B 点，以达到对目标航天器进行观察时有较好的光照条件的目的；服务航天器在 B 点进行轨道转移，由原伴飞椭圆转移至过渡伴飞椭圆（椭圆 ②）并从 B 点运行至 C 点，运行时间为 T_w；服务航天器在 C 点进行第二次轨道转移，由过渡伴飞椭圆转移至目标绕飞椭圆（椭圆 ③），至此服务航天器对目标航天器形成自然绕飞椭圆。

图 4 - 25 所示的是服务航天器的初始位置位于目标航天器的前方，即 $x_0 > 0$ 的情况，当服务航天器初始位置位于目标航天器后方，即 $x_0 < 0$ 时，整个过程的示意图如图 4 - 26 所示。

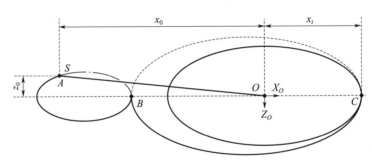

图 4 - 26　$x_0 < 0$ 时形成绕飞示意图

图 4 - 26 中各个量代表的含义与图 4 - 25 中相同。流程与 $x_0 > 0$ 时的流程相同，在下面的求解过程中只以 $x_0 > 0$ 的情况为例，并且会直接给出 $x_0 < 0$ 情况的结果。

在进行形成自然绕飞椭圆的轨道转移之前，服务航天器需要在伴飞椭圆 ① 上获得良好的光照条件（顺光），假定当服务航天器运行到 B 点时就会对目标航天器有较好的光照条件，所以在求解轨道转移策略之前先要根据服务航天器的初始状态求出时间 T_w，并对两航天器的初始状态进行轨道递推，得到服务航天器运行到 B 点时两航天器的状态，并且求出此时服务航天器在目标航天器轨道坐标系下的位置及速度矢量，记为 r_B^O 和 v_B^O，服务航天器在 B 点的 X 向与 Z 向坐标记为 x_B 与 z_B。理论上 $z_B = 0$，但是实际上仿真步长不可能取得无限小，所以 z_B 可能不等于 0。

在坐标系 $X_O O Z_O$ 中，过渡伴飞椭圆 ② 的中心坐标为

$$(x_t + a, 0) \tag{4-109}$$

其中，a 为过渡伴飞椭圆②的短半轴。伴飞椭圆的方程为

$$\frac{(x - x_t - a)^2}{a^2} + \frac{4z^2}{a^2} = 1 \tag{4-110}$$

因为点 (x_B, z_B) 在过渡伴飞椭圆上，所以将 (x_B, z_B) 代入，得到过渡伴飞椭圆②的半长轴 a 的表达式为

$$a = \frac{(x_B - x_t)^2 + 4z_B^2}{2|x_B - x_t|} \tag{4-111}$$

椭圆中心坐标在 X 轴方向的另一种表达形式，联立等式得到方程

$$x_B + \frac{2v_{zB}}{\omega} = x_t - a \tag{4-112}$$

式中，v_{zB} 表示服务航天器在过渡伴飞椭圆上 B 点的 Z 向速度分量，该速度是变轨后服务航天器在 B 点的速度；ω 表示航天器轨道角速度，求解方法与之前相同。

得到服务航天器经过第一次变轨之后的速度为

$$v_{zB} = (x_t - x_B - a)\frac{\omega}{2} = \left[\frac{\omega(x_t - x_B)^2}{4} - \omega z_B^2\right]/(x_t - x_B) \tag{4-113}$$

因此，服务航天器的第一次速度增量为

$$\Delta v_{1z} = \left(\frac{\omega(x_t - x_B)^2}{4} - \omega z_B^2\right)/(x_t - x_B) - v_{zB0} \tag{4-114}$$

式中，v_{zB0} 表示服务航天器未进行轨道机动时在 B 点的 Z 向速度，即 v_B^0 的 Z 向分量。

与求解服务航天器的第一次速度增量过程类似，求解第二次速度增量时需要先求出服务航天器在伴飞椭圆②上于 C 点的 Z 向速度 v_{zC} 及绕飞椭圆③上于 C 点的 Z 向速度 v_{zC}'。对于伴飞椭圆②，其中心坐标的一种表达形式为

$$\left(x_c + \frac{2v_{zC}}{\omega}, 0\right) \tag{4-115}$$

其中，x_c 为 C 点的 X 向坐标，且 $x_c = x_t$。伴飞椭圆②中心坐标的另外一种表达形式为

$$(x_t - 2b, 0) \tag{4-116}$$

其中，b 为绕飞椭圆短半轴。

$$v_{zC} = \frac{-\omega a}{2} \tag{4-117}$$

$$v_{zC} = -\sqrt{(\Delta v_{1z} + v_{zB0})^2 + (\omega z_B)^2} \tag{4-118}$$

对于绕飞椭圆③，其中心坐标的一种表达形式为

$$\left(x_c + \frac{2v_{zC}'}{\omega}, 0\right) \tag{4-119}$$

且其中心位于原点，联立得到

$$v_{zC}' = -\omega b \tag{4-120}$$

因此，求出服务航天器的第二次速度增量为

$$\Delta v_{2z} = v_{zC}' - v_{zC} = -\omega b + \sqrt{(\Delta v_{1z} + v_{zB0})^2 + (\omega z_B)^2} \tag{4-121}$$

下面对服务航天器由 B 点到达 C 点的时间进行求解。因为两航天器处于同一轨道高

度，两航天器的轨道周期相同，所以在理论上服务航天器由 B 点到达 C 点的时间为半个轨道周期，但是由于仿真步长不可能无限小，所以服务航天器达到 B 点时对应的 Z 向位置坐标分量很有可能不是零，为了更准确地得到轨道转移策略，需要求出服务航天器在实际位置（假定为 B' 点）到达 C 点的时间。

可以以半个轨道周期为基础，求出服务航天器由 B' 点运行到 B 点的时间 ΔT，再根据服务航天器的初始位置由半个轨道周期加上或减去 ΔT，从而得到两次变轨的时间间隔。定义服务航天器在 B' 点的时间为 t_0，得到方程组为

$$\begin{cases} z(t_0) = \dfrac{v_{zB}}{\omega}\sin(\omega t_0) + z_B\cos(\omega t_0) \\[2mm] x(t_0) = 2z_B\sin(\omega t_0) - \dfrac{2v_{zB}}{\omega}\cos(\omega t_0) + x_B + \dfrac{2v_{zB}}{\omega} \end{cases}$$

$$\begin{cases} z(t_0 + \Delta t) = \dfrac{v_{zB}}{\omega}\sin[\omega(t_0 + \Delta t)] + z_B\cos[\omega(t_0 + \Delta t)] \\[2mm] x(t_0 + \Delta t) = 2z_B\sin[\omega(t_0 + \Delta t)] - \dfrac{2v_{zB}}{\omega}\cos[\omega(t_0 + \Delta t)] + x_B + \dfrac{2v_{zB}}{\omega} \end{cases}$$

$$(4-122)$$

令 $t_0 = 0$，方程组化为

$$\begin{cases} z(0) = z_B \\ x(0) = x_B \end{cases}$$

$$(4-123)$$

$$\begin{cases} z(\Delta t) = 0 = \dfrac{v_{zB}}{\omega}\sin(\omega\Delta t) + z_B\cos(\omega\Delta t) \\[2mm] x(\Delta t) = x_t - 2a = 2z_B\sin(\omega\Delta t) - \dfrac{2v_{zB}}{\omega}\cos(\omega\Delta t) + x_B + \dfrac{2v_{zB}}{\omega} \end{cases}$$

解出 $\Delta t = \dfrac{1}{\omega}\arcsin\left(\dfrac{2|z_B|}{a}\right) = \dfrac{1}{\omega}\arcsin\left(\dfrac{\sqrt{2a\Delta x - \Delta x^2}}{a}\right)$，其中 $\Delta x = 2a - |x_t - x_B|$。

综上，可以得出两次速度增量及施加两次脉冲的时间间隔 ΔT 为

$$\begin{cases} \Delta v_{1_z} = \left[\dfrac{\omega(x_t - x_B)^2}{4} - \omega z_B^2\right] / (x_t - x_B) - v_{zB0} \\[2mm] \Delta v_{2_z} = -\omega b + \sqrt{(\Delta v1_z + v_{zB0})^2 + (\omega z_B)^2} \end{cases}$$

$$(4-124)$$

$$\Delta T = \begin{cases} T/2 - \Delta t & z_B \leqslant 0 \\ T/2 + \Delta t & z_B > 0 \end{cases}$$

$$(4-125)$$

以上的结果都基于服务航天器开始时位于目标航天器"前方"的情况，针对服务航天器在开始时位于目标航天器"后方"的情况，得到的两次速度增量及时间间隔为

$$\begin{cases} \Delta v_{1_z} = \left[\dfrac{\omega(x_t - x_B)^2}{4} - \omega z_B^2\right] / (x_t - x_B) - v_{zB0} \\[2mm] \Delta v_{2_z} = \omega b - \sqrt{(\Delta v1_z + v_{zB0})^2 + (\omega z_B)^2} \end{cases}$$

$$(4-126)$$

$$\Delta T = \begin{cases} T/2 + \Delta t & z_B \leqslant 0 \\ T/2 - \Delta t & z_B > 0 \end{cases}$$

$$(4-127)$$

上述的速度增量都是在目标航天器轨道坐标系下得到的，还需要转化到地心惯性坐标系下

$$\Delta \boldsymbol{v}_1 = \boldsymbol{M}_{OE} \begin{bmatrix} 0 \\ 0 \\ \Delta v_{1z} \end{bmatrix}$$

$$\Delta \boldsymbol{v}_2 = \boldsymbol{M}_{OE} \begin{bmatrix} 0 \\ 0 \\ \Delta v_{2z} \end{bmatrix}$$

(4 - 128)

式中，$\boldsymbol{M}_{OE}$ 表示轨道坐标系到地心惯性坐标系的转换矩阵。

至此，得到服务航天器对目标航天器形成自然绕飞的变轨策略。

采用上述方法对已经在同一轨道平面的两航天器进行仿真求解，使服务航天器对目标航天器形成自然绕飞，并且能够满足良好的观察条件。两航天器初始轨道参数及目标短轴见表 4 - 12。

表 4 - 12　自然绕飞形成初始参数

	服务航天器	目标航天器
初始时间	2017 - 01 - 01 00:00:00.000	
目标椭圆短半轴/km	10	
轨道半长轴/km	42 166.3	42 166.3
偏心率	0.000 025	0.000 025
轨道倾角/(°)	0.1	0.1
升交点赤经/(°)	0.1	0.15
近地点幅角/(°)	270	344
真近点角/(°)	68.09	354

从表 4 - 12 中可以看到，两航天器都在同步轨道上运行，且具有相同的轨道倾角，即运行在同一轨道平面上，需要服务航天器通过轨道转移对目标航天器形成一个短半轴为 10 km 的绕飞椭圆。根据表中的初始条件及前面推导出的结果，得到转移策略及一些中间变量见表 4 - 13。

表 4 - 13　自然绕飞轨道转移策略结果及中间结果

中间结果	Δv_{1z} /(m/s)	− 0.801 14
	Δv_{2z} /(m/s)	− 0.114 93
	良好光照条件对应时刻(绝对)	2017 - 01 - 01 14:14:01.426
	太阳方位角/ (°)	0.18
	第一次变轨时刻 （绝对）	2017 - 01 - 01 14:14:01.426
	第二次变轨时刻 （绝对）	2017 - 01 - 02 02:34:40.888

续表

变轨策略	$\Delta \mathbf{v}_1$ / (m/s)	$[-0.782\,8;\ -0.170\,5;\ -0.000\,27]$
	$\Delta \mathbf{v}_2$ / (m/s)	$[0.109\,4;\ 0.035\,3;\ -0.000\,27]$
	T_{Sun} /s	51 241.426
	ΔT /s	44 439.462

表 4-13 中包含在目标航天器轨道坐标系下服务航天器在 Z 向的两次速度增量,并且根据轨道坐标系与地心惯性坐标系之间的转换关系得到了两次速度增量。服务航天器由初始位置,经过 T_{Sun} 时间到达对目标航天器有较好观察效果的位置,此时太阳方位角为 $0.18°$,具有较好的光照条件,并开始第一次变轨,再经过 ΔT 时间开始第二次变轨,至此,服务航天器对目标航天器形成了自然绕飞椭圆。

根据表 4-12 中的两航天器初始轨道数据及表 4-13 中的变轨策略,在软件中对两航天器的整个过程进行仿真,得到服务航天器在目标航天器轨道坐标系下的轨迹,如图 4-27 所示。

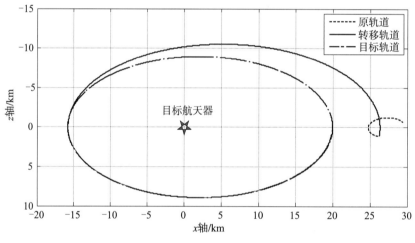

图 4-27　自然绕飞仿真结果

在图 4-27 中,中间的星形表示目标航天器,其位于整个坐标系的中心。轨迹均为服务航天器在目标航天器轨道坐标系下的运行轨迹。轨迹分为三段,虚线所示部分是服务航天器进行相位调整,以达到对目标航天器具有良好观察效果的目的,实线所示部分是服务航天器在转移伴飞椭圆上的轨迹,最后的点划线部分是服务航天器已经对目标航天器形成了自然绕飞椭圆,并且目标航天器位于椭圆的中心,绕飞椭圆的尺度也与期望绕飞尺度相符合。

4.2.4　基于多目标优化的水滴悬停构型设计决策及算例仿真

对于水滴悬停构型,目前常用的设计方法为已知服务航天器和目标航天器的轨道信息,通过 C-W 方程或者相对轨道要素的方法分析水滴悬停构型的形状和尺寸,以及维持当前水滴悬停构型的机动策略,这种方法不适用于初始条件未形成水滴悬停构型的服务航天器和目标航天器。本节通过多目标优化的方法，对于已知的目标航天器轨道，给定期望的水滴悬停构型周期、水滴悬停构型的边界，通过设计性能指标函数，求解出满足水滴悬停构型要求的服务航天器轨道以及维持水滴悬停构型的方法。

对 C-W 方程取 Laplace 并令初始时刻 $t_0 = 0$，初始状态为

$$\begin{cases} x(t_0) = x_0, y(t_0) = y_0, z(t_0) = z_0 \\ \dot{x}(t_0) = \dot{x}_0, \dot{x}(t_0) = \dot{x}_0, \dot{x}(t_0) = \dot{x}_0 \end{cases} \tag{4-129}$$

对 C-W 方程 $O_H Y_H$ 方向的运动进行积分可得

$$\dot{y} + 2nx = \dot{y}_0 + 2nx_0 \tag{4-130}$$

将式（4-130）代入 C-W 方程 $O_H X_H$ 方向的运动方程并积分得

$$x = \frac{\dot{x}_0}{n}\sin nt - \left(3x_0 + 2\frac{\dot{y}_0}{n}\right)\cos nt + 2\left(2x_0 + \frac{\dot{y}_0}{n}\right) \tag{4-131}$$

将式（4-131）代入公式并积分可得

$$y = 2\left(\frac{2}{n}\dot{y}_0 + 3x_0\right)\sin nt + \frac{2}{n}\dot{x}_0\cos nt - 3(\dot{y}_0 + 2nx_0)t + \left(y_0 - \frac{2}{n}\dot{x}_0\right) \tag{4-132}$$

对 C-W 方程 $O_H Z_H$ 方向的运动方程进行积分可得

$$z = \frac{\dot{z}_0}{n}\sin nt + z_0\cos nt \tag{4-133}$$

求导可得 HILL 坐标系三轴分量的速度方程，整理可以得到 C-W 方程的解析解形式为

$$\begin{cases} x = \frac{\dot{x}_0}{n}\sin nt - \left(\frac{2}{n}\dot{y}_0 + 3x_0\right)\cos nt + 2\left(2x_0 + \frac{\dot{y}_0}{n}\right) \\ y = 2\left(\frac{2}{n}\dot{y}_0 + 3x_0\right)\sin nt + \frac{2}{n}\dot{x}_0\cos nt - 3(\dot{y}_0 + 2nx_0)t + \left(y_0 - \frac{2}{n}\dot{x}_0\right) \\ z = \frac{\dot{z}_0}{n}\sin nt + z_0\cos nt \\ \dot{x} = (2\dot{y}_0 + 3nx_0)\sin nt + \dot{x}_0\cos nt \\ \dot{y} = -2\dot{x}_0\sin nt + (4\dot{y}_0 + 6nx_0)\cos nt - 3(\dot{y}_0 + 2nx_0) \\ \dot{z} = -nz_0\sin nt + \dot{z}_0\cos nt \end{cases} \tag{4-134}$$

由式（4-134）可知，服务航天器和目标航天器在 HILL 坐标系下的相对运动可以分解为轨道面（$X_H O_H Y_H$ 平面）和垂直于轨道面（$O_H Z_H$ 方向）的运动，$X_H O_H Y_H$ 平面的状态转移矩阵为

$$\begin{bmatrix} x \\ y \\ \dot{x} \\ \dot{y} \end{bmatrix} = \begin{bmatrix} 4 - 3\cos nt & 0 & \dfrac{\sin nt}{n} & \dfrac{2(1 - \cos nt)}{n} \\ 6(\sin nt - nt) & 1 & \dfrac{2(\cos nt - 1)}{n} & \dfrac{4\sin nt}{n} - 3t \\ 3n\sin nt & 0 & \cos nt & 2\sin nt \\ 6n(\cos nt - 1) & 0 & -2\sin nt & 4\cos nt - 3 \end{bmatrix} \begin{bmatrix} x_0 \\ y_0 \\ \dot{x}_0 \\ \dot{y}_0 \end{bmatrix} \tag{4-135}$$

水滴型构型是航天器在不受主动控制状态下形成的，其示意图如图 4 - 28 所示，**水滴型构型具有一定的对称性和周期性，可以实现对特定点的重访和对某个区域的相对静止**，这种水滴型的重访构型又称为水滴悬停构型。

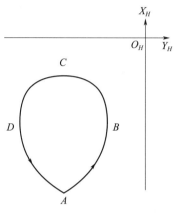

图 4 - 28　水滴型构型

在水滴悬停的过程中，目标航天器位于 O_H 点，服务航天器沿着轨迹 $A \to B \to C \to D$ 运行，然后再次经过 A 点。当服务航天器经过 A 点时，施加适当的速度脉冲，可以使服务航天器继续沿着轨迹 $A \to B \to C \to D$ 运行，由此实现对目标航天器的区域悬停，以达到周期性观测目标航天器的功能。

设水滴悬停施加脉冲的周期为 $T_w = \alpha T$，T 为目标航天器的轨道周期，α 为比例系数，服务航天器初始点 A 的位置为 (x_0, y_0)，A 点同时也是水滴悬停构型的重访点，可得 $X_H O_H Y_H$ 平面内的运动方程为

$$\begin{cases} x = (4 - 3\cos nt)x_0 + \dfrac{\sin nt}{n}\dot{x}_0 + \dfrac{2(1 - \cos nt)}{n}\dot{y}_0 \\ y = 6(\sin nt - nt)x_0 + \dfrac{2(\cos nt - 1)}{n}\dot{x}_0 + y_0 + \left(\dfrac{4\sin nt}{n} - 3t\right)\dot{y}_0 \end{cases} \quad (4-136)$$

将 $t = T_w$ 代入可得满足重访点的位置表达式为

$$\begin{cases} x_{T_w} = x_0 = (4 - 3\cos nT_w)x_0 + \dfrac{\sin nT_w}{n}\dot{x}_0 + \dfrac{2(1 - \cos nT_w)}{n}\dot{y}_0 \\ y_{T_w} = y_0 = 6(\sin nT_w - nT_w)x_0 + \dfrac{2(\cos nT_w - 1)}{n}\dot{x}_0 + y_0 + \left(\dfrac{4\sin nT_w}{n} - 3T_w\right)\dot{y}_0 \end{cases}$$
$$(4-137)$$

求解可得初始进入水滴悬停构型的相对速度分量表达式为

$$\begin{cases} \dot{x}_0 = \dfrac{-3\alpha\pi\sin(\alpha\pi)}{4\sin(\alpha\pi) - 3\alpha\pi\cos(\alpha\pi)}nx_0 \\ \dot{y}_0 = \dfrac{6[\alpha\pi\cos(\alpha\pi) - \sin(\alpha\pi)]}{4\sin(\alpha\pi) - 3\alpha\pi\cos(\alpha\pi)}nx_0 \end{cases} \quad (4-138)$$

可得 $X_H O_H Y_H$ 平面内的相对速度分量表达式为

$$\begin{cases} \dot{x} = 3nx_0\sin n + \dot{x}_0\cos n + 2\dot{y}_0\sin n \\ \dot{y} = 6nx_0(\cos n - 1) - 2\dot{x}_0\sin n + \dot{y}_0(4\cos n - 3) \end{cases} \tag{4-139}$$

可得重访时刻 $t = T_w$ 时的速度分量为

$$\begin{cases} \dot{x}_t = -\dot{x}_0 \\ \dot{y}_t = \dot{y}_0 \end{cases} \tag{4-140}$$

即当服务航天器经过重访点 A 时，需要沿 X 轴施加的速度增量为

$$\Delta v = 2\dot{x}_0 \tag{4-141}$$

对于水滴悬停构型，4 个位置极边界点 A、B、C、D 应在设定范围内，使服务航天器可以实现指定区域的悬停。对于 C 点

$$\dot{x}_C = 3nx_0\sin nt + \dot{x}_0\cos nt + 2\dot{y}_0\sin nt \tag{4-142}$$

由于 C 点 $O_H X_H$ 方向的速度分量为 0，即 $\dot{x}_C = 0$，可得服务航天器到达 C 点的时间 t_C 为

$$t_C = \frac{1}{n}\arccos\frac{3nx_0 + 2\dot{y}_0}{\sqrt{(3nx_0 + 2\dot{y}_0)^2 + (\dot{x}_0)^2}} \tag{4-143}$$

可得 C 点 $O_H X_H$ 轴的相对位置分量为

$$x_C = (4 - 3\cos nt_C)x_0 + \frac{\sin nt_C}{n}\dot{x}_0 + \frac{2(1 - \cos nt_C)}{n}\dot{y}_0 \tag{4-144}$$

可得

$$\dot{y} = 6nx_0(\cos nt - 1) - 2\dot{x}_0\sin nt + \dot{y}_0(4\cos nt - 3) \tag{4-145}$$

令 $\dot{y} = 0$，即可得到服务航天器经过 B 点和 D 点的时间 t_B 和 t_D 为

$$\begin{cases} t_B = \frac{1}{n}\left(\arccos\frac{\mu}{\psi} - \arccos\frac{\rho}{\psi}\right) \\ t_D = \frac{1}{n}\left(\arccos\frac{\mu}{\psi} + \arccos\frac{\rho}{\psi}\right) \end{cases} \tag{4-146}$$

式中，$\psi = \sqrt{(6nx_0 + 4\dot{y}_0)^2 + (2\dot{x}_0)^2}$，$\mu = 6nx_0 + 4\dot{y}_0$，$\rho = 6nx_0 + 3\dot{y}_0$ 将代入可得 B、D 两点 $O_H Y_H$ 轴的相对位置分量为

$$\begin{cases} y_B = 6(\sin nt_B - nt_B)x_0 + y_0 + \frac{2(\cos nt_B - 1)}{n}\dot{x}_0 + \left(\frac{4\sin nt_B}{n} - 3t_B\right)\dot{y}_0 \\ y_D = 6(\sin nt_D - nt_D)x_0 + y_0 + \frac{2(\cos nt_D - 1)}{n}\dot{x}_0 + \left(\frac{4\sin nt_D}{n} - 3t_D\right)\dot{y}_0 \end{cases} \tag{4-147}$$

由式（4-146）和式（4-147）可知，航天器在 A 点施加脉冲的大小与 y_0 无关，因此 y_0 的取值可以根据实际情况任意给定。服务航天器在 A 点的位置为 (x_0, y_0)，当服务航天器每次经过 A 点时施加一次速度脉冲，每次施加速度脉冲的间隔时间为 T_w，两者可以唯一确定一个水滴构型。又因为水滴构型的重访周期为 $T_w = \alpha T$，因此可以选取 x_0 和 α 为水滴构型待优化的变量。

令性能指标为

$$J = \frac{|\Delta v|}{\alpha} = \frac{|2\dot{x}_0|}{\alpha} \qquad (4-148)$$

该性能指标可以表征目标航天器一个轨道周期内水滴悬停所消耗的速度脉冲，要使航天器满足水滴悬停构型，还应使水滴构型的四个边界位置 A、B、C、D 在给定范围内，即有约束条件

$$\begin{cases} 0 < \alpha \leqslant 1 \\ x_A \in [x_{min}, x_{max}] \\ x_C \in [x_{min}, x_{max}] \\ y_B \in [y_{min}, y_{max}] \\ y_D \in [y_{min}, y_{max}] \end{cases} \qquad (4-149)$$

对于水滴悬停构型，输入条件为目标航天器的初始轨道、水滴悬停周期系数以及水滴构型的尺寸约束，具体仿真参数见表 4-14。

表 4-14 水滴悬停构型仿真参数

参数	目标航天器
半长轴/km	42 166.1
偏心率	0.000 474 314
轨道倾角/(°)	0
升交点赤经/(°)	0
近地点幅角/(°)	360
真近点角/(°)	166.487
周期系数(α)	0.3
Δx /km	10
Δy /km	10

仿真后的结果为

$$\begin{cases} x_0 = -4.0 \times 10^4 \text{ m} \\ \dot{x}_0 = 0.001\ 2 \text{ m/s} \\ \alpha = 2.149\ 3 \times 10^{-5} \\ \Delta v = 0.002\ 4 \text{ m/s} \\ J = 54.831\ 1 \text{ m/s} \end{cases} \qquad (4-150)$$

当 $\alpha = 2.149\ 3 \times 10^{-5}$ 时，在实际工程中，水滴悬停周期过小，控制难度较大。接下来探索不同 α 值对水滴悬停构型的影响，图 4-29 表示服务航天器在重访点施加的速度脉冲 Δv 与 α 的关系曲线，图 4-30 表示性能指标值 J 与 α 的关系曲线。

由图 4-29 可知，当 $\alpha = 0$ 和 $\alpha = 1$ 时，航天器过重访点所施加的速度脉冲 Δv 均为 0。由前面分析可知，当 $\alpha = 0$ 时，服务航天器的相对轨迹趋于直线，不构成水滴悬停条件；当 $\alpha = 1$ 时，服务航天器的相对轨迹为椭圆，同样不构成水滴悬停条件。适当选取 α 的值

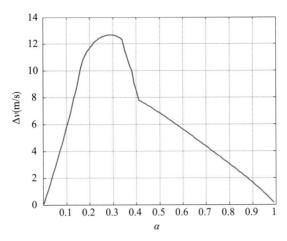

图 4 - 29　重访点施加的速度脉冲 Δv 与 α 的关系曲线

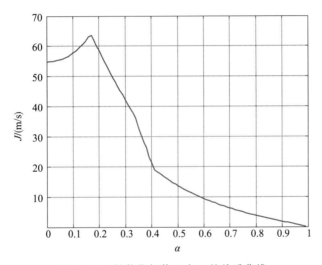

图 4 - 30　性能指标值 J 与 α 的关系曲线

即可满足水滴悬停条件。

以 $\alpha = 0.3$ 为例，对 x_0 进行优化，可得

$$
\begin{cases}
x_0 = -1.009\ 9 \times 10^5 \ \text{m} \\
\dot{x}_0 = 35.668\ 9 \ \text{m/s} \\
\Delta v = 21.401\ 3 \ \text{m/s} \\
J = 71.337\ 7 \ \text{m/s}
\end{cases}
\tag{4-151}
$$

最终由给定的目标航天器轨道可以得到满足水滴悬停构型的服务航天器的初始轨道，以及维持水滴悬停构型的轨道机动策略，具体结果见表 4 - 15。

表 4 - 15　水滴悬停构型仿真结果参数

参数	目标航天器
半长轴/km	41 959.750
偏心率	0.004 664 43
轨道倾角/(°)	0
升交点赤经/(°)	0
近地点幅角/(°)	0
真近点角/(°)	129.824
Δv/(m/s)	21.401 3
T_w/s	25 851

形成的水滴悬停效果如图 4 - 31 所示。

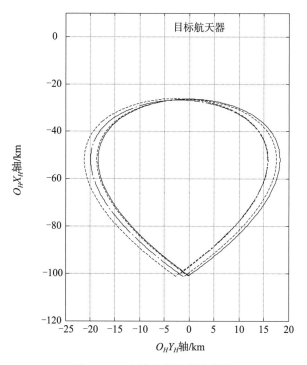

图 4 - 31　水滴悬停仿真示意图

由图 4 - 31 可知，目标航天器位于坐标系原点，服务航天器每次经过重访点时施加速度脉冲，再次进入水滴悬停构型，并且水滴悬停的周期与尺寸大小满足任务要求。通过维持周期性的水滴悬停构型，服务航天器实现对目标航天器的周期性区域观察。

服务航天器与目标航天器距离曲线如图 4 - 32 所示，服务航天器通过周期性地施加速度脉冲，两航天器之间的距离维持在 20～100 km 范围内，根据服务航天器的实际载荷有效距离可以改变重访点的位置，从而改变两航天器之间的距离，使服务航天器可以持续地对目标进行在轨观测。

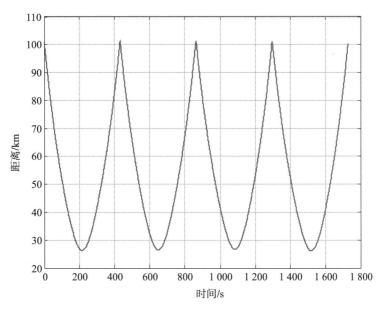

图 4 - 32　服务航天器与目标航天器距离曲线

4.2.5　多点快速兰伯特转移决策及算例仿真

当服务航天器与目标航天器距离较近，两者相距几百千米，最多上千千米时，服务航天器通过基于兰伯特转移的快速转移策略，转移到目标航天器附近，对目标航天器进行观察或服务。能够满足服务航天器转移到目标航天器的上方或下方，目标航天器的东侧或西侧，目标航天器的前方或后方，实现从不同角度观察目标航天器的各个面或对目标航天器进行服务。

本章所研究的基于兰伯特转移的快速转移策略可以拆分成多段快速转移过程，可以看作是多段兰伯特快速转移过程的组合。首先在目标航天器附近按顺序设置多个控制点，服务航天器按照顺序依次通过转移策略转移到控制点。服务航天器从起始点到第一个控制点，从第一个控制点到第二个控制点，以此类推，直到服务航天器到达最后一个控制点，每一段的转移过程都基于兰伯特转移的求解。

假设在转移策略中设置了五个控制点，整个转移策略的过程示意图如图 4 - 33 所示，可分为以下五个过程：

1）服务航天器通过一次兰伯特转移，到达控制点 1；

2）到达控制点 1 后，服务航天器通过第二次兰伯特转移，到达控制点 2；

3）到达控制点 2 后，服务航天器通过第三次兰伯特转移，到达控制点 3；

4）到达控制点 3 后，服务航天器通过第四次兰伯特转移，到达控制点 4；

5）到达控制点 4 后，服务航天器通过第五次兰伯特转移，到达控制点 5。

在每一次的转移过程中，可根据实际任务需要，设置每一个控制点的位置和每一次转移的时长，每一段的转移时长都控制在几小时内，实现快速转移，方便服务航天器对目标

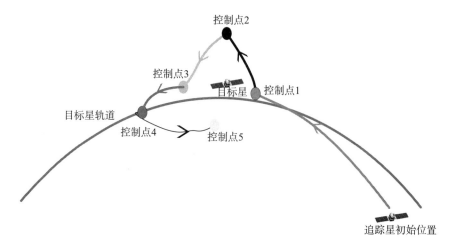

图 4-33　转移过程示意图

航天器的近距离观测或近距离在轨服务。

　　本策略中每一段快速转移都基于兰伯特转移求解。兰伯特问题是把固定时间作为约束的两点边值问题。航天器初始的位置矢量为 $\boldsymbol{r}_1$，目标的位置矢量为 $\boldsymbol{r}_2$，通过计算 $\boldsymbol{r}_1$ 和 $\boldsymbol{r}_2$，可得到它们的夹角和弦长，分别为 θ 和 c，转移时长为 $t_F - t_0$，采用拉格朗日飞行时间定理可以得到半长轴 a。兰伯特转移示意图如图 4-34 所示。

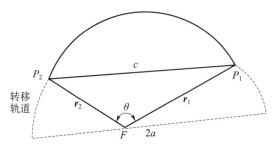

图 4-34　兰伯特转移示意图

航天器基于兰伯特转移理论，沿着转移轨道从 P_1 点运行到 P_2 点，转移时间为 $t_F - t_0$。用拉格朗日飞行时间定理描述转移时间的方程为

$$t = \left(\frac{a^3}{\mu}\right)^{\frac{1}{2}} [2\pi - (\alpha - \sin\alpha) + (\beta - \sin\beta)] \tag{4-152}$$

在式（4-152）中

$$t = t_F - t_0 \tag{4-153}$$

$$\sin\frac{\alpha}{2} = \left(\frac{a_{\min}}{a}\right)^{\frac{1}{2}} \tag{4-154}$$

$$\sin\frac{\beta}{2} = \left(\frac{K a_{\min}}{a}\right)^{\frac{1}{2}} \tag{4-155}$$

其中

$$a_{\min} = \frac{S}{2} \tag{4-156}$$

$$S = \frac{r_1 + r_2 + c}{2} \tag{4-157}$$

$$K = 1 - \frac{c}{S} \tag{4-158}$$

半长轴 a 可由拉格朗日飞行时间定理求解，就能进一步求得半通径 p 为

$$p = \frac{4a}{c^2}(S - r_1)(S - r_2)\sin^2\frac{\alpha + \beta}{2} \tag{4-159}$$

求解得到在转移轨道初、末两点 P_1、P_2 上所具有的速度 v_1、v_2，计算公式为

$$v_1 = \sqrt{2\mu\left(\frac{1}{r_1} - \frac{1}{2a}\right)} \tag{4-160}$$

$$v_2 = \sqrt{2\mu\left(\frac{1}{r_2} - \frac{1}{2a}\right)} \tag{4-161}$$

由此可以得到转移过程所需要的速度增量为

$$\begin{cases} \Delta v_1 = v_1 - v_c(t_0) \\ \Delta v_2 = v_t(t_F) - v_2 \end{cases} \tag{4-162}$$

式中，$v_c(t_0)$ 表示服务航天器在机动起始时刻 t_0 在原运行轨道上处于 P_1 点的速度；$v_t(t_F)$ 表示目标轨道上机动终点时刻 t_F 在 P_2 的速度。

相比于霍曼变轨，兰伯特转移能求解不共面的航天器轨道转移。但是在求解转移轨道半长轴和半通径时，兰伯特转移的算法所得到的脉冲大小和方向也较为复杂。

求解兰伯特转移的关键在于半长轴 a 的求解，拉格朗日飞行时间方程的求解，下面给出关于半长轴 a 的求解方法。

根据上述公式，可以得到 α、β 和半长轴 a 的关系式为

$$\alpha = \arccos\left(1 - \frac{S}{a}\right) \tag{4-163}$$

$$\beta = \arccos\left(1 - \frac{KS}{a}\right) \tag{4-164}$$

则得到

$$\sin\alpha = \sqrt{1 - \left(1 - \frac{S}{a}\right)^2} \tag{4-165}$$

$$\sin\beta = \sqrt{1 - \left(1 - \frac{KS}{a}\right)^2} \tag{4-166}$$

将 α、β、$\sin\alpha$、$\sin\beta$ 代入拉格朗日飞行时间方程，得到方程

$$t = \left(\frac{a^3}{\mu}\right)^{\frac{1}{2}}\left\{2\pi - \left[\arccos\left(1 - \frac{S}{a}\right) - \sqrt{1 - \left(1 - \frac{S}{a}\right)^2}\right] + \left[\arccos\left(1 - \frac{KS}{a}\right) - \sqrt{1 - \left(1 - \frac{KS}{a}\right)^2}\right]\right\}$$

$$\tag{4-167}$$

拉格朗日飞行时间方程则变为只存在未知数半长轴 a 的非线性一元方程，采用牛顿迭代进行求解。设

$$f(a) = \left(\frac{a^3}{\mu}\right)^{\frac{1}{2}} \left\{ \begin{array}{l} 2\pi - \left[\arccos\left(1-\frac{S}{a}\right) - \sqrt{1-\left(1-\frac{S}{a}\right)^2}\right] + \\ \left[\arccos\left(1-\frac{KS}{a}\right) - \sqrt{1-\left(1-\frac{KS}{a}\right)^2}\right] \end{array} \right\} - t \qquad (4-168)$$

则 $f(a)$ 的导数 $f'(a)$ 为

$$f'(a) = \frac{3}{2}\left(\frac{a}{\mu}\right)^{\frac{1}{2}} \left\{ \begin{array}{l} 2\pi - \left[\arccos\left(1-\frac{S}{a}\right) - \sqrt{1-\left(1-\frac{S}{a}\right)^2}\right] \\ + \left[\arccos\left(1-\frac{KS}{a}\right) - \sqrt{1-\left(1-\frac{KS}{a}\right)^2}\right] \end{array} \right\}$$

$$+ \left(\frac{a^3}{\mu}\right)^{\frac{1}{2}} \left[\begin{array}{l} -\frac{S}{a^2}\frac{1}{\sqrt{1-\left(1-\frac{S}{a}\right)^2}} - \frac{S}{a^2}\left(1-\frac{S}{a}\right)\frac{1}{\sqrt{1-\left(1-\frac{S}{a}\right)^2}} \\ +\frac{KS}{a^2}\frac{1}{\sqrt{1-\left(1-\frac{KS}{a}\right)^2}} + \frac{KS}{a^2}\left(1-\frac{KS}{a}\right)\frac{1}{\sqrt{1-\left(1-\frac{KS}{a}\right)^2}} \end{array} \right]$$

$$(4-169)$$

用牛顿迭代方法求解公式，得到

$$a_n = a_{n-1} - \frac{f(a)}{f'(a)} \qquad (4-170)$$

给定一个初值 a_0，将其代入迭代方程，最后收敛得到半长轴 a。

本章所研究的转移过程在上述章节中已经讲述，基于兰伯特转移的快速转移可以拆分成多段快速转移，在目标航天器附近按顺序设置多个控制点，服务航天器按照顺序依次通过兰伯特转移转移到控制点。

本节讲述对于转移策略的求解方法，转移策略的输入如下：

1）服务航天器的惯性坐标系下的初始位置矢量 r_{z11} 和速度矢量 v_{z11}；

2）目标航天器的惯性坐标系下的初始位置矢量 r_{m11} 和速度矢量 v_{m11}；

3）控制点的个数 n；

4）每个控制点相对于目标航天器的距离 $[\Delta x_n \quad \Delta y_n \quad \Delta z_n]$，即在目标航天器轨道坐标系下的坐标位置；

5）服务航天器转移到每一个控制点的转移时长 t_n。

转移策略的输出如下：

1）在每一段转移起点的速度增量 Δv_{n1}；

2）在每一段转移末终点的速度增量 Δv_{n2}。

转移的求解策略流程图如图 4 - 35 所示。

1）确定服务航天器和目标航天器的初始位置和速度，输入服务航天器和目标航天器

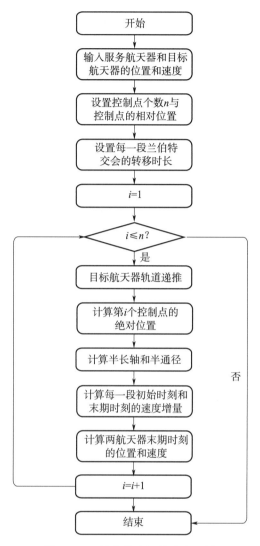

图 4 - 35　转移的求解策略流程图

的轨道六根数，通过轨道六根数和位置速度的转换关系式得到服务航天器和目标航天器的初始位置矢量 r_{z11} 和速度矢量 v_{z11}、初始位置矢量 r_{m11} 和速度矢量 v_{m11}；

2）设置控制点的个数为 n，以及每个控制点的位置，即每个控制点相对于目标航天器的距离 $[\Delta x_n \quad \Delta y_n \quad \Delta z_n]$，即控制点在目标航天器本体坐标系上的坐标位置；

3）设置服务航天器到每一个控制点的转移时长 t_n；

4）从第一段快速转移开始，计算每一段快速转移策略，具体的计算过程如下：

a）递推目标航天器的轨道，递推时长为 t_n，得到每一段转移末期目标航天器的末位置矢量 r_{mn2} 和末速度矢量 v_{mn2}，根据设置的第 n 个控制点相对于目标航天器的距离 $[\Delta x_n \quad \Delta y_n \quad \Delta z_n]$，计算出第 n 个控制点惯性坐标系下的绝对位置矢量 r_{kn}

$$r_{kn} = r_{mn2} + M [\Delta x_n \quad \Delta y_n \quad \Delta z_n]$$ 　　　　　　（4 - 171）

式中，轨道坐标系转为惯性坐标系的转换矩阵 M 的计算公式为式（4 - 172）和

式（4-173）

$$
\begin{cases}
\boldsymbol{i} = -\dfrac{\boldsymbol{r}_{mn2}}{\|\boldsymbol{r}_{mn2}\|} \\[3mm]
\boldsymbol{j} = -\dfrac{\boldsymbol{r}_{mn2} \times \boldsymbol{v}_{mn2}}{\|\boldsymbol{r}_{mn2} \times \boldsymbol{v}_{mn2}\|} \\[3mm]
\boldsymbol{k} = \boldsymbol{i} \times \boldsymbol{j}
\end{cases}
\tag{4-172}
$$

$$
\boldsymbol{M} = [\boldsymbol{i} \quad \boldsymbol{j} \quad \boldsymbol{k}]
\tag{4-173}
$$

根据兰伯特转移的求解，服务航天器的初始位置矢量 $\boldsymbol{r}_{zn1}$ 为快速转移的起点，第 n 个控制点在惯性坐标系下的绝对位置矢量 $\boldsymbol{r}_{kn}$ 为终点，服务航天器转移到每一个控制点的转移时长为 t_n，计算半长轴 a 和半通径 p。

b）得到半长轴 a 和半通径 p 后，根据上述的公式求解得到在转移轨道初、末两位置上所具有的速度矢量 $\boldsymbol{v}_{sn1}$ 和 $\boldsymbol{v}_{sn2}$，计算服务航天器在转移起点所需要的速度增量 $\Delta \boldsymbol{v}_{n1}$ 和转移末终点所需要的速度增量 $\Delta \boldsymbol{v}_{n2}$ 为

$$
\Delta \boldsymbol{v}_{n1} = \boldsymbol{v}_{sn1} - \boldsymbol{v}_{zn1}
\tag{4-174}
$$

$$
\Delta \boldsymbol{v}_{n2} = \boldsymbol{v}_{sn2} - \boldsymbol{v}_{zn2}
\tag{4-175}
$$

c）服务航天器在起点时刻的速度矢量 $\boldsymbol{v}_{zn1}$ 加上 $\Delta \boldsymbol{v}_{n1}$ 后变成 $\boldsymbol{v}_{sn1}$，根据服务航天器的位置矢量 $\boldsymbol{r}_{zn1}$ 和 $\boldsymbol{v}_{sn1}$，进行轨道递推，轨道递推时长为 t_n，在转移末期服务航天器的位置和速度矢量分别为 $\boldsymbol{r}_{zn2}$ 和 $\boldsymbol{v}_{zn2}$，在终点时刻的速度矢量 $\boldsymbol{v}_{zn2}$ 加上 $\Delta \boldsymbol{v}_{n2}$ 后变成 $\boldsymbol{v}_{sn2}$，服务航天器的当前位置和速度矢量为 $\boldsymbol{r}_{zn2}$ 和 $\boldsymbol{v}_{sn2}$。以服务航天器的当前位置矢量 $\boldsymbol{r}_{zn2}$ 和速度矢量 $\boldsymbol{v}_{sn2}$ 和目标航天器的当前位置矢量 $\boldsymbol{r}_{mn2}$ 和速度矢量 $\boldsymbol{v}_{mn2}$ 作为计算下一次快速转移的两航天器的初始位置和速度。

d）输出在每一段兰伯特转移起点的速度增量 $\Delta \boldsymbol{v}_{n1}$ 和转移末终点的速度增量 $\Delta \boldsymbol{v}_{n2}$。

采取上述方法对本转移策略进行求解，使服务航天器从较近的距离转移到目标航天器附近，通过多段转移到达目标航天器附近多个控制点，设置航天器的轨道六要素，来确定在惯性坐标下的当前位置和速度，见表 4-16。

表 4-16　转移策略仿真两航天器初始轨道参数

参数	服务航天器	目标航天器
初始时间	2019-07-21 00:00:00.000	
轨道半长轴/km	41 949.4	42 162.6
偏心率	0.005 8	0
轨道倾角/(°)	0.502	0.5
升交点赤经/(°)	40.093	40.261
近地点幅角/(°)	169.641	49.999
真近点角/(°)	150.525	269.999

转移策略数值仿真中共设置了五个控制点，每个控制点在目标航天器轨道坐标系下的位置和服务航天器转移到每个控制点的转移时长输入见表 4-17。

表 4 - 17　控制点的坐标位置和到达各控制点的转移时长

控制点编号	目标航天器轨道坐标系下 X 轴坐标值/km	目标航天器轨道坐标系下 Y 轴坐标值/km	目标航天器轨道坐标系下 Z 轴坐标值/km	到控制点的转移时长/h
1	20	0	0	4
2	0	20	0	4
3	-20	0	0	4
4	0	-20	0	4
5	20	-20	20	4

两航天器在同步轨道上运行，初始两航天器相距 178 km 左右，服务航天器五段 4 h 转移到目标航天器附近的控制点，计算得到服务航天器在每一段转移的初始点和末位置点的速度增量见表 4 - 18～表 4 - 22。

表 4 - 18　到达控制点 1 服务航天器在初始点和末位置点的速度增量

服务航天器轨道系下的坐标轴	初始点速度增量/(m/s)	末位置点速度增量/(m/s)
X 轴	-7.835	7.836
Y 轴	-0.124	0.101
Z 轴	-8.985	-8.985

表 4 - 19　到达控制点 2 服务航天器在初始点和末位置点的速度增量

服务航天器轨道系下的坐标轴	初始点速度增量/(m/s)	末位置点速度增量/(m/s)
X 轴	6.764	1.072
Y 轴	1.783	-0.837
Z 轴	-10.293	-1.109

表 4 - 20　到达控制点 3 服务航天器在初始点和末位置点的速度增量

服务航天器轨道系下的坐标轴	初始点速度增量/(m/s)	末位置点速度增量/(m/s)
X 轴	-0.001	1.072
Y 轴	-1.674	1.684
Z 轴	-2.417	-1.110

表 4 - 21　到达控制点 4 服务航天器在初始点和末位置点的速度增量

服务航天器轨道系下的坐标轴	初始点速度增量/(m/s)	末位置点速度增量/(m/s)
X 轴	1.966	-0.893
Y 轴	0.001	0.836
Z 轴	-0.140	1.168

表 4 - 22　到达控制点 5 服务航天器在初始点和末位置点的速度增量

服务航天器轨道系下的坐标轴	初始点速度增量/(m/s)	末位置点速度增量/(m/s)
X 轴	-1.139	2.672
Y 轴	-0.011	-0.845
Z 轴	2.450	-0.988

为了验证转移策略的准确性和可行性，通过设置服务航天器和目标航天器，并将计算得到的转移策略应用到服务航天器上，输出两航天器在每一段兰伯特转移末期的相对距离。图 4 - 36 所示为两航天器的相对距离。图 4 - 37 所示为服务航天器在目标航天器轨道坐标系下的三轴相对距离，三个轴的三条相对距离曲线从最左边的端点开始，从上往下依次为 X 轴、Y 轴、Z 轴。在表 4 - 23 中，得到了服务航天器在每一段快速转移末期到达实际的控制点后，与目标航天器的相对距离。服务航天器到达实际控制点的位置与应到达的目标控制点的误差均小于 1 km，对大多数的航天器后续任务的执行，并不会造成太大的影响，误差在可接受的范围内。

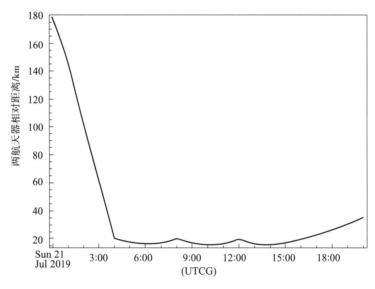

图 4 - 36 随时间变化的两航天器相对距离

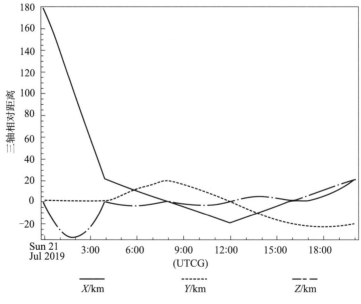

图 4 - 37 两航天器的三轴相对距离

表 4 - 23 到达各控制点的实际位置和控制点的目标位置的误差

控制点编号	服务航天器到达控制点在目标航天器轨道系X 轴上的误差/km	服务航天器到达控制点在目标航天器轨道系Y 轴上的误差/km	服务航天器到达控制点在目标航天器轨道系Z 轴上的误差/km	误差的绝对值/km
1	0.571 3	−0.016 4	0.779 4	0.966 2
2	0.572 1	0.008 2	0.781 1	0.968 2
3	0.584 4	0.000 5	0.784 0	0.978 4
4	0.602 0	0.002 5	0.783 5	0.988 1
5	0.606 1	0.023 3	0.771 1	0.981 1

4.2.6 交会对接过程 V - bar 接近策略

交会对接任务可以分为发射段、调相段、远距离交会阶段、近距离交会阶段和连接阶段几个阶段。调相段的目的是减小服务航天器和目标航天器之间的相位角,修正发射入轨后的轨道倾角误差和升交点误差,通常所有的调相机动由地面控制,调相阶段结束后到达初始瞄准点,从这个位置开始进行远距离交会操作。远距离交会阶段也被称为寻的段,这段机动过程的目的是减少轨迹偏差,使位置、速度、角速度条件满足近距离交会操作的初始要求。其主要任务包括捕获目标轨道、降低接近速度和同步任务时间。当服务航天器与目标航天器能进行相对导航时,就满足初始瞄准点的条件,可以准备进行远距离交会了。远距离交会终点位置的约束来自目标航天器所确定的操作要求。例如,国际空间站的"接近椭圆"是由沿目标轨道方向的 2 km 的长半轴和 1 km 的短半轴定义的。因此,在这些任务中,远距离交会通常从离目标几十千米开始,到离目标几千米时结束。而近距离交会阶段通常分为两个子阶段,进入最终接近走廊的准备阶段,常称为"接近段",以及达到对接条件的最终接近阶段。接近段的目的是减少与目标航天器的距离,使各种条件满足最后接近走廊的要求,这意味着在这个阶段结束时,服务航天器在位置、速度、姿态和角速度上已做好准备,可以在约束下沿适当接近轴启动最后接近。最后接近目标是使位置、速度、相对姿态和角速度满足对接或停靠捕获条件。能达到结束的条件是将服务航天器的对接或捕获接口投放到目标对接机构或机械臂捕获工具能接收的范围内。需要确保服务航天器和目标航天器相对速度足够小,并且维持一段时间,完成捕获接口的对接。以上是航天器交会对接各个阶段的全部机动要求。

相比于其他空间任务的机动过程,交会对接任务最大的特点在于实现交会末期与目标航天器位置重合和相对速度静止。所使用的坐标系是轨道坐标系,以航天器本体为中心,其中轨道方向用直线表示,称为 V - bar,它是根据轨道速度矢量 V 命名的;指向地球中心的坐标轴称为 R - bar,根据半径矢量命名;第三个坐标轴称为 H - bar,因为坐标轴的方向为角动量方向而命名。通常情况下航天器接近过程的最后阶段到达三轴方向中的一轴上的接近区域,具体选择哪一轴根据不同任务需求和航天器约束条件决定,通常采用 V - bar 接近策略和 R - bar 接近策略较多,这样的设计避免了接近末端的异面机动,更具有安全性。

不同约束和不同对接轴选择会导致机动轨迹的选择有所不同,以国际空间站的一个典型的 V‑bar 接近策略为例[51]，如图 4‑38 所示，在接近过程中考虑的轨道策略包括以下几点：

1）自由漂移。在最后调相机动后，服务航天器在一个比目标轨道低 3 000～5 000 m 的近圆轨道上运动（与 V‑bar 平行）。在这个轨道的漂移过程中，会建立和目标的通信链路，RGPS 的导航滤波器会收敛。

2）在 RGPS 导航下利用霍曼转移转向目标轨道。在考虑所有可能存在误差的情况下，确保转移轨道不会与国际空间站自身的接近椭圆重合，避免碰撞风险。

3）在目标轨道上接近椭圆之外设好的保持点位置，完成服务航天器系统的最后检查，并完成与外部事件（光照条件、航天员时间表等）的最终同步修正。只有在国际空间站许可后，才可向接近椭圆进一步接近。

4）在 RGPS 导航下径向推进机动进行接近椭圆。这个转移会达成某一点，在该点光学交会传感器能捕获到目标反射器。

5）RGPS 导航下 V‑bar（或平行于 V‑bar）强制直线接近运动。这个轨迹将使航天器运动到对接口。在直线接近中可能会有可选的停顿，例如，为了利用相对姿态测量得到新的导航模式。

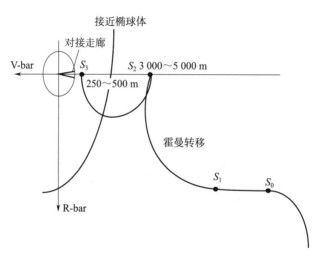

图 4‑38　V‑bar 接近策略

接近策略的确定需要明确几个关键问题，首先是确定调相的最终目标点位置。交会场景始于在图中标识为 S_0 的点，这是最后调相机动的终点（初始瞄准点），位于目标的下后方。这个点的位置由一方所需的条件以及另一方的约束确定。从 S_0 开始远距离机动时，所需条件如下：

1）相对导航应从目标后方的一段距离处开始，这个距离要足够大，从而有足够的时间和距离来完成必要的机动，减速并逐步减小位置误差，使之达到对接所需的要求。

2）最终调相机动后的服务航天器轨道应当与目标轨道高度尽可能接近，从而减少两个飞行器之间轨道速度的差异，并为前面提到的机动创造足够的时间。

　　在这个接近策略例子中，S_0 之前的导航传感器假设为绝对 GPS。只在 S_0 到 S_1 之间的漂移时需要用到 RGPS，此时服务航天器已经进入与目标的通信距离。在这个例子中，通信距离大约为 30 km，绝对 GPS 的导航精度和量级为 100 m 和 0.1 m/s。导航误差可能累计，机动初始时刻位置误差和第二次推进后的附加误差都需要考虑。初始速度测量误差会在机动后转为一个位置误差，最后调相机动的推进误差取决于所用推力器的类型和所用推进力的大小。考虑到误差因素和国际空间站接近椭圆 Z 方向上的外延为 1 000 m，S_0 位置选取上高度需要考虑的因素包括以下几项：

　　1）由目标设置的接近安全规则带来的必要高度差，即不能在此阶段进入接近椭圆的要求（$\Delta Z_1 = 1\ 000$ m）。

　　2）由瞬时位置测量和机动推进期间目标轨道变化的预报精度所带来的高度不确定性（$\Delta Z_2 = 150 \sim 200$ m）。

　　3）导航传感器精度带来的高度误差，可以用于抵达 S_0，包括位置测量误差和速度测量误差的影响（$\Delta Z_3 = 350 \sim 400$ m）。

　　4）由向 S_0 机动的推进误差导致的高度误差（$\Delta Z_4 = 700 \sim 800$ m）。

　　5）另外，还需要为 S_0 高度位置提供冗余量，避免因为后续漂移阶段的阻力差异导致飞行器相对轨道高度变化（$\Delta Z_5 = 250 \sim 500$ m）。

　　综合上述因素可以得到，调相机动的目标点必须在标准目标轨道以下 3 000～5 000 m。

　　S_0 在轨道方向的位置定义也需要考虑以下很多因素：

　　1）由目标设置的接近安全规则带来的必要距离，即不能在此阶段进入接近椭圆的要求（$\Delta X_1 = 2\ 000$ m）。

　　2）由于当前位置测量和机动推进期间目标轨道演化的预测精度带来的位置不确定性（$\Delta X_2 = 2\ 000$ m）。

　　3）指向 S_0 的机动的推进误差带来的位置误差（$\Delta X_3 = 3\ 400 \sim 3\ 600$ m）。

　　4）为探测 S_0 所用的导航传感器精度带来的位置误差（$\Delta X_4 = 3\ 500$ m）。

　　5）从 S_0 高度向目标轨道进行霍曼转移所需的轨道方向上的距离，与高度相关（$\Delta X_5 = 7\ 000 \sim 12\ 000$ m）。

　　6）S_0 和转移机动开始点 S_1 之间的自由漂移距离，在此期间完成转移机动准备，与高度相关（$\Delta X_6 = 900 \sim 1\ 500$ m）。

　　7）还需要考虑如果到达 S_0 之前服务航天器和目标飞行器之间的通信链路距离不满足 RGPS 导航要求，需要增加一个漂移距离，与高度相关（$\Delta X_7 = 4\ 000 \sim 6\ 500$ m）。

　　8）预留保证任务顺利进行的冗余量（$\Delta X_8 = 500 \sim 1\ 000$ m）。

　　综合考虑上述因素，可以得出，最终调相机动目标点在相对目标的水平距离至少为 28 000 m。

　　确定了调相机动的最终点后，需要考虑如何转移至目标轨道，即明确霍曼转移的起始位置 S_1 和终点 S_2。根据漂移轨迹和目标轨道之间的高度差计算霍曼转移起始点 S_1，以使最终点 S_2 与目标距离总是相同的，从而在到达 S_2 后可以启用一种标准的机动策略。在考虑误差和裕量的前提下，目标轨道上保持点 S_2 的标准位置设置为目标位置后的 3 000 m。霍曼转移的起始点设置为高度差 3 000 m，水平差 10 070 m。

在后续的 V - bar 接近阶段，任务是把服务航天器从接近椭圆外的保持点 S_2 转移到保持点 S_3，S_3 在接近椭圆内，但距离接近走廊（禁入区）还有一段距离。S_3 是进行对接最终接近的开始点。确定这个阶段策略的两个主要问题是 S_3 的最佳位置和从 S_2 到 S_3 转移所用的轨迹类型。S_3 的位置主要由四个特性决定，包括禁入区的半径；最终接近所用交会传感器的最大工作距离；如果 S_2 之后失去控制，最坏情况下 S_3 位置的偏差；所用轨迹传感器 RGPS 的最小可用距离。在本案例中，设计的机动点 S_3 在 V - bar 轴上距离目标在 300～500 m 范围内的位置上。对于从 S_2 到 S_3 的转移过程来说，综合考虑转移时间和推进开销以及安全性因素等条件，在 S_2 处施加径向脉冲机动量，完成如 4 - 38 图中从 S_2 到 S_3 的转移。到达 S_3 之后，进入最后的交会阶段，采用直线受迫 V - bar 接近，也就是通过连续推力，在几百米的距离内完成沿 V - bar 方向的直线接近，实现交会对接，这种方式更能保证最后对接时的速度与姿态满足要求，也更容易进行监控。以上就是整个 V - bar 接近策略的全过程。

4.3　碰撞预警及规避策略

航天器碰撞预警本质上是航天器碰撞概率的计算。而航天器碰撞概率计算和规避机动策略从概念角度来说是两个相互独立的过程，但是在实现过程中，两者有着共同的理论基础，在计算实现上也有着关联性，因此本书将碰撞预警和规避机动理论有机结合起来，共同形成一套完整有效的空间防撞避让的理论方法。

航天器碰撞预警理论基于航天器相对运动模型的建立和完善，同时也是规避机动策略实现的基础。随着航天器相对运动理论的发展，以及相对运动模型的不断完善，通过航天器的相对运动，准确预报航天器与目标之间的相对状态信息变化，预估轨道误差协方差的演化，同时在高精度轨道动力学模型的基础上推演航天器的轨道状态信息，利用以上信息，进行碰撞风险计算得到航天器碰撞发生的最大概率等信息。进而可依据给定的碰撞风险判断准则，对是否需要发出航天器间碰撞的警告做出判断，并进一步分析是否采取规避措施。

航天器规避机动策略是在航天器发出碰撞预警之后，考虑碰撞风险大小、航天器任务约束和日常轨道维护，采取及时有效的措施避免航天器碰撞事件的发生。在这里，碰撞概率安全阈值的选择对整个机动策略的影响非常重要。在确定需要进行规避机动后，航天器的机动能力成为重要的参考指标，规避机动的方向和机动速度的大小成为重要的计算对象，最终决定了推力的大小方向以及机动的施行时刻。针对航天器的规避机动采取最优策略，施加较小的作用并得到良好的规避效果是该问题的关键所在。

在现有研究中，对于航天器碰撞概率的计算要求有较高精度的航天器轨道预报，有一些辅助方法被用到确定航天器轨道，提高航天器轨道精度，分析在轨航天器运行特性上来。徐韶光[52]利用卡尔曼滤波，通过几何法逐历元来确定低轨航天器的精密轨道。孙华丽[53]利用 Newton 插值算法，获取较为精确的航天器轨道坐标，并且在我国北斗卫星广播星历中有良好的应用。有了准确的航天器轨道预报值，并得到航天器与目标间的相对位置矢量，就可以对航天器的碰撞概率计算进行进一步的分析。在 1992 年，Bredvik 等[54]基于最小距离对可行的发射窗口进行了研究，同时考虑到航天器与在轨目标的相遇时间差问题，提出了很好地避免发射航天器的碰撞问题的方法。Chan[55]对空间目标的碰撞问题进行了分析，不仅提出了将航天器碰撞概率用高斯分布表示，而且针对卫星的短期相对运动分析了航天器间的相遇平面，得到了碰撞概率进行降维计算的理论方法。对于数值积分的方法，Foster 等[56]通过极坐标转换，简化了碰撞概率计算式，进行定步长的数值积分求解。此外，Patera[57]和 Alfano[58]也各自提出了相应的碰撞概率计算的解决方法，都在实现降维运算、简化计算量、提高计算效率方面取得了比较理想的研究成果。在国内研究方面，杨旭等[59]主要针对解决了最大碰撞概率的计算问题，并分析了影响碰撞概率的因素，找到使碰撞概率达到最大值时的各变量值的解析式。王华等[60]对飞行器碰撞概率计算使用了三种方法，并在二维相遇平面内比较了三种方法的特点以及正确性。国防科技大学的赵暾[61]提出瞬时碰撞概率表达式，以解决编队卫星间的碰撞问题，并对星间碰撞问题的安全评判准则进行了进一步的探讨。张莹[62]基于误差协方差的分析，研究了轨道控制误差对碰撞概率的影响，分析了各方向控制力的影响能力强弱。此外，张明选、白玉冰、张东青等学者[63-65]均对碰撞概率的计算方法进行了研究。

规避机动策略需要考虑到机动速度大小与方向的问题，在这方面国内外学者做了大量的研究，也得到了很多的成果。Patera 对空间群体的碰撞概率计算提出了球形冲突体代替圆柱形冲突体的方法，不仅消除了目标尺寸数据偏差带来的不稳定影响，而且相对于圆柱形包络更加容易解[66]。Chan 考虑了一般推力的情况，在结合航天器轨道控制和位置保持的基础上，得到基于碰撞概率的机动速度表达式[67]。Alfano 和 Mueller 也对碰撞规避问题进行了研究，提出了合适的规避策略方法[68,69]，不同的是，Alfano 主要针对瞬时机动速度进行分析，而 Mueller 将规避约束和轨道位置表示为控制的函数，把最优规避策略问题以最优控制问题的标准形式进行表示，然后把问题离散化，进而把初始的控制问题转化为一个非线性规划问题，再具体进行求解。Mueller[70]提出了一种在轨碰撞规避控制方法，该方法在两目标相对速度较大或者较小时都适用，且具有一定的鲁棒性，能使航天器在机动之后较长时间段内都不会有碰撞危险。Grazian 等详细地介绍了航天器碰撞风险的检测和估计过程的基本原理，分析并提出了防碰撞操作步骤，对规避机动策略的准则进行了研究总结[71]。Kelly 等采用非线性优化技术研究了最优的碰撞规避机动计算，该方法利用 NLP2 算法在最小相遇距离的约束条件下设计出了最小机动速度的规避方法[72]。

基于上述研究，本书结合具体空间任务，考虑航天器空间运行的安全性和稳定性，设计了碰撞预警及规避策略，旨在完善空间机动的决策推演系统理论，服务于实际任务。

4.3.1　碰撞预警技术方案及算例仿真

两个航天器可能碰撞的示意图如图 4 - 39 所示。

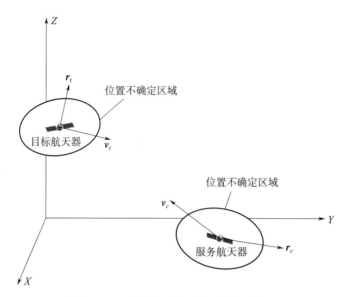

图 4 - 39　两个航天器可能碰撞的示意图

　　两个航天器在某一时刻相距一定距离，由于航天器姿态存在不确定性和位置测量误差，两个航天器在运动过程中会产生位置不确定性（图 4 - 39 中的椭圆区域），如果之后两个航天器相对距离减小，则有可能在某一时刻发生碰撞。为考察两个航天器在之后的某一时刻是否会发生碰撞，需要给出在给定时刻两个航天器的最大碰撞概率。

　　在伴飞和抵近任务过程中，服务航天器都会通过自由运动或轨道机动到达理想的位置，为保证服务航天器在理想位置时与目标航天器不发生碰撞，以及避免机动过程与空间碎片等障碍物发生碰撞，需要对两个航天器碰撞概率进行评估，并对可能发生的碰撞进行预警。

　　空间目标碰撞概率的计算一般基于以下假设：已知两目标相遇期间某时刻在惯性坐标系中的位置速度矢量且等效半径（空间目标实体中距离最长的两端点的连线称为等效直径）均为已知的球体；在相遇期间两目标的运动都是匀速直线运动，并且没有速度不确定性，这样位置不确定椭球在相遇期间保持不变；两目标的位置不确定性都服从三维正态分布，并且分布中心和位置误差协方差矩阵均已知。当两目标中心距离小于它们的等效半径之和时发生碰撞，所以碰撞的计算概率就是计算两目标的最小距离小于等效半径之和的概率。

　　可以证明，两目标距离最小时其相对位置矢量与相对速度矢量相互垂直，由此可以定义一种相遇坐标系。在所定义的相遇坐标系中，通过定义联合位置误差椭球和联合半径球体，可以把碰撞概率的求解问题转化为二维概率密度函数在圆域的积分问题，最后可以借助一些数学工具求解，进而计算得到碰撞概率。

　　在定义相遇坐标系之前，首先要明确星体轨道坐标系 OCS，该坐标系在第 2.1 节介绍过，其中各轴指向定义如下：

　　1）＋ Z 轴由航天器质心指向地心；

　　2）＋ Y 轴在航天器轨道平面的法线上，且方向由航天器速度矢量和位置矢量叉乘决定；

3) ＋ X 轴由右手法则确定。

结合上述定义，可以通过两种计算方法得到地心惯性坐标系（简称 ECI，下同）到 OCS 坐标系的转换矩阵。第一种方法可以利用航天器轨道倾角 i 、升交点赤经 Ω 、真近点角 θ 和近地点角距 ω 求解，具体计算公式为

$$\boldsymbol{R}_{\text{OCS}}^{\text{ECI}} = \boldsymbol{R}_z(90° - \theta - \omega)\,\boldsymbol{R}_x(-180° + i)\,\boldsymbol{R}_z(\Omega) \tag{4-176}$$

第二种方法是根据航天器的位置矢量 $\boldsymbol{r}$ 和速度矢量 $\boldsymbol{v}$ 来确定，计算公式为

$$\begin{cases} \boldsymbol{u}_z = -\dfrac{\boldsymbol{r}}{\|\boldsymbol{r}\|} \\[2mm] \boldsymbol{u}_y = \dfrac{\boldsymbol{v} \times \boldsymbol{r}}{\|\boldsymbol{v} \times \boldsymbol{r}\|} \\[2mm] \boldsymbol{u}_x = \boldsymbol{u}_y \times \boldsymbol{u}_z \\[2mm] \boldsymbol{R}_{\text{OCS}}^{\text{ECI}} = [\boldsymbol{u}_x \quad \boldsymbol{u}_y \quad \boldsymbol{u}_z] \end{cases} \tag{4-177}$$

相遇坐标系是定义在两航天器相对距离最短的条件下，当相对距离最短时，一定能得到两星相对速度矢量和相对位置矢量互相垂直，这个结论可以通过反证法证明。如果相对速度矢量在相对位置矢量方向的投影大于 0，那么两航天器相对距离在下一刻肯定是缩小的，显然此时相对距离不是最短的。假设已经得到相遇时刻以及该时刻两航天器的位置和速度矢量，可以定义一个相遇坐标系，该坐标系的原点在目标航天器的位置分布中心 O_t ，该坐标系的各轴指向如下：

1) ＋ Y 轴与相对速度方向重合。

2) ＋ X 轴由目标航天器的分布中心指向服务航天器的分布中心。

3) ＋ Z 轴由右手法则确定。

相遇坐标系的示意图如图 4 - 40 所示。

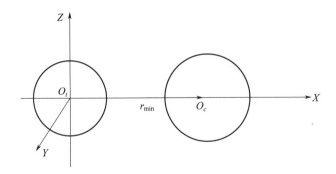

图 4 - 40　相遇坐标系的示意图

当两个航天器距离最近时，它们处在与相对速度垂直的平面内（定义这个平面为相遇平面）。这样就可以把两个航天器的位置投射到相遇平面上，从而将三维问题转化为二维问题。已知某时刻在 J2000.0 地心惯性坐标系中，目标航天器中心位置矢量和速度矢量分别是 $\boldsymbol{r}_c$ 和 $\boldsymbol{v}_c$ ，服务航天器中心位置矢量和速度矢量分别是 $\boldsymbol{r}_t$ 和 $\boldsymbol{v}_t$ 。两目标位置不确定性在星体 OCS 坐标系中描述，位置误差协方差矩阵为对角阵，三个方向的误差均方差分别

为（σ_{uc}，σ_{nc}，σ_{wc}）和（σ_{ut}，σ_{nt}，σ_{wt}），假设三个方向的误差均方差相等（即$\sigma_{uc}=\sigma_{nc}=\sigma_{wc}$ $=\sigma_c$，$\sigma_{ut}=\sigma_{nt}=\sigma_{wt}=\sigma_t$），两目标等效半径分别为$R_1$和$R_2$，根据上述已知量就可以求解出给定初始位置和速度矢量的条件下，两个航天器的碰撞概率。

已知随机向量 $\boldsymbol{X}$，其方差矩阵定义如下

$$\mathrm{VAR}(\boldsymbol{X})=E\{[\boldsymbol{X}-E(\boldsymbol{X})]^{\mathrm{T}}[\boldsymbol{X}-E(\boldsymbol{X})]\} \tag{4-178}$$

定义服务航天器和目标航天器在相遇平面内的位置随机矢量分别为 $\boldsymbol{X}_c$ 和 $\boldsymbol{X}_t$，根据相遇坐标系的定义可以得到

$$\begin{aligned}E(\boldsymbol{X}_c)&=[r_{\min}\quad 0]^{\mathrm{T}}\\ E(\boldsymbol{X}_t)&=[0\quad 0]^{\mathrm{T}}\end{aligned} \tag{4-179}$$

方差矩阵为

$$\mathrm{VAR}(\boldsymbol{X}_c-\boldsymbol{X}_t)=\mathrm{VAR}(\boldsymbol{X}_c)+\mathrm{VAR}(\boldsymbol{X}_t)-2\mathrm{COV}(\boldsymbol{X}_c,\boldsymbol{X}_t) \tag{4-180}$$

由于 $\boldsymbol{X}_c$ 和 $\boldsymbol{X}_t$ 相互独立，所以 $\mathrm{COV}(\boldsymbol{X}_c,\boldsymbol{X}_t)=0$，因此相对位置随机向量的均值和方差为

$$\begin{aligned}E(\boldsymbol{X})&=E(\boldsymbol{X}_c-\boldsymbol{X}_t)=[r_{\min}\quad 0]^{\mathrm{T}}\\ \mathrm{VAR}(\boldsymbol{X})&=\mathrm{VAR}(\boldsymbol{X}_c-\boldsymbol{X}_t)=\mathrm{VAR}(\boldsymbol{X}_c)+\mathrm{VAR}(\boldsymbol{X}_t)\end{aligned} \tag{4-181}$$

两航天器发生碰撞的概率就是它们之间距离小于它们等效半径之和的概率，也就是相对位置矢量的长度小于等效半径之和的概率，或者说是相对矢量落入以 $R_T=R_1+R_2$ 为半径的圆域的概率。这样，可以把两个航天器的大小联合到目标航天器上形成联合球体，把两个航天器的位置不确定椭圆联合到服务航天器上形成联合不确定椭圆。碰撞概率的计算公式为

$$f(x,z)=\frac{1}{2\pi\sigma_x\sigma_z}\exp\left[-\frac{1}{2}\left(\frac{(x-\mu_x)^2}{\sigma_x^2}+\frac{(z-\mu_z)^2}{\sigma_z^2}\right)\right]$$
$$P_c=\iint\limits_{x^2+z^2\leqslant R_T^2}f(x,z)\mathrm{d}x\,\mathrm{d}z \tag{4-182}$$

其中 $\mu_x=r_{\min}$、$\mu_z=0$，σ_x、σ_z 和 R_T 需要自己给定。这样式（4-182）中唯一缺少的量就是最小相对距离 $r_{\min}$。$r_{\min}$ 的计算方法这里提供两种，一种是近似计算法，主要依据的是C-W方程，C-W方程是描述相对距离较近的两航天器相对运动的时变线性微分方程，在上文中有过详细的介绍和推导。假设两航天器的相对位置矢量为 $\boldsymbol{r}$，两航天器的相对速度矢量为 $\boldsymbol{v}$，则此处C-W方程的定义为

$$\begin{cases}\dot{\boldsymbol{r}}=\boldsymbol{\Phi}_1\boldsymbol{r}_0+\boldsymbol{\Phi}_2\boldsymbol{v}_0\\ \dot{\boldsymbol{v}}=\boldsymbol{\Phi}_3\boldsymbol{r}_0+\boldsymbol{\Phi}_4\boldsymbol{v}_0\end{cases} \tag{4-183}$$

其中，$\boldsymbol{\Phi}_1\sim\boldsymbol{\Phi}_4$ 的定义为

$$\boldsymbol{\Phi}_1 = \begin{bmatrix} 4-3\cos nt & 0 & 0 \\ 6(\sin nt - nt) & 1 & 0 \\ 0 & 0 & \cos nt \end{bmatrix}$$

$$\boldsymbol{\Phi}_2 = \begin{bmatrix} 1/n\sin nt & 2/n(1-\cos nt) & 0 \\ 2/n(\cos nt - 1) & 1/n(4\sin nt - 3nt) & 0 \\ 0 & 0 & 1/n\sin nt \end{bmatrix} \quad (4-184)$$

$$\boldsymbol{\Phi}_3 = \begin{bmatrix} 3n\sin nt & 0 & 0 \\ 6n(\cos nt - 1) & 0 & 0 \\ 0 & 0 & -n\sin nt \end{bmatrix}$$

$$\boldsymbol{\Phi}_4 = \begin{bmatrix} \cos nt & 2\sin nt & 0 \\ -2\sin nt & 4\cos nt - 3 & 0 \\ 0 & 0 & \cos nt \end{bmatrix}$$

其中 $n = \mu/r_0^3$，由于 r 和 v 是周期变化的，所以相对距离最短的时刻一定有 $\dot{r}^{\mathrm{T}} r = 0$，然后可以得到 $\dot{r}^{\mathrm{T}} r$ 的具体表达式，最后采用数学优化软件中的等式求解器就可以得到相对最短的时刻和相对距离最短的值。

另一种方法就是利用优化方法求解，此时可以采用相对精确的航天器轨道动力学模型，并构建以下形式的优化问题

$$J = \min\{\parallel \boldsymbol{r}_c - \boldsymbol{r}_t \parallel\}$$

$$\mathrm{s.\,t.} \begin{cases} t > 0 \\ \boldsymbol{r}_c = \int_0^t \boldsymbol{f}(\boldsymbol{r}_c, \boldsymbol{v}_c), \boldsymbol{r}_t = \int_0^t \boldsymbol{f}(\boldsymbol{r}_t, \boldsymbol{v}_t) \end{cases} \quad (4-185)$$

在式（4-185）中，$\boldsymbol{f}(\boldsymbol{r}, \boldsymbol{v})$ 为航天器轨道动力学方程，对于这种优化问题可以通过数学优化软件实现。

计算某一时刻两个航天器的最大碰撞概率需要的输入变量见表 4-24。

表 4-24　计算碰撞概率的输入变量

输入变量	符号表示
半长轴/km	a
偏心率	e
轨道倾角/(°)	i
真近点角/(°)	f
近地点幅角/(°)	ω
升交点赤经/(°)	Ω
航天器标称半径/m	R_1（服务航天器）、R_2（目标航天器）
航天器位置不确定性/m	σ_1（服务航天器）、σ_2（目标航天器）

输出量为该时刻两个航天器的碰撞概率、两个航天器中心的最短距离及到达最短距离

的时刻。

在此处，将分别以目标航天器的标称半径及目标航天器的位置不确定性为变量，分别得到两者变化时两个航天器碰撞概率的变化曲线，以此来求解当目标航天器的标称半径和位置不确定性为未知值的情况下的两航天器最大碰撞概率。

首先，将目标航天器的位置不确定性设为定值，以目标航天器的标称半径为变量，观察两个航天器的碰撞概率变化情况。

这种情况下的碰撞预警任务算例初始条件见表 4 - 25。

表 4 - 25　碰撞预警任务算例 1 初始条件

轨道根数	服务航天器	目标航天器
半长轴/km	42 166.1	42 166.103
偏心率	0	0
轨道倾角/(°)	0	0
真近点角/(°)	10.277 4	10.278 5
近地点幅角距/(°)	0	0
升交点赤经/(°)	0	0
航天器标称半径/m	5	设为变量
航天器位置不确定性/m	10	10

根据表 4 - 25 给出的初始值，求出两个航天器的最短距离为 32.57 m，画出以目标航天器的标称半径为变量，碰撞概率的变化曲线，如图 4 - 41 所示。

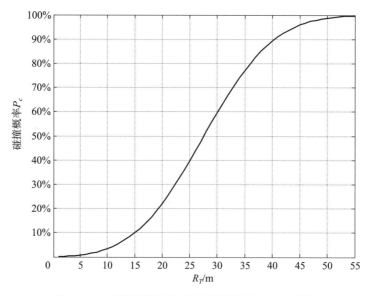

图 4 - 41　碰撞概率随目标航天器标称半径变化曲线

从图 4 - 41 中可以看出，碰撞概率随着目标航天器的标称半径（两航天器半径之和）的增大而增大。这与实际情况是一致的，当两个航天器的最短距离为定值且不确定性很小时，航天器的标称半径越大，发生碰撞的可能性就越大。

下面，将目标航天器的标称半径设为定值，以目标航天器的位置不确定性为变量，观察两个航天器的碰撞概率变化情况。

这种情况下的碰撞预警任务算例初始条件见表 4 - 26。

表 4 - 26　碰撞预警任务算例 2 初始条件

轨道根数	服务航天器	目标航天器
半长轴/km	42 166.1	42 166.103
偏心率	0	0
轨道倾角/(°)	0	0
真近点角/(°)	10.277 4	10.278 5
近地点角距/(°)	0	0
升交点赤经/(°)	0	0
航天器标称半径/m	5	5
航天器位置不确定性/m	10	设为变量

根据表 4 - 26 给出的初始值，求出两个航天器的最短距离为 32.57 m，画出以目标航天器的位置不确定性为变量，碰撞概率的变化曲线，如图 4 - 42 所示。

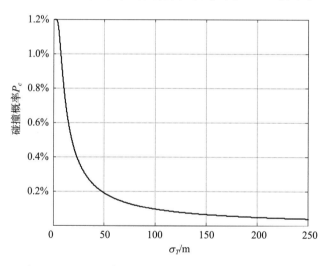

图 4 - 42　碰撞概率随目标航天器位置不确定性变化曲线

从图 4 - 42 中可以看出，碰撞概率随着目标航天器的位置不确定性（两航天器位置不确定性之和）的增大而减小。这与实际情况是一致的，当两个航天器的最短距离及标称半径为定值时，航天器的位置不确定性越大，说明航天器可运动的范围就越大，航天器就有很大可能当距离最小时，质心不在其空间范围的中心，随着位置不确定性的增加，两个航天器发生碰撞的可能性会减小。

4.3.2　防撞避让轨道技术方案

假设目标航天器是 A ，服务航天器是 B ，当航天器 B 以速度 V 通过航天器 A 时，示意图如图 4 - 43 所示。

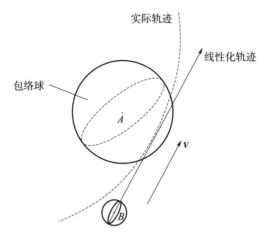

图 4 - 43　两个航天器的碰撞示意图

如果预测到未来某个时间段航天器之间可能发生碰撞时，需要设定一个避让时间和避让大小，来改变环绕航天器的轨道，从而避免碰撞的发生，在选择避让策略的同时，还应该将能量消耗降到最低。

设两个航天器的各自状态矢量分别是 X_1 和 X_2 ，它们各自的运动都是线性模型。那么它们的相对状态为

$$\delta X = X_1 - X_2 \tag{4 - 186}$$

一般情况下，原始的相对状态协方差阵不是两项的和，可以通过以下的方法计算得到

$$
\begin{aligned}
& E\{[\delta X(0) - \delta \bar{X}(0)][\delta X(0) - \delta \bar{X}(0)]^{\mathrm{T}}\} \\
& = P_1(0) + P_2(0) - E\{[X_1(0) - \bar{X}_1(0)][X_2(0) - \bar{X}_2(0)]^{\mathrm{T}}\} \\
& - E\{[X_2(0) - \bar{X}_2(0)][X_1(0) - \bar{X}_1(0)]^{\mathrm{T}}\}
\end{aligned}
\tag{4 - 187}
$$

式中， $P_1(0)$ 表示 X_1 的初始协方差矩阵； $P_2(0)$ 表示 X_2 的初始协方差矩阵。

类似地，干扰加速度可能会影响编队飞行中两个距离较近的航天器，得到 δX 的平均值为

$$\delta \bar{X} = A \delta \bar{X} + D \bar{W} + I \bar{U} \tag{4 - 188}$$

式中， $\bar{W}$ 表示干扰力矩的平均值； $\bar{U}$ 表示控制力矩的平均值。

前面已经介绍了关于航天器之间碰撞概率计算的方法，只要知道当前时刻的速度矢量和位置矢量，再由状态转移矩阵，就能求出未来任意时刻的状态矩阵，发生碰撞的概率值就很容易得出，但是不需要所有的概率值，只需要最可能发生碰撞时的概率值，因此，可以设定一个阈值，当某个时刻碰撞概率的值大于这个阈值时就可能发生碰撞，就会有报警

系统的提示，从而及时采取规避的策略。防撞避让的计算过程如图 4 - 44 所示。

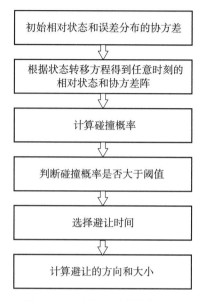

图 4 - 44　防撞避让的计算过程

在避让过程中采用的速度一般是很小的量，所以避让过程中航天器的移动可以看作是避让速度的线性函数，从而碰撞概率的梯度和避让速度的大小就是不相关的了，那么避让方向和避让大小就可以独立地求解了。下面讨论避让的方向问题。

因为梯度的方向是函数变化率最大的方向，也是时间最短的方向，所以可以施加碰撞概率沿梯度反方向的速度冲量。于是避让的方向由式（4 - 189）决定

$$V = -\frac{T}{|T|} \tag{4 - 189}$$

式中，T 可以表示为

$$T = \frac{\partial P}{\partial V_x}i + \frac{\partial P}{\partial V_y}j + \frac{\partial P}{\partial V_z}k \tag{4 - 190}$$

式中，V_x、V_y、V_z 表示速度分量在质心轨道坐标系下各坐标轴的投影；P 表示碰撞概率；i、j、k 表示坐标轴三个方向的单位矢量。

如此明确了卫星的机动方向，下一步需要求解卫星的最短机动距离。明确求得机动距离的计算式是求解机动速度表达式的基础，对进一步研究机动速度的显式表达式有重要意义。最短机动距离的求解与当前的碰撞概率和期望概率的差值相关，差值越大，卫星需要机动的距离越长，对碰撞概率的降低作用越明显。首先确定当前碰撞概率超过限定的安全阈值，随后基于最优机动方向，计算达到期望概率所需的机动距离。

将卫星碰撞概率表达式（4 - 182）积分通过 Rician 分布的积分变换，表示为一个无穷级数的形式。在分析碰撞概率时可以取无穷级数的首项作为上述积分式的近似，在不影响碰撞概率分析的同时，简化运算量，提高运算效率。则碰撞概率化简为

$$P \approx P_0 = \mathrm{e}^{-\frac{1}{2}\left(\frac{\mu_x^2}{\sigma_x^2} + \frac{\mu_z^2}{\sigma_z^2}\right)} \left(1 - \mathrm{e}^{-\frac{R_T^2}{2\sigma_x\sigma_z}}\right) \tag{4-191}$$

设机动位置矢量为 $\Delta \boldsymbol{r} = [\Delta x \quad \Delta y \quad \Delta z]^{\mathrm{T}}$，根据机动后的碰撞概率应达到 10^{-7} 及以下的条件，有

$$P = \exp\left[-\frac{1}{2}\left(\frac{(\mu_x + \Delta x)^2}{\sigma_x^2} + \frac{(\mu_z + \Delta z)^2}{\sigma_z^2}\right)\right]\left[1 - \exp\left(-\frac{R_T^2}{2\sigma_x\sigma_z}\right)\right] = 10^{-7} \tag{4-192}$$

根据求得的机动方向进行求解，即可得到期望的最短机动距离。

卫星规避机动速度的推导依赖于卫星状态转移矩阵，通过式（4-183）可得到卫星前后时刻的状态矢量间的关系。

假设卫星需要在 t_0 时刻施加规避机动措施，并设此时的卫星与目标的相对状态矢量为 $\boldsymbol{X}_0 = [\boldsymbol{r}_0 \quad \boldsymbol{v}_0]^{\mathrm{T}}$，同时设在 t_{CPA} 时刻（卫星与目标相遇时刻）卫星与目标的相对状态矢量为 $\boldsymbol{X}_1 = [\boldsymbol{r}_1 \quad \boldsymbol{v}_1]^{\mathrm{T}}$，则根据状态转移矩阵可得前后时刻相对状态矢量的关系为

$$\begin{bmatrix} \boldsymbol{r}_1 \\ \boldsymbol{v}_1 \end{bmatrix} = \boldsymbol{\Phi}(t)\begin{bmatrix} \boldsymbol{r}_0 \\ \boldsymbol{v}_0 \end{bmatrix} \tag{4-193}$$

在 t_0 时刻施加规避机动速度 $\Delta \boldsymbol{v}$ 后，代入式（4-193）得到

$$\begin{bmatrix} \boldsymbol{r}_1 + \Delta \boldsymbol{r} \\ \boldsymbol{v}_1 \end{bmatrix} = \boldsymbol{\Phi}(t)\begin{bmatrix} \boldsymbol{r}_0 \\ \boldsymbol{v}_0 + \Delta \boldsymbol{v} \end{bmatrix} \tag{4-194}$$

由式（4-194）可得到机动位置矢量与机动速度矢量间的关系为

$$\Delta \boldsymbol{r} = \boldsymbol{\Phi}_{rv}(t)\Delta \boldsymbol{v} \tag{4-195}$$

其中，$\boldsymbol{\Phi}_{rv}(t)$ 为状态转移矩阵右上角的 3×3 矩阵，表示位置矢量与速度矢量在前后时刻的转化关系。$\boldsymbol{\Phi}_{rv}(t)$ 具体形式如式（4-196）所示

$$\boldsymbol{\Phi}_{rv}(t) = \begin{bmatrix} \dfrac{\sin nt}{n} & \dfrac{2(1 - \cos nt)}{n} & 0 \\ \dfrac{2(\cos nt - 1)}{n} & \dfrac{4\sin nt}{n} - 3t & 0 \\ 0 & 0 & \dfrac{\sin nt}{n} \end{bmatrix} \tag{4-196}$$

即可得到卫星在 t_0 时刻的机动速度矢量

$$\Delta \boldsymbol{v} = \boldsymbol{\Phi}_{rv}^{-1}(t)\Delta \boldsymbol{r} \tag{4-197}$$

通过式（4-197），只需给定机动时刻，即可根据卫星与空间目标的相对状态信息和碰撞概率信息计算卫星的规避机动位置矢量，进而得到卫星在给定时刻的规避机动速度矢量。

考虑到状态转移矩阵 $\boldsymbol{\Phi}_{rv}(t)$ 是在 C - W 方程的基础上得到的，而 C - W 方程在推导过程中忽略了高次扰动以及其他因素的干扰，与轨道递推得到的结果存在一定偏差，并且偏差是随着时间而逐渐发散的。因此，式（4-197）得到的规避机动速度矢量与实际存在一定偏差，设实际机动速度矢量 $\Delta \boldsymbol{v}'$ 与当前机动速度矢量之间的比值为 q，即有

$$\Delta v' = q \Delta v \tag{4-198}$$

通过选取合适的 q 值，使得卫星在施加规避速度后，与目标之间的碰撞概率达到期望阈值附近。

在实际任务中，可以通过上述方法在适当的机动时刻施加规避机动措施，使卫星与目标间的相对距离达到安全距离，从而实现了降低卫星碰撞概率，避免碰撞事故发生的目的。

4.4　小结

对于空间机动任务来说，通常需要的机动策略类型包括三种，在远离任务目标时，需要通过远距离抵近机动实现对目标的接近；在与任务目标到达相对近的距离时，需要通过近距离伴飞任务调整位姿和观测目标；飞行器在轨运行过程中，也可能面临空间碎片和其他航天器的碰撞风险，需要机动规避。本章对这三类机动策略进行详细介绍，并进行高轨的算例仿真，提供了空间不同情况下切实可行的机动策略，为空间机动任务的实现提供了方案。

第 5 章　任务综合效能评估方法

效能评估部分使本书的决策推演系统形成了闭环，为空间机动任务的轨道机动方案提供了反馈，能够根据效能评估结果对轨道机动任务的仿真实现进行评价，并给出优化和改进的方向。这部分内容也体现在了第 7 章所介绍的决策推演软件中。

5.1　效能评估方法

5.1.1　效能评估概述

20 世纪 50～60 年代，美国为描述系统完成特定任务的能力，率先引入了系统效能（Effectiveness）的概念。目前，国内外对系统效能的定义有多种，往往与具体系统相关。一般来说，系统效能是预期一个系统满足一组特定任务要求程度的度量，是系统可用度 A（Availability）、可信度 D（Dependability）和能力 C（Capability）的函数。可用度是开始执行任务时系统状态的量度，可信度是在执行任务过程中系统状态的量度，能力则是系统成功地完成任务的量度。经典效能评估方法包括试验统计法、指数法、解析法[73]、层次分析法[74-77]等几大类算法。本节选取其中代表性的灰色关联分析法等几类具体算法进行介绍。

目前，认为较好的系统效能定义包含以下五个方面的内容。

1）对象。即系统，所谓效能只能是系统的效能。至于是何种系统，随研究对象而异，它可以是某个工业系统，也可以是某个其他系统等。

2）任务。即用途，任何系统的效能，只能针对一组特定任务而言。任务改变了，系统的效能随之改变。

3）条件。一般所说的系统效能，只能是在特定条件下的效能。主要包括自然环境条件、系统工作条件和维护修理条件等。

4）时间。定义中的"一组特定任务要求"，蕴涵着"特定时间"的要求，任何系统的效能总是与时间紧密地联系在一起的，如系统响应时间、持续工作时间等。

5）能力。定义中说效能是指"系统能够满足（或完成）一组特定任务要求的量度"，量度指的是系统满足"一组特定任务要求"的程度，程度的大小反映了系统完成给定任务的能力。

5.1.2　评估指标体系建立

效能评估指标体系是效能评估系统的一个重要组成部分，它是指一套能够全面反映待评估体系完成规定任务的总体目标和特征，并且具有内在联系、起互补作用的指标的集合，如图 5-1 所示。

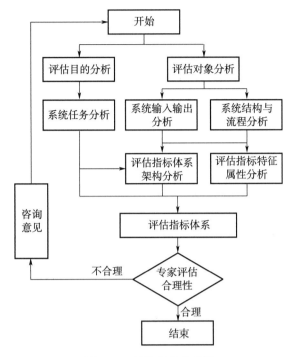

图 5-1　效能评估流程图

效能指标是效能参数的量化表示，效能指标的选取，对问题定量分析的成败具有决定意义。但是由于效能指标概念的复杂性，效能度量不像物理度量的度量那么直接，在选取效能指标时，一般应该符合以下原则。

（1）评估目的分析

分析评估所要达到的目的，明确效能评估的期望结果和用途。

（2）任务分析

分析系统用户构成和应用的目的，明确其承担的主要任务，并进行归类分析，作为确定效能评估指标维度的依据。

（3）系统分析

系统分析即评估对象分析，明确系统的基本属性，分析系统的结构、工作流程和内外接口，识别影响系统效能的关键要素，明确侧重点和相互关系。

（4）指标体系架构分析

基于系统的基本属性，综合系统任务要求和系统的结构，分析系统效能各影响要素的特征和相互关系，确定系统效能评估指标维度和层次结构，构建效能指标体系框架。

（5）指标体系确定

针对系统承担的具体任务，分析影响任务完成的各个要素，量化效能指标体系框架中各个指标，构成层次化效能指标体系。

（6）指标体系合理性评估

反复咨询领域内相关专家的意见建议，对所建立的指标体系的正确性和可用性进行评估。由此迭代，最终形成满足使用要求的效能指标体系。

5.1.3 效能评估方法的种类

当指标聚合到最上一层时，即得到了当次训练效果评价结果。指标聚合方法主要有加权和法、加权积法、灰色关联分析法、模糊综合评判法等。

（1）加权和法

加权和法是在实际应用中最常用的评估方法，也是最被理解的方法。这个方法的实质是赋予每个指标权重后，对每个方案求各个指标的加权和。

主要公式为

$$y_i = \sum_{j=1}^{n} w_j x_{ij} \tag{5-1}$$

式中，y_i 表示评估方案的加权综合评估值；x_{ij} 表示第 i 个评估方案的第 j 个归一化后的指标值；w_j 表示第 j 个指标的权重。

加权和法的评估优选准则为

$$y^* = \max_i y_i \tag{5-2}$$

y^* 对应的方案为评估最优方案。

（2）加权积法

加权积法是赋予每个指标权重后，对每个方案求各个指标的加权积。

主要公式为

$$y^* = \max_i y_i \tag{5-3}$$

$$y_i = \prod_{j=1}^{n} x_{ij}^{w_j} \tag{5-4}$$

式中，y_i 表示评估方案的加权综合价值；x_{ij} 表示第 i 个评估方案的第 j 个归一化后的指标值；w_j 表示第 j 个指标的权重。

（3）灰色关联分析法

灰色关联分析的目的就是通过一定的数据处理方法，寻求系统中各因素间相互制约、相互依赖的关系，找出影响系统目标的主要因素，从而掌握事物的主要特征，抓住主要矛盾。灰色关联分析法实质上是一种多因素统计分析方法，以各因素的样本数据为依据，用灰色关联度来描述因素间关系的强弱、大小和次序，主要是分析各个组成因素与整体的关联大小，其操作的对象是各因素的时间序列，而对于多指标综合评估对象可以把比较序列看成由被评事物的各项指标值构成的序列，参考序列是一个理想的比较标准，受到距离评估方法的数列，选最优指标数据和最劣指标作为参考数列，比较各方案与最优和最劣方案的关联程度，来评估各个方案相互之间的优劣。一般步骤如下。

1）确定评估指标体系，其中待评估的方案集，记为 $A = \{a_1, a_2, \cdots, a_m\}$；评估方案优劣的指标集，记为 $C = \{c_1, c_2, \cdots, c_n\}$。

2）确定得到原始评估矩阵 Y。

3）数据的标准化处理。由于各种指标的量纲不一样，为了消除不同指标间的不可公度性的影响，保证指标间相同因素的可比性，对原始数据分别用以下两式之一进行无量纲标准化处理，即

$$X_{ij} = [y_{ij} - \min_{1 \leqslant j \leqslant m} y_{ij}] / [\max_{1 \leqslant j \leqslant m} y_{ij} - \min_{1 \leqslant j \leqslant m} y_{ij}] \tag{5-5}$$

$$X_{ij} = [\max_{1 \leqslant j \leqslant m} y_{ij} - y_{ij}] / [\max_{1 \leqslant j \leqslant m} y_{ij} - \min_{1 \leqslant j \leqslant m} y_{ij}] \tag{5-6}$$

式中，j 表示方案号；i 表示性能指标号。所有因素进行无量纲化处理得到评估矩阵 X。

4）灰色关联系数计算。对于参考数列 X_0，比较数列 $X_1, X_2, \cdots, X_n$。令 $R = |X_{0j} - X_{ij}|$，有

$$Z_{ij} \zeta_{ij}^0 = \frac{\min_i \min_j R + u \max_i \max_j R}{R + u \max_i \max_j R} \tag{5-7}$$

ζ_{ij}^0 表现为 X_{ij} 与 X_0 的相对差值，即关联系数。其中，u 为分辨系数，为了扩大关联系数的差异显著性，提高关联度的分辨效果，取值于 $[0,1]$，经证明：一般情况下，u 应大于 0.4，通常应在 0.5~1 范围内取值。实际应用时人为给定，通常取 $u = 0.5$。

5）求关联度。关联度系数很多，信息分散，它的每一个值表明某一指标两个数列的关联程度。为了表现总体上两个数列的关联程度，对所有关联系数取平均值为

$$r_i = \frac{1}{n} \sum_{i=1}^n \zeta_{ij}^0 \tag{5-8}$$

式中，r_i 表示对 X_0 的关联度，成为绝对值关联度。用于特定方案最后定量的评估，以及各个方案的优劣顺序，并进行分析，得到结论。

（4）模糊综合评判法

模糊综合评判就是以模糊数学为基础，应用模糊关系合成原理，对受到多种因素制约的事物或对象，将一些边界不清、不易定量的因素定量化，按多项模糊的准则参数对备选方案进行综合评判，再根据综合评判结果对各备选方案进行比较排序，选出最好方案的一种方法。

采用模糊综合评判，一般步骤如下。

1）建立评判对象因素集 $U = \{u_1, u_2, \cdots, u_m\}$。因素就是对象的各种属性或性能，在不同场合，也称为参数指标或质量指标，它们能综合地反映出对象的质量，因而可由这些因素来评估对象。

2）建立评判集 $V = \{v_1, v_2, \cdots, v_n\}$，如训练结果的优良中差。评判集是等级的集合，评判集是适应程度的集合。

3）建立单因素评判，即建立一个从 U 到 $F(V)$ 的模糊映射

$$f : U \rightarrow F(V), \forall u_i \in U \tag{5-9}$$

$$(0 \leqslant r_{ij} \leqslant 1, 1 \leqslant i \leqslant n, 1 \leqslant j \leqslant m) \tag{5-10}$$

由 f 可以诱导出模糊关系，得到模糊矩阵为

$$\boldsymbol{R} = \begin{bmatrix} r_{11} & r_{12} & \cdots & r_{1m} \\ r_{21} & r_{22} & \cdots & r_{2m} \\ \vdots & \vdots & \ddots & \vdots \\ r_{n1} & r_{n2} & \cdots & r_{nm} \end{bmatrix} \tag{5-11}$$

称 $\boldsymbol{R}$ 为单因素评判矩阵，于是 $(U, V, \boldsymbol{R})$ 构成了一个综合评判模型。

4）综合评判。由于对 U 中各个因素有不同的侧重，需要对每个因素赋予不同的权重，它可表示为 U 上的一个模糊子集 $A = \{a_1, a_2, \cdots, a_m\}$，且规定 $\sum_{i=1}^{m} a_i = 1$。

在 $\boldsymbol{R}$ 与 A 求出之后，则综合评判模型为 $\boldsymbol{S} = A \circ \boldsymbol{R}$。记 $\boldsymbol{S} = (S_1, S_2, \cdots, S_n)$，它是 V 上的一个模糊子集，其中 "$\circ$" 为模糊合成算子，通常有 $M(\wedge, \vee)$ 算子、$M(\cdot, \vee)$ 算子、$M(\wedge, \oplus)$ 算子、$M(\cdot, \oplus)$ 算子四种算子。如果评判结果 $\sum_{j=1}^{n} S_j \neq 1$，就对其结果进行归一化处理。

从上述模糊综合评判的四个步骤可以看出，建立单因素评判矩阵 $\boldsymbol{R}$ 和确定权重分配 A 是两项关键性的工作，但同时又没有统一的格式可以遵循，一般可采用统计实验或专家评分的方法求出。

最后通过对模糊评判向量 $\boldsymbol{S}$ 的分析做出综合结论，一般可用以下三种方法：

1）最大隶属原则。模糊评判集 $\boldsymbol{S} = (S_1, S_2, \cdots, S_n)$ 中 S_i 为等级 v_i 对模糊评判集 $\boldsymbol{S}$ 的隶属度，按最大隶属度原则做出评估结论，即

$$M = \max(S_1, S_2, \cdots, S_n) \tag{5-12}$$

M 所对应的元素为评估结果。该方法虽然简单可行，但只考虑隶属度最大的点，其他点没有考虑，损失的信息较多。

2）加权平均原则。将等级看作一种相对位置，使其连续化。为了能定量处理，不妨用 $1, 2, \cdots, n$ 依次表示各等级，并称其为各等级的秩。然后用 $\boldsymbol{S}$ 中对应分量将各等级的秩加权求和来得到被评事物的相对位置。这就是加权平均原则，可表示为

$$u^* = \frac{\sum_{i=1}^{n} \mu(v_i) s_i^k}{\sum_{i=1}^{n} s_i^k} \tag{5-13}$$

式中，k 表示待定系数（$k=1$ 或 $k=2$），目的是控制较大的 s_i 所起的作用。可以证明，当 $k \to \infty$ 时，加权平均原则就是最大隶属原则。

3）模糊单值化。如果给等级赋予分值，然后用 $\boldsymbol{S}$ 中对应的隶属度将分值加权求平均就可以得到一个点值，便于比较排序。

设给 n 个等级依次赋予分值 $c_1, c_2, \cdots, c_n$，一般情况下（等级由高到低或由好到差），$c_1 > c_2 > \cdots > c_n$，且间距相等，则模糊向量可单值化为

$$c = \frac{\sum_{i=1}^{n} c_i s_i^k}{\sum_{i=1}^{n} s_i^k} \qquad (5-14)$$

式中，k 表示待定系数。

以上几种方法可以依据评估目的来选用。

表 5-1 所示为评估指标聚合方法的特点与适用范围对比。

表 5-1　评估指标聚合方法的特点与适用范围对比

算法	特点	适用范围
加权和法	权重系数的作用比在其他"合成"法中更明显，且突出了指标值或权重值较大者的作用；当权重系数预先给定时，对区分各备选方案之间的差异不敏感；容易计算，便于推广	指标体系为树形结构，即每个下级指标只与一个上级指标相关联；各个评估指标间相互独立；各指标的价值函数是可加型函数，指标间的价值是完全可以互补的
加权积法	强调各备选方案（无量纲）指标值大小的一致性，即这种方法是突出评估值中较小者的作用；指标权重的作用不如加权和法那样明显，对指标值变动的反映比加权和法更敏感，故加权积法更有助于体现备选方案之间的差异；评估结果主要体现各个项目之间的均衡性，与加权和法相比，加权积法在计算上更复杂	各个指标间有较强关联，无量纲指标均大于或等于1
灰色关联分析法	数据不必归一处理，可用原始数据进行直接计算，可靠性强；评估指标体系可以根据具体情况增减；整个计算过程简单，通俗易懂，易于为人们所掌握；无须大量样本，只要有代表性的少量样本即可	样本数据具有时间序列特性；评估指标难以准确量化和统计
模糊综合评判法	不仅可对评估对象按综合分值的大小进行评估和排序，而且可以根据模糊评价集上的值按最大隶属原则评定对象所属的等级；数学模型简单，对多因素、多层次的复杂问题评判较好；不能解决指标间相关造成的评估信息重复问题；评估过程大量运用了人的主观判断	各个评估指标间相互独立

5.2　机动接近伴飞任务效能评估

5.2.1　任务概述

机动接近伴飞任务是很多其他任务的基础，该任务可分为两个阶段，分别为机动接近阶段和伴飞阶段。机动接近阶段为航天器从远距离对目标进行抵近操作，到达目标位置附近需要满足一定的伴飞构型要求，可以为伴飞、悬停和绕飞。针对机动接近伴飞任务效能评估问题，可针对这两个阶段进行相应的评估工作。

5.2.2　指标构建

建立机动接近伴飞任务效能评估指标体系，将对机动接近段和伴飞段的任务分别进行指标分解，如图 5-2 所示。机动接近段主要评估指标为初始转移距离、推进剂消耗和时间消耗；伴飞阶段的指标可分解为真实的构型参数与预定构型参数的误差量，如伴飞时可设定为伴飞距离、伴飞椭圆大小。

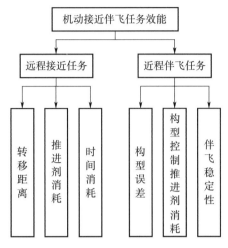

图 5-2　机动接近伴飞任务指标体系

1）转移距离。转移距离为航天器初始位置与终端位置的距离，该距离越大则代表所需的时间越长，相应可能带来推进剂的增加。设置初始位置和终端位置分别为 $[x_0, y_0, z_0]$、$[x_1, y_1, z_1]$，距离计算公式为

$$r = \sqrt{(x_0 - x_1)^2 + (y_0 - y_1)^2 + (z_0 - z_1)^2} \qquad (5-15)$$

2）推进剂消耗。推进剂消耗与时间消耗、转移距离以及具体的策略相关，转移策略可以使用兰伯特转移、霍曼转移等，下面给出霍曼转移的推进剂消耗为

$$\begin{cases} \Delta v_1 = \sqrt{\dfrac{\mu}{r_A}} \left(\sqrt{\dfrac{2r_B}{r_A + r_B}} - 1 \right) \\[4mm] \Delta v_2 = \sqrt{\dfrac{\mu}{r_B}} \left(1 - \sqrt{\dfrac{2r_A}{r_A + r_B}} \right) \end{cases} \qquad (5-16)$$

在某一时刻对处于停泊轨道的服务航天器施加一个切向速度冲量 Δv_1，使其进入转移轨道，Δv_1 应满足转移轨道为一个椭圆轨道，并且它的远地点半径等于目标轨道的半径。服务航天器到达转移远地点后，再对其施加一个切向脉冲 Δv_2。

3）时间消耗。霍曼转移的时间消耗为

$$T_w = \pi \sqrt{\dfrac{[(r_A + r_B)/2]^3}{\mu}} \qquad (5-17)$$

4）构型误差。航天器进入伴飞构型之后，需要评价其真实构型与初始设定构型之间的差值，差值越大则表示越差。伴飞和绕飞均可以使用相对目标轨迹的椭圆半长轴 a 和偏心率 e 的误差来描述。

5）构型控制推进剂消耗。构型控制推进剂消耗，即在保持 Δt 时间后，推进剂消耗为 Δm，评价指标为单位时间内消耗推进剂越少则越好，即 $\Delta m / \Delta t$。

6) 伴飞稳定性。伴飞距离需要稳定在标称距离内，稳定性越好则伴飞特性越好。设置标称距离为 $L \pm \Delta L$ ，伴飞时长为 t ，则在伴飞过程中超过标称距离的总时间为 Δt 。伴飞稳定性可以表示为

$$stability = \frac{\Delta t}{t} \qquad (5-18)$$

5.2.3　效能评估描述

首先根据重要性给每个指标赋权，权重越大代表重要性越高。分别给第 5.2.2 节中的 6 个指标赋权为 $\{w_1, w_2, w_3, w_4, w_5, w_6\}$ ，可采用相对比较法对各项指标进行赋权，并对上一层指标继续赋权。接下来对各项指标进行归一化处理，采用连续数值型归一化算法。分别计算得到各项指标的具体参数后，采用加权和法的方式计算最终任务效能指标。

5.3　机动抵近成像任务效能评估

5.3.1　任务概述

机动抵近成像任务可描述为航天器通过轨道机动的方式对目标进行抵近，在一定空间条件下利用搭载的成像设备对空间目标进行成像，成像的目标可包括失效的卫星、合作航天器以及空间碎片等，这也是接下来一系列其他任务的基础。本节对其任务效能进行评估，一方面评价航天器在完成任务过程中轨道机动效果的好坏，最重要的是对最终成像效果做出评价。

5.3.2　指标构建

建立机动抵近成像任务效能评估指标，需要从两个方面来进行指标分解，分别为成像条件和成像质量，如图 5-3 所示。针对这两方面又可以进行进一步的分解，成像条件分解为成像方位、成像距离、成像光照条件和成像相对速度，成像质量可分解为图像分辨率、光谱特性适应性、信噪比。

1) 成像方位。成像方位使用目标在本体坐标系下的俯仰方位角描述。根据本体与目标的连线计算俯仰方位角，计算公式为

$$\begin{cases} r = \sqrt{x_p^2 + y_p^2 + z_p^2} \\ \alpha = \arccos(z_p/r) \\ \beta = \arctan(x_p/y_p) \end{cases} \qquad (5-19)$$

式中，x_p、y_p、z_p 表示航天器到目标距离的三轴分量的模，α、β 表示方位角。得到俯仰方位角之后，若连线在相机视场内，则表示成像方位较好。

2) 成像距离。成像距离为航天器离目标的距离，即式（5-19）中的 x_p、y_p、z_p、r。

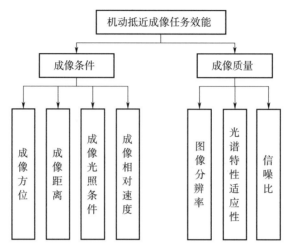

图 5-3　机动抵近成像任务指标体系

3）成像光照条件。成像光照条件使用航天器与目标的连线和航天器与太阳矢量的夹角表示，角度计算为

$$
\begin{aligned}
&\boldsymbol{p} = [x_p, y_p, z_p]^{\mathrm{T}} \\
&\boldsymbol{s} = [x_s, y_s, z_s]^{\mathrm{T}} \\
&\theta = \arccos\left(\frac{\boldsymbol{p} \cdot \boldsymbol{s}}{\|\boldsymbol{p}\| \|\boldsymbol{s}\|}\right)
\end{aligned}
\tag{5-20}
$$

式中，$\boldsymbol{p}$ 表示航天器到目标指向矢量；$\boldsymbol{s}$ 表示航天器到太阳指向矢量。

4）成像相对速度。成像相对速度可表示为 $\|\boldsymbol{v}_0 - \boldsymbol{v}_1\|$，$\boldsymbol{v}_0$ 为航天器速度，$\boldsymbol{v}_1$ 为目标速度。

5）图像分辨率。通常情况下，目标的特征尺寸描述为

$$
d_c = \sqrt{W_t H_t}
\tag{5-21}
$$

式中，d_c 表示目标的特征尺寸；W_t 表示目标宽度；H_t 表示目标长度。

根据约翰逊准则，对不同任务的满足度可以表示为

$$
P(N) = \frac{\left(\dfrac{N}{N_{50}}\right)^{2.7+0.7(N/N_{50})}}{1 + \left(\dfrac{N}{N_{50}}\right)^{2.7+0.7(N/N_{50})}}
\tag{5-22}
$$

式中，$P(N)$ 表示任务满足度，用百分数表示；N 表示跨越目标特征尺寸的周期数，即目标特征尺寸与两倍的分辨率的比值，$N = \dfrac{d_c}{2GSD}$；N_{50} 表示任务区分概率为 50% 时的跨越目标特征尺寸的周期数，为一经验值。由此可以根据任务需求选择合适分辨率设备。

6）光谱特性适应性。对于光谱特性，根据对目标特性分析结果可知，空间目标波长 430～760 nm 的可见光部分占总能量的 45% 左右，具有明显的可见光特性。太阳电池和银色聚酯薄膜在 450～520 nm（反射率峰值 450 nm 左右）波段反射的太阳光亮度高；黄色

镀铝聚酯薄膜在 700～900 nm（反射率峰值 760 nm 左右）波段反射的太阳光亮度高。

恒星的综合光谱峰值在 300 nm 附近，在此波长附近星的分布数量也较多。地球大气散射的蓝光也会形成较强的背景，从而降低目标对比度，因此需要错开这些谱段。

大多数硅探测器在蓝光和近红外波段的响应都很低，950 nm 以上响应度不到 10%，探测效率低下。在 450～900 nm 谱段范围内，可见光探测器的技术和工艺发展相对成熟，基于可见光相机的探测系统具有高分辨率、高帧频等优点，有利于提高探测的精度和实时性，更加适合高轨探测任务。

根据以上的分析，可以建立对目标光谱特性评价指标，空间目标的光谱波长为 λ ，对光谱特性情况进行分类，当光谱波长落在特定区域则效果更好，如式（5-23）所示

$$v = \begin{cases} 1 & 450 < \lambda < 520 \\ 1 & 700 < \lambda < 900 \\ 0.1 & 285 < \lambda < 315 \\ 0.5 & \text{其他} \end{cases} \qquad (5-23)$$

利用式（5-23）中的 v ，可以得到背景与光谱特性适应性评价，作为评价加权系数使用。

7）信噪比。对目标成像必须满足一定的信噪比。信噪比是衡量图像质量的一项重要参数，其中噪声主要来自器件噪声，包括散粒噪声、读出噪声和暗电流噪声等，信号强度与成像光照角等外界因素相关。

成像系统由光、电、热等环节带来的总均方根噪声电子数为 S_{noise}（单位为 ele），计算公式为

$$S_{noise} = \sqrt{S_b^2 + (I_d T_{int})^2 + N_r^2 + N_r^2 + N_q^2} \qquad (5-24)$$

5.3.3　效能评估描述

首先根据重要性给每个指标赋权，权重越大代表重要性越高。分别给第 5.3.2 节中的七个指标赋权为 $\{w_1, w_2, w_3, w_4, w_5, w_6, w_7\}$ ，可采用相对比较法对各项指标进行赋权，并对上一层指标继续赋权。接下来对各项指标进行归一化处理，采用连续数值型归一化算法。分别计算得到各项指标的具体参数后，采用加权和法的方式计算最终任务效能指标。

5.4　机动避障任务效能评估

5.4.1　任务概述

在轨航天器可能由于两方面原因要进行碰撞规避，一个是当前太空环境较为拥挤，太空中无论是航天器的数量还是碎片的数量都在逐渐增加；第二是航天器的轨道、姿态等会与测量值存在一定的误差。考虑这些因素进行避障机动，考察规避前后碰撞概率的变化，即可对机动规避任务效能进行评估。

5.4.2　指标构建

机动避障任务效能主要考察机动规避前后的碰撞概率变化，以及避障机动消耗的推进剂情况，如图 5-4 所示。对于避障任务而言，推进剂消耗越少，碰撞概率下降越多，则避障越成功。

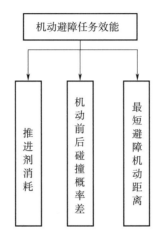

图 5-4　机动避障任务指标体系

1）推进剂消耗。推进剂消耗与避障过程施加的速度脉冲相关，速度脉冲为 Δv，考虑航天器的初始质量为 m_0，发动机比冲为 I_{sp}，可以计算得到推进剂消耗 m_p 为

$$m_p = m_0 \left[1 - \exp\left(\frac{-\Delta v}{g_0 I_{sp}} \right) \right] \tag{5-25}$$

2）机动前后碰撞概率差。碰撞概率的计算需要用到第 4 章相关内容，两个航天器发生碰撞的概率就是它们之间距离小于它们等效半径之和的概率，也就是相对位置矢量的模小于等效半径之和的概率，或者说是相对矢量落入以 $R = R_1 + R_2$ 为半径的球域的概率。这样，可以把两个航天器的大小联合到目标航天器上形成联合球体，把两个航天器的位置不确定椭圆联合到服务航天器上形成联合不确定椭圆。碰撞概率的计算公式为

$$f(x,z) = \frac{1}{2\pi\sigma_x\sigma_z} \exp\left\{ -\frac{1}{2}\left[\frac{(x-\mu_x)^2}{\sigma_x^2} + \frac{(z-\mu_z)^2}{\sigma_z^2} \right] \right\}$$
$$P_c = \iint\limits_{x^2+z^2 \leqslant R^2} f(x,z)\,\mathrm{d}x\,\mathrm{d}z \tag{5-26}$$

通过计算，可以得到机动前后的碰撞概率，作差后得到概率变化，变化越大则越好。

3）最短避障机动距离。最短避障机动距离为在避障机动过程中航天器滑行距离，滑行越远则回到正常的时间就越长，因此效果越差。首先确定当前碰撞概率超过限定的安全阈值，随后基于最优机动方向，计算达到期望概率所需的机动距离。设机动位置矢量为 $\Delta r = [\Delta x \quad \Delta y \quad \Delta z]^\mathrm{T}$，由航天器机动方向可知应满足以下关系

$$\frac{\Delta x}{\Delta z} = \frac{-\dfrac{\mu_x P}{\sigma_x^2}}{-\dfrac{\mu_z P}{\sigma_z^2}} = \frac{\mu_x P \sigma_z^2}{\mu_z P \sigma_x^2} \tag{5-27}$$

$$\Delta y = 0 \tag{5-28}$$

由航天器碰撞概率表达式，机动后的碰撞概率应达到 10^{-7} 及以下，则有

$$P_1 = \exp\left\{-\frac{1}{2}\left[\frac{(\mu_x + \Delta x)^2}{\sigma_x^2} + \frac{(\mu_z + \Delta z)^2}{\sigma_z^2}\right]\right\}\left[1 - \exp\left(-\frac{r_l^2}{2\sigma_x\sigma_z}\right)\right] = 10^{-7}$$

$$\tag{5-29}$$

$$\exp\left\{-\frac{1}{2}\left[\frac{(\mu_x + m\Delta z)^2}{\sigma_x^2} + \frac{(\mu_z + \Delta z)^2}{\sigma_z^2}\right]\right\}\left[1 - \exp\left(-\frac{r_l^2}{2\sigma_x\sigma_z}\right)\right] = 10^{-7} \tag{5-30}$$

对式（5-30）进行化简，可得

$$(\sigma_x^2 + m\sigma_z^2)\Delta z^2 + (2\mu_z\sigma_x^2 + 2m\mu_x\sigma_z^2)\Delta z + \mu_z^2\sigma_x^2 + \mu_x^2\sigma_z^2 = d \tag{5-31}$$

求解式（5-31）即可得到期望的最短机动距离。

5.4.3　效能评估描述

首先根据重要性给每个指标赋权，权重越大代表重要性越高。分别给第 5.4.2 节中的三个指标赋权为 $\{w_1, w_2, w_3\}$，可采用相对比较法对各项指标进行赋权。接下来对各项指标进行归一化处理，采用连续数值型归一化算法。分别计算得到各项指标的具体参数后，采用加权和法的方式计算最终任务效能指标。

5.5　机动巡航普查任务效能评估

5.5.1　任务概述

机动巡航普查任务是航天器在轨一种较为常见的任务模式。航天器通过轨道机动，以逐次抵近的方式依次接近目标，完成普查任务。在普查任务期间，航天器靠近目标一定距离范围内完成普查任务。普查任务需要对普查的多目标进行排序，分出先访问和后访问的目标，以此来节省推进剂和最终完成任务的总时间。

5.5.2　指标构建

机动巡航普查任务效能主要考察普查目标期间所需的推进剂消耗和时间消耗，以及对单个目标是否满足距离约束，如图 5-5 所示。

1）轨道机动部分的指标计算方式在接近伴飞和抵近成像章节已进行了介绍。

2）载荷部分的指标计算方式如下：若判断为主瓣接收，则根据电磁频谱载荷接收品质因数 G/T 值、地面信号的等效全项辐射功率（Equivalent Isotropically Radiated Power，EIRP）、空间衰减 L_f、其他衰减 L 计算得到载噪比 C/N；若判断为副瓣接收，则根据电磁频谱载荷接收品质因数 G/T 值、地面信号的 EIRP、空间衰减 L_f、其他衰减 L、地面

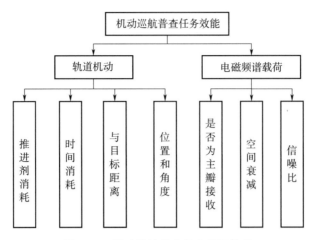

图 5-5　机动巡航普查任务指标体系

信号天线的副瓣电平 ξ_1 计算得到载噪比 C/N；主瓣接收时，载噪比为 $C/N = EIRP - L_f - L + G/T - k - B$；副瓣接收时，载噪比为 $C/N = EIRP - L_f - L + G/T - k - B + \xi_1$；$k$ 为玻尔兹曼常数，B 为接收机带宽。

　　3）空间衰减。空间衰减计算 $L_f = 92.44 + 20 * \lg(d) + 20 * \lg(f)$，距离 d 的单位为 km，工作频率 f 的单位为 GHz。

　　4）信噪比。根据信号速率 R_b、接收机带宽 B 以及载噪比 C/N 计算得到信噪比 E_b/N_0。

5.5.3　效能评估描述

　　首先根据重要性给每个指标赋权，权重越大代表重要性越高。分别给第 5.5.2 节中的七个指标赋权为 $\{w_1, w_2, w_3, w_4, w_5, w_6, w_7\}$，可采用相对比较法对各项指标进行赋权。接下来对各项指标进行归一化处理，采用连续数值型归一化算法。分别计算得到各项指标的具体参数后，采用加权和法的方式计算最终任务效能指标。

5.6　机动在轨维护任务效能评估

5.6.1　任务概述

　　机动在轨维护任务可针对在轨存在故障的航天器以及一些碎片，抵近并完成交会后，对故障航天器进行维修，或者对能源耗尽的航天器进行填充推进剂等任务需求，对碎片进行捕获和脱离等任务。在实际操作过程中，交会对接过程是最重要的步骤，因此机动在轨维护任务主要对交会对接过程进行评估。

5.6.2　指标构建

　　机动在轨维护任务主要评估交会对接过程中的推进剂消耗和时间消耗，以及最终的交会机动精度，如图 5-6 所示，其中推进剂消耗与时间消耗在前几节中进行了介绍，不再复述。

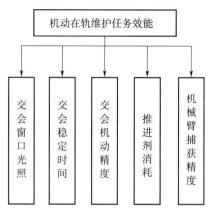

图 5-6　机动在轨维护任务指标体系

1）交会窗口光照。交会窗口光照条件，需要保证在交会对接期间无阴影，且太阳光不能直射到瞄准设备。

计算在交会过程中太阳光是否进入瞄准设备，可以使用航天器本体坐标系下瞄准设备的中心视轴与太阳矢量夹角表示

$$\begin{aligned}
\boldsymbol{p} &= [x_p, y_p, z_p]^{\mathrm{T}} \\
\boldsymbol{s} &= [x_s, y_s, z_s]^{\mathrm{T}} \\
\theta &= \arccos\left(\frac{\boldsymbol{p} \cdot \boldsymbol{s}}{\|\boldsymbol{p}\| \|\boldsymbol{s}\|}\right)
\end{aligned} \tag{5-32}$$

当式（5-32）中 θ 越小时则越差。

2）交会稳定时间。交会开始时间为 t_0，交会结束时间为 t_1，则稳定时间为 $\Delta t = t_1 - t_0$。

3）交会机动精度。交会机动精度可以根据从远距离转移到距离目标附近，与预定位置的距离差来衡量。预定距离为 L，在实施过程中移动到目标附近的距离为 L_p，则可以使用 ΔL 表示为

$$\Delta L = |L - L_p| \tag{5-33}$$

4）推进剂消耗。推进剂消耗交会过程施加的速度脉冲相关，速度脉冲为 Δv，考虑航天器初始质量为 m_0，发动机比冲为 I_{sp}，可以计算推进剂消耗 m_p 为

$$m_p = m_0\left[1 - \exp\left(\frac{-\Delta v}{g_0 I_{sp}}\right)\right] \tag{5-34}$$

5）机械臂捕获精度。机械臂捕获位置为 $[x_1, y_1, z_1]$，预定位置为 $[x_0, y_0, z_0]$，可以计算得到机械臂的捕获位置距离预定位置的距离为

$$\Delta S = \sqrt{(x_1 - x_0)^2 + (y_1 - y_0)^2 + (z_1 - z_0)^2} \tag{5-35}$$

距离越小则效果越好。

5.6.3　效能评估描述

首先根据重要性给每个指标赋权，权重越大代表重要性越高。分别给第 5.6.2 节中的指标赋权为 $\{w_1，w_2，w_3，w_4，w_5\}$，可采用相对比较法对各项指标进行赋权。接下来对各项指标进行归一化处理，采用连续数值型归一化算法。分别计算得到各项指标的具体参数后，采用加权和法的方式计算最终任务效能指标。

5.7　小结

本章首先介绍了效能评估的概念以及常用的效能评估算法，分析几类算法的优劣，然后分别对本书涉及的五类空间机动任务进行效能评估计算，构建相关效能评估指标。在对具体问题应用时可以根据指标设计算法，得到针对不同任务量化的评价结果，有利于后续任务的改进设计。

第6章 面向空间多目标的轨道机动任务规划

空间任务中除了第 4 章的单目标机动任务类型外，有些情况需要对多个任务目标进行服务，与单目标情况相比，多目标机动任务需要考虑机动次序，影响因素和约束条件相互叠加，任务更加复杂，需要在原有基础上更深入地研究。空间多目标的轨道机动任务规划是指在满足各种约束限制和资源承载能力的前提下，能够根据任务需求，成功完成机动任务，并设计得到最优的机动轨迹和机动次序，这里的最优是根据不同机动任务的需求有不同的标准，典型为能量最优和时间最优等情况。

服务航天器与多个目标航天器的服务任务不仅需要规划出离散的服务次序，还需要分配每个目标的服务用时。因此该问题属于混合非线性整数规划问题（Mixed Integer Nonlinear Programming，MINLP）。此类问题求解难度大，运算量大大增加，传统规划算法难以求解，遗传算法、模拟退火算法等智能优化算法进行求解成为主流。但从本质上，仍然使用脉冲机动策略和轨道方程，通过任务建模，在此基础上结合智能算法进行实现，本章针对以遗传算法为主的多种衍生进化算法进行对比，结合具体空间仿真场景进行实验验证，并对现有遗传算法进行改进，结合神经网络和贪婪策略提升算法性能。本章的结构层层递进，通过智能算法实现轨道机动次序规划问题，对不同的进化算法进行对比分析和改进，进行仿真验证。

与单目标机动任务决策充分考虑许多种不同空间场景与约束，因地制宜设计最适合机动策略的思路不同，本章的内容特色在于采用新兴的智能算法进行任务规划，并进行创新性的改进与算法结合，更适合相关科研人员获取灵感，开展深入研究。

6.1 基于改进遗传算法的巡航普查任务规划

本节研究了一个服务航天器连续对多个高轨 GEO 目标航天器进行在轨巡查任务的规划问题，目标航天器（目标星）和服务航天器（服务星）不需要具有等高或者共面等特殊性质。如图 6-1 所示，服务航天器需要从原始停泊轨道开始进行脉冲机动，依次飞掠多个目标航天器，以快速高效地完成巡查观测任务。因此，在任务时限要求较为紧迫的情况下，本节主要考虑服务航天器和目标航天器的位置一致性约束和总任务的时限约束，以服务航天器轨道转移所需的机动脉冲总值最小为优化目标，对服务航天器的机动时刻、机动脉冲值、目标航天器的服务顺序进行优化求解。提出了两种求解算法：首先采用了传统的遗传算法对其进行求解，然后对编码方式进行调整，将贪婪算法与遗传算法进行结合，以得到更优的可行解。

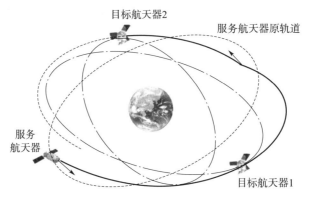

图 6-1   一对多航天器在轨巡查任务示意图

6.1.1   任务时限约束下的巡航普查机动任务模型建立

假设共有 n 个目标航天器 S_i，$i=1,\cdots,n$ 需要巡查，采用脉冲机动策略进行变轨，优化指标为服务航天器脉冲机动速度增量的模的总值，即优化目标为服务航天器完成所有任务的轨道转移代价最小

$$\min J = \sum_{i=1}^{n} \parallel \Delta v_i \parallel \tag{6-1}$$

其中，$\Delta v_i \in \mathbb{R}^3$ 为第 i 次脉冲的机动向量。

首先，考虑到在轨巡查任务不需要完成在轨交会，服务航天器需要完成对目标航天器的抵近任务，所以在轨道机动任务规划时，只需考虑位置一致性约束，不需要同时达到速度的一致性，即服务航天器需进行脉冲机动，以改变轨道使轨迹与目标航天器轨道有交点，在抵近目标航天器后，选择合适的时机继续变轨，以抵近下一个服务航天器，直到所有目标航天器均被巡查过。在抵近目标航天器时不进行额外的脉冲机动，即两次抵近之间只进行一次机动。其位置一致性约束可表示为

$$r_s(tx_i) = r_i(tx_i), \forall\, i=1,2,\cdots,n \tag{6-2}$$

式中，tx_i 表示目标航天器 i 对应的被巡查时刻，$r_s \in \mathbb{R}^3$ 和 $r_i \in \mathbb{R}^3$ 分别表示服务航天器和目标航天器 i 的位置矢量。

轨道的转移问题是典型的兰伯特问题，值得注意的是，虽然通过求解可以获得转移轨道和两次脉冲机动值，但由于本书考虑的是在轨巡查任务，在到达目标航天器的位置后不需要进行机动，所以在实际计算时，只采用第一次机动值 $\Delta v_i \in \mathbb{R}^3$，第二次机动值默认为零。因此其动力学约束表示为

$$\begin{cases} \dot{r}_s = v_s \\ \dot{v}_s = -\dfrac{\mu}{r_s^3} r_s + \sum_{i=1}^{n} \Delta v_i \delta(t - Tm_i) \end{cases} \tag{6-3}$$

式中，$v_s \in \mathbb{R}^3$ 表示服务航天器的速度矢量；Tm_i 为目标航天器 i 对应的服务航天器机动时刻，$\delta(t - Tm_i)$ 为狄拉克函数

$$\delta = \begin{cases} 0, & t \neq Tm_i \\ 1, & t = Tm_i \end{cases} \qquad (6-4)$$

最后考虑总任务时限的约束，$\Delta t_i \in \mathbb{R}$ 为服务航天器第 i 次机动距第 $i-1$ 次机动的时间间隔，Δt_1 是从任务开始到服务航天器第一次机动的时间间隔，$T_{\max}$ 是从任务开始到任务完成的最长时限，则总时间约束为

$$\sum_{i=1}^{n} \Delta t_i \leqslant T_{\max} \qquad (6-5)$$

6.1.2　基于传统遗传算法的任务规划及算例仿真

遗传算法的设计通常包括编码解码规则的设计、遗传算子（选择算子、交叉算子、变异算子）的设计和适应度函数的设计三部分。遗传算法的设计流程图如图 6-2 所示，首先设计编码规则，其编码方式包括 0-1 二值编码、整数编码、实数编码和混合编码等，需要根据特定的问题进行确定。本节采用实数编码，以每个目标航天器 i 对应的巡查的时刻 $Tx_i \in [0, T_{\max}]$ 作为决策变量之一，由此可以确定服务航天器的抵近时间及目标航天器的服务顺序；为了确定服务航天器的机动时刻，再选用机动时刻在相邻两次巡查间隔内的占比量 $q_i \in [0, 100]$ 作为决策变量，由此可以计算出第 i 个目标航天器对应的服务航天器机动时刻 Tm_i；注意在计算时，需要先对每个航天器的巡查时刻进行排序，以获得目标航天器的巡查顺序，进而计算其对应的机动时刻为

$$Tm_i^{j} = Tx_{i'}^{j-1} + (Tx_i^{j} - Tx_{i'}^{j-1}) \frac{q_i}{100} \qquad (6-6)$$

式中，j 表示目标航天器 i 的被服务顺序；Tx_i^{j-1} 表示目标航天器 i 的前序航天器 i' 的巡查时刻。所以，每条染色体具有 $2n$ 个基因位，前 n 个为每个航天器的巡查时刻，后 n 个为其对应的时间占比量，均为实数。

由此，在解码的过程中，可以根据兰伯特问题的求解方法，计算出每个解对应的脉冲机动值，进而得到目标函数。在确定了编码和解码的策略后，可利用遗传算法对种群进行更新优化，遗传算法需要首先随机生成有 M 条染色体的初始种群，计算每个个体的适应值，通过选择、交叉和变异等操作对种群进行更新，然后对每次的新种群进行收敛条件和迭代次数检验，以判断是否停止迭代输出适应值最高的个体。其适应度函数的设定为优化问题的性能指标，以性能指标最小化为目标。

在选择操作中，可以采用精英保留策略和轮盘赌注算法。根据精英保留策略，需要在更新的种群中保留对应目标函数值最大的染色体。对于剩余的染色体，采用轮盘赌注法进行进一步选择，轮盘赌注法是一种采样选择算法，可以保证采样结果符合原始概率分布。首先定义染色体 i 在这个种群被选中的概率为

$$P_i = \frac{1/J_i}{\sum\limits_{j=1}^{M} 1/J_j}, i = 1, 2, \cdots, M \qquad (6-7)$$

式中，J_i 表示第 i 条染色体的目标函数值。显然，目标函数值越小，对应染色体的概率越

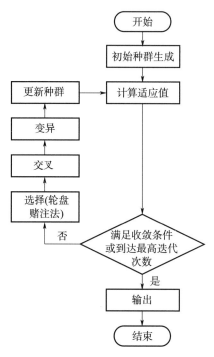

图 6-2　遗传算法的设计流程图

大，符合最小化目标函数的要求。定义此染色体的累计概率为从第一个染色体到第 i 个的概率之和

$$Q_i = \sum_{j=1}^{i} p_i \qquad (6-8)$$

在选择时，随机产生一个数 $r \in (0, 1)$，若满足 $Q_{i-1} < r < Q_i$，那么第 i 条染色体被选择，保留下来进行后续的操作。

在交叉操作中，从选择操作后的种群中随机选取两个染色体作为父代，在父代的染色体上分别随机选取一个基因位进行交换，注意染色体的前 n 个基因和后 n 个基因的大小范围不同，不能进行交叉操作。

最后进行变异操作，首先随机生成一个数 d，若小于变异概率，则发生变异，然后随机选择一个基因位进行突变，重新生成一个该基因位取值范围内的随机数进行替换。

选用八颗轨道倾角均在 $0°\sim2.3°$ 范围内的高轨航天器作为目标航天器，任务场景开始时刻目标航天器具体的轨道参数见表 6-1，真实场景三维图如图 6-3 所示，服务航天器的轨道六要素为（42 166 km，0，1.5°，66°，0°，0°），将种群规模设为 300，交叉概率为 0.9，变异概率设为 0.2，最大迭代次数为 200。考虑到在轨巡查任务具有一定的紧迫性，需要在较短的任务时间内完成任务，所以在仿真中，分别设定场景时间为 8 天和 15 天。

表 6 - 1　八颗目标航天器初始轨道根数

目标序号	半长轴/km	偏心率×10⁻³	轨道倾角/(°)	升交点赤经/(°)	近地点幅角/(°)	真近点角/(°)
目标 1	42 164.895	0.851	1.960	69.876	13.709	234.792
目标 2	42 165.928	0.604	0.333	43.095	152.929	156.518
目标 3	42 165.397	0.361	0.890	211.531	27.186	109.292
目标 4	42 166.385	0.564	2.014	54.180	36.883	196.500
目标 5	42 165.989	0.555	1.055	57.954	121.191	188.846
目标 6	42 166.219	0.549	1.814	70.894	338.077	217.617
目标 7	42 166.207	0.581	2.074	51.284	82.492	214.535
目标 8	42 165.836	1.063	1.385	84.555	295.037	272.347

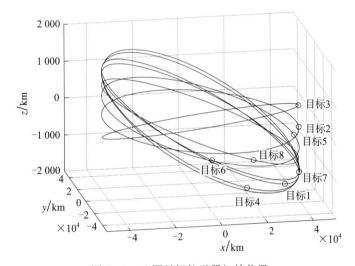

图 6 - 3　八颗目标航天器初始位置

采用传统遗传算法可以较快地收敛到较优的可行解，8 天情况下的服务航天器需要进行的脉冲机动总值与 15 天情况下的服务航天器需要进行的脉冲机动总值如图 6 - 4 和图 6 - 5 所示，可以看到，当任务时长增加，所需的能耗显著减少。

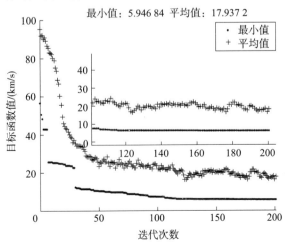

图 6 - 4　任务时长为 8 天时传统遗传算法迭代过程

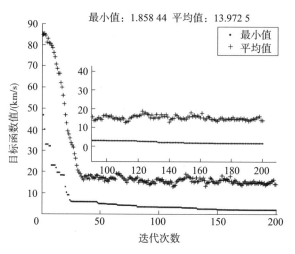

图 6-5　任务时长为 15 天时传统遗传算法迭代过程

6.1.3　基于贪婪策略的遗传算法的任务规划及算例仿真

为了进一步改进算法的优化效果，本书设计了基于贪婪策略的遗传算法进行求解，与传统遗传算法的主要区别在于决策变量的选取不同，导致编码与解码的方式不同，采用同样的优化算法进行求解得到的效果也存在差异。本节依旧选用实数编码，选用两个目标航天器被巡查的时间间隔 δt_i 和时间的占比量 $q_i \in [0，100]$ 作为决策变量。时间占比量 q_i 是为了确定每次巡查任务前对应的机动时刻 tp_i

$$tp_i = \sum_{j=1}^{i-1} \delta t_j + \frac{q_i}{100} \delta t_i \qquad (6-9)$$

第 i 次巡查的时刻为

$$tx_i = \sum_{j=1}^{i} \delta t_j \qquad (6-10)$$

因此，如图 6-6 所示，定义一条染色体的前 n 个基因为巡查的时间间隔 δt_i，$n+1 \sim 2n$ 的基因为时间的占比量 q_i。

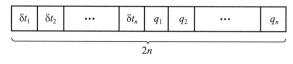

图 6-6　染色体示意图

通过决策变量只能体现机动时刻和巡查时刻，而在计算实际的转移轨道和机动脉冲值时，缺少服务顺序。所以在解码过程中，引入了贪婪策略来确定巡查航天器的顺序。如图 6-7 所示，首先获得相应的机动时刻和抵近时刻，然后根据轨道递推可获得服务航天器在机动时刻的位置和速度，再计算服务航天器在由机动时刻到巡查时刻的转移时间内到达所有未被服务的目标航天器所对应的脉冲机动速度增量，即兰伯特问题，最后选取脉冲机动值最小的目标航天器作为下一个被巡查目标，以此递推，直至所有目标航天器都被服务过。

同时，考虑到任务总时限的约束，计算适应值时除了要计算所有脉冲模的和，还要引入时间的惩罚项。若存在目标航天器的巡查时间超过了任务的最大时限要求，则在计算适应值时减去一个充分大的常值 C，作为惩罚项，以确保不满足约束的解可以在后续优化中被淘汰。

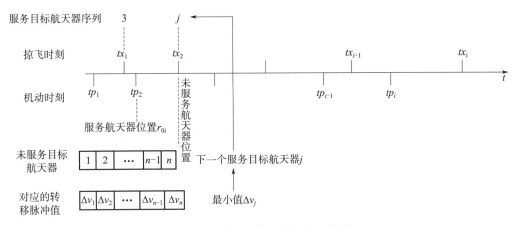

图 6 - 7　基于贪婪策略的解码规则

然后分别按照第 6.1.2 小节的规则进行解码，计算每个染色体的目标函数值，再进行选择、交叉、变异操作，以更新种群，如此迭代直到满足收敛条件或者达到设定的最大迭代次数，其具体迭代过程如图 6 - 8 所示，与第 6.1.2 节的主要不同在于解码部分。

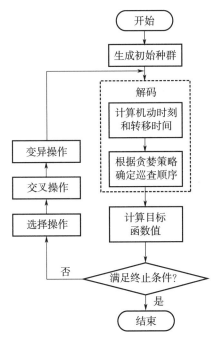

图 6 - 8　基于贪婪策略的遗传算法求解流程图

　　为了后续进行对比分析，仍采用第 6.1.2 节中的任务场景进行仿真。注意，定义染色体的取值范围时，将依次巡查两个目标航天器的最大时间设为平均间隔时间的 1.5 倍，设定范围的不同会影响本算法的优化效果，过小或者过大都会使优化效果降低。惩罚项 C 设定为 15。

　　如图 6-9 和图 6-10 所示，该算法可以快速收敛，在迭代到 20 代左右时就优化到了较小的目标函数值。在 8 天的情况下，完成任务需要的总脉冲量为 1.786 25 km/s；在 15 天的情况下，完成任务所需要的总脉冲量降低到了 1.233 53 km/s。可以看出，适当增加任务时长，可以降低轨道转移的能量消耗。

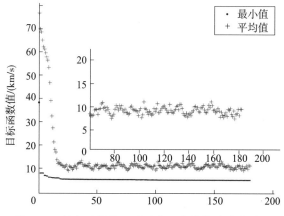

图 6-9　任务时长为 8 天时基于贪婪算法迭代过程

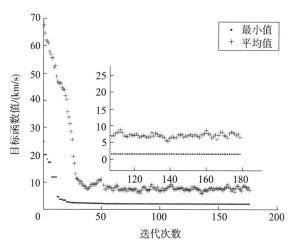

图 6-10　任务时长为 15 天时基于贪婪算法迭代过程

　　任务时长为 15 天时的优化结果见表 6-2，表中完整给出了按时间顺序的服务序列、脉冲机动时刻、脉冲机动值及每个目标航天器对应的巡查时刻。可以看到，每次脉冲机动的大小都在合理范围内，较符合实际的工程场景。为了进一步验证不同的时间场景下此算法的有效性，对不同的任务时长进行了仿真，具体结果见表 6-3，任务时间越长，所需的脉冲值越小，但当时间过长时，所需脉冲的减少量变得有限。

表 6 - 2　任务时长为 15 天时的优化结果

服务序列	脉冲机动值/(m/s)	机动时刻	巡查时刻
目标 7	[257.762 8,229.342 1,−131.178 9]	2021/8/19 21:20:45	2021/8/22 2:41:04
目标 2	[−128.692 9,−288.275 7,−50.652 1]	2021/8/22 3:56:22	2021/8/2 16:27:42
目标 1	[−67.512 2,−44.979 2,163.538 9]	2021/8/23 4:03:30	2021/8/25 12:51:57
目标 6	[−0.083 428,61.898 5,−24.754 2]	2021/8/26 10:07:19	2021/8/27 4:28:22
目标 8	[−22.942 3,0.310 57,10.113 5]	2021/8/28 0:52:43	2021/8/28 5:02:12
目标 4	[−4.405,13.721 4,24.665 4]	2021/8/28 7:30:41	2021/8/28 22:43:21
目标 5	[−135.835 9,38.845 4,−48.562 2]	2021/8/29 11:37:07	2021/8/31 6:25:19
目标 3	[−85.260 7,35.104 7,−6.426 7]	2021/8/31 8:21:29	2021/9/2 18:18:04

表 6 - 3　不同任务时长下总脉冲值优化结果

任务时长（天）	8	15	30	50	80
总速度增量（km/s）	1.786 25	1.233 53	0.471 077	0.293 975	0.226 471

本节在相同的任务场景下，分别利用传统的遗传算法和基于贪婪策略的遗传算法对 8 天和 15 天的情况进行了求解。由于传统遗传算法下的编码方式使搜索空间扩大，其优化效果大大降低。分别对两种算法进行重复求解 30 次，取其平均优化值，见表 6 - 4，基于贪婪策略的遗传算法的求解效果远好于传统的遗传算法，充分体现了基于贪婪策略的遗传算法的优越性。虽然基于贪婪策略的遗传算法的运行时间比传统遗传算法要长，但是对于预规划问题，优化的效果比运行时长更重要。因此，认为基于贪婪策略的遗传算法更具实际应用价值。

表 6 - 4　任务时长为 8 天和 15 天时的优化结果

算法	8 天情况优化平均值（km/s）	15 天情况优化平均值（km/s）
传统遗传算法	5.149	2.761 99
基于贪婪策略的遗传算法	1.448 46	1.299 1

6.2　基于进化算法的在轨维护任务规划

本节以服务航天器与多个目标航天器依次交会完成在轨维护任务为背景，进行机动策略规划求解。按规划顺序分为轨迹规划和次序规划两部分，按具体情况分为近距离机动规划和远距离机动规划两种情况进行仿真验证，此处的"近距离"是指远小于航天器轨道半径的范围，针对轨迹规划和次序规划分别进行求解，得到整体交会结果。

6.2.1 交会对接任务规划模型

在本节规划过程中，以消耗的推进剂和所用的总时间作为优化的两项指标，将交会任务规划分解为上下两层。其中，上层规划用于求解交会次序以及与各个目标航天器交会所用的时间。下层优化在上层规划给定交会次序和时间分配的基础上，求解一对一最优交会轨迹，即确定各次速度脉冲。图 6-11 所示为任务规划的框架图。

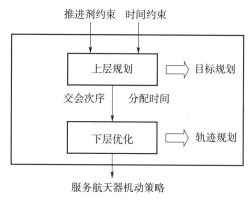

图 6-11　任务规划的框架图

对于轨迹规划来说，根据本书的数学建模可以看出，推进剂消耗与速度增量呈正相关，可将脉冲的总速度增量作为优化的指标以忽略比冲、航天器质量的影响。

推进剂最优交会的优化指标定义为

$$J = \int_{t_0}^{t_f} \sum_{i=1}^{m} \delta(t - t_i) \Delta \boldsymbol{v}_i \, \mathrm{d}t = \sum_{i=1}^{m} |\Delta \boldsymbol{v}_i| \tag{6-11}$$

式中，t_0、t_f 分别表示交会的起始时间和结束时间；m 表示脉冲的个数；t_i 表示第 i 次脉冲的施加时刻；$\Delta \boldsymbol{v}_i$ 所示第 i 次脉冲的速度矢量。由最优控制理论，可定义哈密顿函数为

$$H = \boldsymbol{\lambda}^{\mathrm{T}}(\boldsymbol{Ax} + \boldsymbol{Bu}) \tag{6-12}$$

式中，$\boldsymbol{\lambda} = [\boldsymbol{\lambda}_r \quad \boldsymbol{\lambda}_v]^{\mathrm{T}}$，$\boldsymbol{\lambda}_v$ 称为主矢量。下面给出 Lawden 等[78]提出的最优脉冲机动的必要条件：

1）$\boldsymbol{\lambda}_v$ 及其导数 $\dot{\boldsymbol{\lambda}}_v$ 在机动时间内连续。

2）机动过程中满足 $|\boldsymbol{\lambda}_v| \leqslant 1$，且在脉冲的施加时刻下有 $|\boldsymbol{\lambda}_v| = 1$，方向沿脉冲推力方向。

上述必要条件在线性脉冲机动中又被证明为充分必要条件[79]，即最优脉冲轨迹规划的本质就是寻找满足上述条件的一条交会轨迹。

由式（6-12）可得，系统协态方程为

$$\dot{\boldsymbol{\lambda}}(t) = -\frac{\partial H}{\partial \boldsymbol{x}} = -\boldsymbol{A}^{\mathrm{T}} \boldsymbol{\lambda} \tag{6-13}$$

由式（6-13）可得，协态变量的状态转移矩阵满足

$$\boldsymbol{\Phi}_r(t,t_0) = \boldsymbol{\Phi}^{\mathrm{T}}(t_0,t) = \begin{bmatrix} \boldsymbol{\Phi}_{r11}(t,t_0) & \boldsymbol{\Phi}_{r12}(t,t_0) \\ \boldsymbol{\Phi}_{r21}(t,t_0) & \boldsymbol{\Phi}_{r22}(t,t_0) \end{bmatrix} \tag{6-14}$$

式中，$\boldsymbol{\Phi}$ 表示相对位置速度的状态转移矩阵。主矢量满足以下边界条件为

$$\begin{cases} \boldsymbol{\lambda}_v(t_0) = \dfrac{\Delta \boldsymbol{v}_0}{|\Delta \boldsymbol{v}_0|} \\ \boldsymbol{\lambda}_v(t_f) = \dfrac{\Delta \boldsymbol{v}_f}{|\Delta \boldsymbol{v}_f|} \end{cases} \tag{6-15}$$

式中，$\Delta \boldsymbol{v}_0$，$\Delta \boldsymbol{v}_f$ 分别表示 t_0、t_f 时刻下的脉冲速度增量。由式（6-14）和式（6-15）可得协态变量的初值

$$\boldsymbol{\lambda}(t_0) = [\boldsymbol{\Phi}_{r22}^{-1}(t,t_0) [\boldsymbol{\lambda}_v(t_f) - \boldsymbol{\Phi}_{r21}(t,t_0)\boldsymbol{\lambda}_v(t_0)] \quad \boldsymbol{\lambda}_v(t_0)]^{\mathrm{T}} \tag{6-16}$$

由式（6-14）～式（6-16）可计算出在给定脉冲下，机动过程中任意时刻的主矢量。此外，在确定脉冲个数、脉冲作用时刻以及无约束变量 $\boldsymbol{\varepsilon}$ 下，可直接计算出各脉冲的速度增量，进而得到式（6-11）的指标值。

综上，最优脉冲轨迹规划的优化变量包括脉冲的个数 m、脉冲施加时刻序列 $t = [t_1 \quad t_2 \quad \cdots \quad t_m]$ 以及无约束向量 $\boldsymbol{\varepsilon}$。将下层规划进一步分解为内外两层，外层寻找最优的脉冲个数和脉冲施加时刻序列，内层求解 $\boldsymbol{\varepsilon}$。内层属于无约束优化问题，此处采用序列二次规划（SQP）进行求解。算法初值选择能量最优解，以提升优化效率。

外层规划采用 Kara-Zaitri 等人提出的主矢量迭代计算方法[80]，即通过不断调整脉冲个数和脉冲施加时刻使主矢量变化满足上述提到的充分必要条件，下面对该算法步骤进行简述。

1）确定最大脉冲个数 N：共面交会 $N = 4$，异面交会 $N = 6$。

2）令 $m = 2$，$t = [t_0 \quad t_f]$，计算两脉冲交会下协态变量的最大模值 $|\boldsymbol{\lambda}_v|_{\max}$ 及对应的时刻 $t_{\max}$。

3）若已有脉冲的个数等于 N 转至步骤 4），反之在协态变量的最大模值处增加一中间脉冲并更新 $t_{\max}$。

4）调整脉冲的施加时刻：选取 $t_{\max}$ 左右最近的两个脉冲施加时刻 t_a、t_b，即 $t_a < t_{\max} < t_b$。分别进行以下三条判断：

a）若满足 $\dfrac{\mathrm{d}\boldsymbol{\lambda}^{\mathrm{T}}(t_a)}{\mathrm{d}t}\boldsymbol{\lambda}(t_a) > 0$ 且 $\dfrac{\mathrm{d}\boldsymbol{\lambda}^{\mathrm{T}}(t_b)}{\mathrm{d}t}\boldsymbol{\lambda}(t_b) < 0$，将脉冲时刻 t_a 移至 $t_{\max}$ 处 $(t_a \neq t_0)$，将脉冲时刻 t_b 也移至 $t_{\max}$ 处 $(t_b \neq t_f)$。

b）若满足 $\dfrac{\mathrm{d}\boldsymbol{\lambda}^{\mathrm{T}}(t_a)}{\mathrm{d}t}\boldsymbol{\lambda}(t_a) > 0$ 且 $\dfrac{\mathrm{d}\boldsymbol{\lambda}^{\mathrm{T}}(t_b)}{\mathrm{d}t}\boldsymbol{\lambda}(t_b) < 0$，将脉冲时刻 t_a 移至 $t_{\max}$ 处 $(t_a \neq t_0)$。

c）若满足 $\dfrac{\mathrm{d}\boldsymbol{\lambda}^{\mathrm{T}}(t_a)}{\mathrm{d}t}\boldsymbol{\lambda}(t_a) > 0$ 且 $\dfrac{\mathrm{d}\boldsymbol{\lambda}^{\mathrm{T}}(t_b)}{\mathrm{d}t}\boldsymbol{\lambda}(t_b) < 0$，将脉冲时刻 t_b 移至 $t_{\max}$ 处

$(t_b \neq t_f)$。

　　5）协态变量最大模值等于1时停止迭代，此时求得最优交会脉冲。

　　对于上层的次序优化问题，考虑的优化变量包括服务航天器对所有目标的交会次序以及交会的时间分配为

$$\boldsymbol{X} = [x_1 \quad x_2 \quad \cdots \quad x_n] \quad \boldsymbol{T} = [t_1 \quad t_2 \quad \cdots \quad t_n] \tag{6-17}$$

式中，n 表示目标航天器的数量，所有目标从 $1 \sim n$ 进行编号；$\boldsymbol{X}$ 表示交会次序，其中第 i 个元素 x_i 为 $1 \sim n$ 之间的任意整数，表示第 i 次交会的目标航天器编号。因此，$\boldsymbol{X}$ 的取值为 n 个数的组合排序。$\boldsymbol{T}$ 表示对目标的交会分配时间，即 t_i 表示服务航天器与第 x_i 个目标航天器交会所用时间。

　　综上，上层规划的本质是一个多目标混合整数非线性规划问题。另外，考虑服务航天器携带的推进剂所能提供的最大速度增量为 $\Delta v_{\max}$ 以及完成任务的总时间小于 $T_{\max}$ 这两项约束条件。上层规划模型可表示为

$$\min \quad f_1(\boldsymbol{X}, \boldsymbol{T}) = \sum_{i=1}^{n} \sum_{j=1}^{m_i} |\Delta v_{ij}|$$

$$\min \quad f_2(\boldsymbol{X}, \boldsymbol{T}) = \sum_{i=1}^{n} t_i \tag{6-18}$$

$$s.t. \begin{cases} \boldsymbol{X} \in \boldsymbol{M} \quad t_i > 0 \\ f_1(\boldsymbol{X}, \boldsymbol{T}) \leqslant \Delta v_{\max} \\ f_2(\boldsymbol{X}, \boldsymbol{T}) \leqslant T_{\max} \end{cases}$$

其中，$\boldsymbol{M}$ 为由 n 个整数进行全排列得到的集合。

6.2.2　基于差分进化算法的轨迹规划及算例仿真

　　针对轨迹规划问题，尤其是远距离大范围转移的轨道机动轨迹规划问题，与近距离多脉冲机动不同，Lawden 提出的最优脉冲理论不再是充分必要条件，而是退化为必要条件。因此，直接根据主矢量求取最优轨迹的一般方法不再适用。通常采用兰伯特变轨设计转移轨道，本节中采用差分进化算法确定多次兰伯特变轨速度脉冲时间与大小，从而得到最优转移轨道。

　　图 6-12 给出了一个在多次脉冲作用下的航天器转移轨迹示意图。其中，初始状态 $\boldsymbol{x}_0$、终端状态 $\boldsymbol{x}_f$ 以及交会总时间 T 均已知（状态 $\boldsymbol{x} = [\boldsymbol{r} \quad \boldsymbol{v}]^{\mathrm{T}}$ 包括航天器的位置矢量和速度矢量）。航天器在地球引力的作用下满足以下动力学方程为

$$\begin{cases} \dot{\boldsymbol{r}} = \boldsymbol{v} \\ \dot{\boldsymbol{v}} = -\dfrac{\mu \boldsymbol{r}}{r^3} \end{cases} \tag{6-19}$$

　　该方程的解可表示为 $\boldsymbol{x}(t) = f(\boldsymbol{x}_0, t_0, t)$。因此，在多次脉冲作用下满足

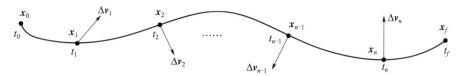

图 6 - 12　多脉冲交会轨迹示意图

$$\begin{cases} \boldsymbol{x}_1^- = f(\boldsymbol{x}_0, t_0, t_1) \\ \boldsymbol{x}_{i+1}^- = f(\boldsymbol{x}_i^+, t_i, t_{i+1}) \quad i = 1, 2, \cdots, n \\ \boldsymbol{x}_f = f(\boldsymbol{x}_n^+, t_n, t_f) \end{cases} \qquad (6-20)$$

式中，$\boldsymbol{x}_i^-$、$\boldsymbol{x}_i^+$ 分别表示第 i 次脉冲施加前后服务航天器的状态

$$\boldsymbol{x}_i^+ = \boldsymbol{x}_i^- + \begin{bmatrix} \boldsymbol{0} \\ \Delta \boldsymbol{v}_i \end{bmatrix} \qquad (6-21)$$

推进剂最优的优化指标为

$$J = \sum_{i=1}^n |\Delta \boldsymbol{v}_i| \qquad (6-22)$$

综上，多脉冲轨迹规划的实质就是在满足终端状态约束下，寻找一系列脉冲使式（6-22）取得最小值。

针对上述规划问题，唐国金等[81]总结了以脉冲矢量为优化变量和以脉冲位置为优化变量的两种主要求解模型。本节采用了第一种，即将脉冲的施加时刻 $t = \begin{bmatrix} t_1 & t_2 & \cdots & t_n \end{bmatrix}$ 以及前 $n-2$ 次脉冲矢量 $\boldsymbol{V} = \begin{bmatrix} \Delta \boldsymbol{v}_1 & \Delta \boldsymbol{v}_2 & \cdots & \Delta \boldsymbol{v}_{n-2} \end{bmatrix}$ 作为轨迹规划的两个优化变量。在给定上述两个变量以及 $\boldsymbol{x}_0$、$\boldsymbol{x}_f$ 和 T 下，可求得 $\boldsymbol{x}_{n-1}^-$ 和 $\boldsymbol{x}_n^+$，即 $\Delta \boldsymbol{v}_{n-1}$ 施加前和 $\Delta \boldsymbol{v}_n$ 施加后的服务航天器位置速度。在最后一段转移中，直接由两脉冲兰伯特转移计算最后两次速度增量，以满足终端位置速度的约束为

$$(\Delta \boldsymbol{v}_{n-1}, \Delta \boldsymbol{v}_n) = \mathrm{Lambert}(\boldsymbol{x}_{n-1}^-, \boldsymbol{x}_n^+, t_n - t_{n-1}) \qquad (6-23)$$

至此，n 次脉冲的速度增量均已知，可求得指标式（6-22）的值。

上述规划模型中要求脉冲的施加个数 n 已知。罗亚中等[82]提出一种基于主矢量的交互式求解算法，以确定最优的脉冲个数。然而求解过程需要有人参与其中，并判断主矢量变化曲线，操作比较复杂。本书采用更加简单的工程思路，选取一个脉冲个数的最大值 $n_{\max}$。n 从 $2 \sim n_{\max}$ 依次遍历，求得指标式（6-22）最小时对应的 n，即最优脉冲个数。在罗亚中给出的一系列算例中，最优脉冲通常为 3 或 4。因此，将 $n_{\max}$ 取为 5，n 的取值为 $\{2, 3, 4, 5\}$。

图 6-13 所示为远距离共面交会轨迹规划算法的流程图，在每次迭代中首先执行差分进化算法的差分变异、交叉以及选择操作。之后对种群中适应度靠前的精英个体执行梯度下降搜索，以寻找局部最优值。此处采用的局部搜索模式为 Lamarckian 模式，即经局部搜索得到的优势个体将替代原个体进入新一轮的迭代寻优中。

需要说明的是局部搜索采用的数值梯度计算方法是利用差分近似微分。即选取 x 在每一维度上的前后两点，并计算相应指标函数值。由两函数值之差除以自变量之差，得到 $\boldsymbol{x}$

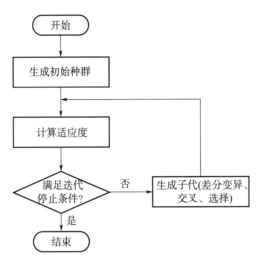

图 6-13 远距离共面交会轨迹规划算法的流程图

在该维度上的近似微分。因此在求得数值梯度过程中需要进行 $2\dim(\boldsymbol{x})$ 次指标函数的计算。另外，局部搜索中对搜索的步长采用自适应的方式进行调整，初始步长由相邻个体间的平均距离确定。

下面给出一个远距离交会轨迹规划的算例。表 6-5 所示为两航天器初始轨道根数，服务航天器与目标航天器运行在近似共面的地球同步轨道上。交会距离设为 0，交会用时设为 2.5 天。表 6-6 所示为单独运行 10 次轨迹规划得到的统计结果，可见 4 脉冲对应的交会总速度增量最小。为进一步验证算法的有效性，本书还采用了混沌遗传算法和模拟退火算法对该算例进行求解。表 6-7 所示为几种算法的求解结果对比，可见在相同指标计算次数下，本节算法得到的脉冲总速度增量最小。模拟退火算法求得的解总速度增量较大，原因在于该算法的全局搜索能力较差。图 6-14 所示为所求最优轨迹下的主矢量模值变化曲线，可见其满足 Lawden 最优脉冲机动的必要条件。当然非线性交会下满足该条件也不能说明一定找到了推进剂最优轨迹，仅作为一个求解结果的参考。图 6-15 所示为所求最优脉冲的作用下，两航天器的相对轨迹。

表 6-5 两航天器初始轨道根数

轨道根数	服务航天器	目标航天器
半长轴/km	42 166	42 166
偏心率	0.001	0.001 5
轨道倾角/(°)	0.01	0.012
升交点赤经/(°)	5.32	5.3
近地点幅角/(°)	0	0
真近点角/(°)	0	8

表 6-6　远距离共面交会轨迹规划结果

脉冲个数	总速度增量均值/(m/s)	方差/(m/s)	指标计算次数
2	46.151 7	6.28e-06	6 191
3	23.035 2	0.077 8	25 222
4	22.584 8	0.375 2	24 623
5	23.154 7	0.161 3	25 236

表 6-7　不同算法求解结果对比

不同算法	总速度增量/(m/s)	脉冲施加时刻/s	脉冲速度增量/(m/s)
差分进化算法	22.156 2	3.40	[0.419, -4.521, -0.000 8]
		33 642.88	[3.608, 5.433 8, 0.000 9]
		182 029.70	[-5.563, 3.850, -0.031]
		216 000	[1.621, -4.011, -0.131]
混沌遗传算法	23.525 8	16 519.658 4	[10.745, -2.702, -0.000 7]
		17 149.147 2	[0.361, -0.015 5, -7.56e-05]
		118 342.62	[-0.178, 0.299, -0.098]
		185 420.124	[-11.437, 2.566, 0.073]
模拟退火算法	24.118 7	42 929.60	[-0.545, 11.211, 0.002]
		78 053.01	[-0.130, -0.335, -5.61e-05]
		178 031.87	[-1.767, -0.076, -0.057]
		216 000	[1.076, -10.710, -0.159]

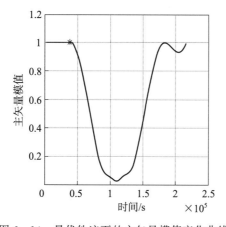

图 6-14　最优轨迹下的主矢量模值变化曲线

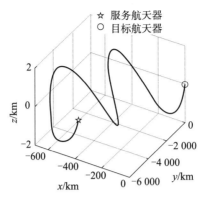

图 6-15　远距离交会相对轨迹

6.2.3　基于 NSGA-Ⅱ 和 MOEA/D 的轨道次序规划及算例仿真

在近距离交会情况下，使用多脉冲机动方法设计机动轨迹，使用 NSGA-Ⅱ 和 MOEA/D 两种进化算法进行次序任务规划，并引入神经网络进行改进，在进化算法进入迭代优化后，首先对种群进行选择操作。求解流程图如图 6-16 所示，算法采用的选择依据为支配排序和排挤度距离。之后由被选中的个体生成新的种群。算法中使用交叉、变异算子生成新个体。所有个体均包含交会顺序 X 和交会分配时间 T 两部分。其中，交会顺序使用实数编码，交会分配时间使用二进制编码。在交叉操作中，X 采用 PBX 交叉方式，以保证交叉后的个体交会次序不存在对目标的重复和遗漏。T 采用常用的两点交叉。在变异操作中，X 的变异方式为随机挑选 i，j 两个位置并交换 x_i 与 x_j。T 的变异方式为基本位变异，即随机挑选染色体上的一个基因取相反数后加 1（实现 0、1 转换）。

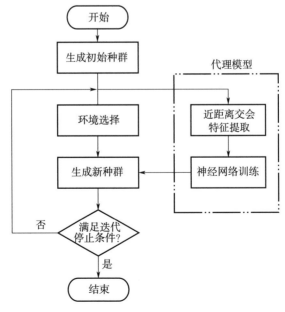

图 6-16　近距离交会次序及交会分配时间求解流程图

给出一组包含六个目标航天器的仿真算例。表 6 - 8 所示为初始时刻下服务航天器与目标航天器的轨道根数。图 6 - 17 所示为以服务航天器为中心的相对位置示意图，所有目标与服务航天器相对距离均在 300 km 以内。

表 6 - 8　初始时刻下服务航天器与目标航天器的轨道根数

	半长轴/km	偏心率	轨道倾角/(°)	升交点赤经/(°)	近地点幅角/(°)	真近点角/(°)
服务航天器	42 166	0.0001	0.01	0	0	15
目标 1	41 740.288	0.005 0	0.161 78	101.031 4	95.932 4	178.043 5
目标 2	41 802.371	0.004 6	0.239 49	102.616 9	70.039 0	202.244 53
目标 3	42 122.827	0.004 2	0.242 82	287.289 7	183.527 1	263.941 31
目标 4	41 961.994	0.005 1	0.174 73	102.149 4	29.980 7 7	242.608 17
目标 5	41 971.263	0.005 3	0.277 08	286.986 4	202.611 7	245.120 16
目标 6	42 116.029	0.005 1	0.086 85	98.886 97	180.812 8	95.591 473

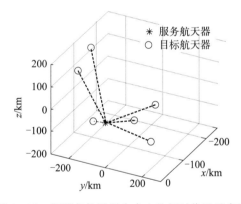

图 6 - 17　以服务航天器为中心的相对位置示意图

设定交会任务最长时间为 5 天，最大速度增量为 5 km/s。该算例可代表一类服务航天器对周围多个编队航天器进行在轨服务的典型情况。服务航天器在小范围内进行轨道机动，并根据任务的紧急程度和推进剂量选取最佳的交会机动策略。表 6 - 9 所示为多航天器近距离交会求解算法参数值。表 6 - 10 给出了求得的众多非支配解中时间最优和推进剂最优这两个最具代表性的求解结果，表 6 - 11 给出了对应的机动策略。时间最优下交会任务只需 4 107.62 s 即可完成，需要的总速度增量几乎达到了给定的约束上限。而且在与每个目标单独交会中，均采用两脉冲机动。推进剂最优下交会所需的总速度增量为 0.154 8 km/s，在各次交会中施加的脉冲个数并不固定。图 6 - 18 和图 6 - 19 分别为 NSGA - Ⅱ 和 MOEA/D 求得的 Pareto 最优边界。

表 6 - 9　多航天器近距离交会求解算法参数值

	NSGA - Ⅱ	MOEA/D
种群规模	200	200
最大指标计算次数	15 000	15 000
交叉概率	0.8	—
变异概率	0.02	—
领域变量	—	4

表 6 - 10　多航天器近距离交会求解结果

	时间最优	推进剂最优
交会次序	4—2—5—3—6—1	2—1—4—5—3—6
时间/s	4 107.62	284 925.317
总速度增量/(km/s)	4.912 7	0.154 8

表 6 - 11　多航天器近距离交会机动策略

交会次数	时间最优			推进剂最优		
	脉冲个数	交会用时/s	速度增量/(km/s)	脉冲个数	交会用时/s	速度增量/(km/s)
1	2	397.57	1.275 4	2	10 436.27	0.053 3
2	2	390.29	0.779 6	2	10 219.37	0.009 4
3	2	830.92	0.985 4	2	12 150.62	0.025 9
4	2	356.81	0.483 7	6	37 691.08	0.025 2
5	2	1 102.48	0.822 5	4	102 480.59	0.016 8
6	2	1 029.54	0.566 1	6	111 947.40	0.024 3

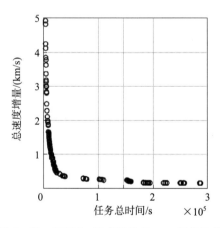

图 6 - 18　NSGA - Ⅱ求得的 Pareto 最优边界

　　对于远距离机动次序规划问题，所用算法与近距离一致，在上文远距离交会轨迹规划算例仿真的基础上，给出一组多目标航天器的交会任务规划算例。本节选取了一组典型的地球静止轨道卫星在某时刻的数据，各个卫星轨道面间存在较小的偏差，满足近似共面。

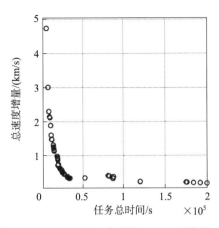

图 6 - 19　MOEA/D 求得的 Pareto 最优边界

表 6 - 12 和表 6 - 13 所示为设定的目标航天器轨道根数和服务航天器轨道根数。给定最长任务时间为 10 天，服务航天器能够提供的最大速度增量为 10 km/s。该算例代表一类服务航天器对相同轨道面上的多个目标航天器进行在轨服务的情况。在太阳同步轨道或地球静止轨道这样的特殊轨道上，共面交会机动策略规划具有重要意义。

表 6 - 12　远距离交会目标航天器轨道根数

编号	半长轴/km	偏心率	轨道倾角/(°)	升交点赤经/(°)	近地点幅角/(°)	真近点角/(°)
1	42 163.536 36	0.001 053	2.079	84.264	304.96	356.422
2	42 164.534 32	0.000 397	1.945	49.293	34.72	358.136
3	42 164.979 49	0.000 179	3.483	84.876	43.69	254.467
4	42 165.236 84	0.002 918	0.215	264.279	218.74	355.422
5	42 165.615 59	0.000 397	1.945	49.293	34.72	358.136
6	42 165.020 14	0.000 499	1.265	91.649	34.403	209.128
7	42 164.403 68	0.000 37	2.076	282.727	221.82	173.917

表 6 - 13　远距离共面交会服务航天器轨道根数

服务航天器 轨道根数	半长轴/km	偏心率	轨道倾角/(°)	升交点赤经/(°)	近地点幅角/(°)	真近点角/(°)
	42 164.700 55	0.000 295	0.018	69.515	66.437	46.724

采用 NSGA - Ⅱ 求解上述算例，表 6 - 14 所示为多航天器远距离交会求解算法参数值，图 6 - 20 所示为远距离交会 Pareto 最优边界。表 6 - 15 所示为求得的非支配解集中时间最优和推进剂最优这两个最具代表性的解。表 6 - 16 所示为多航天器远距离交会机动策略。

表 6 - 14　多航天器远距离交会求解算法参数值

参数	NSGA - Ⅱ
种群规模	200
最大指标计算次数	20 000

续表

参数	NSGA - Ⅱ
交叉概率	0.8
变异概率	0.02

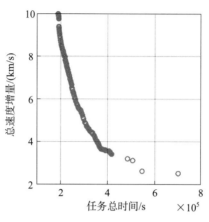

图 6 - 20　远距离交会 Pareto 最优边界

表 6 - 15　多航天器远距离交会求解结果

	时间最优	推进剂最优
交会次序	7 - 5 - 3 - 1 - 6 - 2 - 4	4 - 2 - 6 - 1 - 3 - 5 - 7
时间/s	188 390.024	701 879.841
总速度增量/(km/s)	9.987 7	2.415 4

表 6 - 16　多航天器远距离交会机动策略

交会次数	时间最优			推进剂最优		
	脉冲个数	交会用时/s	速度增量/(km/s)	脉冲个数	交会用时/s	速度增量/(km/s)
1	2	40 985.032	1.768 6	2	76 292.116	0.662 0
2	2	26 936.608	0.901 7	2	90 341.700	0.247 6
3	2	34 914.012	1.458 3	2	57 583.497	0.401 4
4	2	7 783.577	0.556 6	3	83 144.587	0.562 8
5	2	20 439.406	2.832 4	3	71 501.274	0.091 0
6	2	16 614.728	1.488 1	2	255 153.77	0.160 7
7	2	40 716.661	0.982 0	2	67 862.897	0.289 9

　　图 6 - 21 所示为时间最优和推进剂最优解对应的服务航天器交会路径示意图。将所有航天器的轨道投影至赤道平面。图 6 - 21 中横纵坐标表示了航天器的投影位置。可见，时间最优和推进剂最优对应的目标航天器访问顺序均为沿轨道依次访问，而访问方向恰好相反。

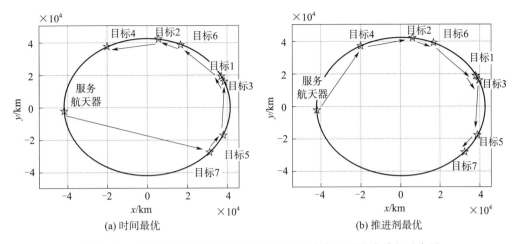

图 6-21　时间最优和推进剂最优解对应的服务航天器交会路径示意图

6.2.4　考虑多轨道面混合目标的任务规划算例仿真

对于多轨道面混合的任务规划问题，对于和服务航天器共面的目标采用兰伯特转移的方式实现共面交会，而针对服务航天器和目标航天器存在轨道面夹角较大的情况，本节采用了一种固定时间下的四脉冲机动方式。服务航天器始终运行在自己的轨道平面上，并在目标航天器穿越己方轨道面时，抵近到穿越点上实现两航天器位置的交会。这种方式可以避免服务航天器做轨道面的调整而耗费大量推进剂。图 6-22 给出了两个轨道的示意图，目标航天器由 A、B 两点穿越服务航天器轨道面。其中自下而上的穿越点为 B，自上而下的穿越点为 A。AB 为两轨道面交线。

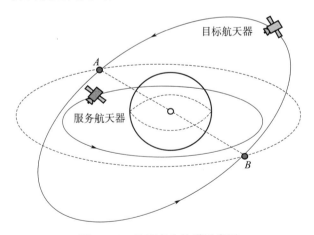

图 6-22　异面交会轨道示意图

目标航天器的轨道角动量记为 $\boldsymbol{h}_1$，服务航天器的轨道角动量记为 $\boldsymbol{h}_2$。则轨道面交线方向上的单位矢量 $\boldsymbol{l}$ 可表示为

$$l = \frac{h_1 \times h_2}{|h_1 \times h_2|} \qquad (6-24)$$

初始时刻下目标航天器的位置矢量记为 r_0，平近点角记为 M_0。由式（6-24）可以计算得到目标航天器位置矢量与 AB 的夹角 q

$$q = \arccos \frac{l \cdot r_0}{|r_0|} \qquad (6-25)$$

以图 6-22 为例，若初始时刻下目标航天器位于交线 AB 的"上半部分"，则目标航天器将先经过 A 点，并于轨道上运转 $180°$ 相角后经过 B 点。反之则先经过 B 点，后经 $180°$ 相角到达 A 点。定义判别矢量 h'

$$h' = \frac{r_0 \times l}{|r_0|} \qquad (6-26)$$

若 h' 与 h_1 方向相同，则目标航天器初始位于交线 AB 的"上半部分"；若方向相反，则目标航天器初始位于交线 AB 的"下半部分"。根据上述判别依据可计算出 A、B 两点在目标航天器轨道上的平近点角 M_a、M_b 以及对应的位置矢量 r_a、r_b，进而可计算出目标航天器在一个轨道周期内由初始时刻经过 A、B 两点的时间

$$\begin{cases} t_a = t_0 (M_a - M_0)/2\pi \\ t_b = t_0 (M_b - M_0)/2\pi \end{cases} \qquad (6-27)$$

式中，t_0 表示目标航天器的轨道周期。总时间大于 t_0 时，目标航天器将多次穿越服务航天器的轨道面。根据式（6-27）易推算出由初始时刻到目标航天器第 m 次穿越轨道面所用的时间为

$$T = g(m) = \begin{cases} t_1 + [(m-1)/2]t_0 & m \text{ 为奇数} \\ t_2 + (m/2-1) t_0 & m \text{ 为偶数} \end{cases} \qquad (6-28)$$

式中，t_1、t_2 表示前两次穿越的时间（t_1 为 t_a 和 t_b 中的最小值，t_2 为 t_a 和 t_b 中的最大值）。另外，m 也确定了目标航天器穿越服务航天器轨道面时的穿越点（A 或 B）。

综上所述，本节中的异面交会实质就是，服务航天器在由给定的 m 值确定的交会时间下，抵近到相应的穿越点上。为本书设计采用的四脉冲转移轨迹示意图如图 6-23 所示。服务航天器在起始时位于圆轨道上，经过一次霍曼变轨进入过渡轨道。根据初始时的轨道高度及与交会点的相角差确定在过渡轨道上的漂移时间 T_1，然后再进行一次霍曼变轨达到交会点。此时目标航天器也恰好到达同一位置。根据上述过程，服务航天器在整个转移过程中需要满足下面两个时间相角方程为

$$\begin{cases} T_{w1} + T_1 + T_{w2} = T \\ 2\pi + T_1 w_1 = q + 2k\pi \end{cases} \qquad (6-29)$$

式中，T_{w1}、T_{w2} 表示两次霍曼转移的时间；T_1 表示过渡轨道上的漂移时间；w_1 表示过渡轨道角速度；T 表示交会总时间；q 表示初始的相角差；k 是一个需要优化的圈次变量，式（6-29）可进一步化简得到

$$2\pi - 2k\pi - q + \left[T - \pi \sqrt{\frac{(r_0+r_1)^3}{8\mu}} - \pi \sqrt{\frac{(r_1+r_2)^3}{8\mu}} \right] \sqrt{\frac{\mu}{r_1^3}} = 0 \qquad (6-30)$$

式中，r_0、r_1、r_2分别表示初始轨道高度、过渡轨道高度以及交会点与地心距离；μ 为地球引力常数。在给定交会点位置以及参数 k 后，通过牛顿迭代等数值方法求解式（6-30）即可算出过渡轨道高度 r_1，进而得到交会的总速度增量。参数 k 的确定可通过遍历 $0 \sim [T/T_0]$ 间的所有整数，取速度增量最小时对应的 k 值。上述求解异面交会的过程可由式（6-31）抽象表达

$$(\Delta \boldsymbol{V}, t) = F(r_0, r_2, q, T) \tag{6-31}$$

其中 $\Delta \boldsymbol{V} = [\Delta \boldsymbol{v}_1 \quad \Delta \boldsymbol{v}_2 \quad \Delta \boldsymbol{v}_3 \quad \Delta \boldsymbol{v}_4]$ 表示各次脉冲速度增量，$t = [T_{w1} \quad T_1 \quad T_{w2}]$ 表示各段时间。

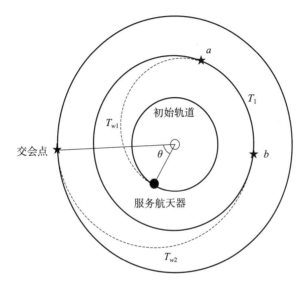

图 6-23　服务航天器转移示意图

本书设计了一组包含六个目标航天器的仿真算例，表 6-17 所示为初始时刻下服务航天器的轨道根数，表 6-18 所示为目标航天器轨道根数。其中前三个与服务航天器处于同一轨道面内，后三个运行在不同于服务航天器的轨道面内。图 6-24 所示为服务航天器及目标的初始轨道分布示意图。对于同轨道面内的目标，服务航天器执行接近伴飞任务，设定抵近至目标速度方向上 5 km 的位置。对于不同轨道面内的目标，服务航天器执行近距离成像任务。

所有目标均位于圆轨道上。对于同一轨道面内的目标，服务航天器采用兰伯特机动实现交会，在交会时刻保证与目标具有相同运动速度。对于异面目标，为避免调整轨道面产生的巨大推进剂消耗，服务航天器仅在目标经过自身轨道面内时，机动至穿越点实现短暂的交会。给定最长任务时间为 50 天，服务航天器能够提供的最大速度增量为 1 km/s。

表 6 - 17　初始时刻下服务航天器的轨道根数

轨道根数	数值
半长轴/km	42 164.700 55
偏心率	0
轨道倾角/(°)	0.01
升交点赤经/(°)	0
近地点俯角/(°)	66.437
真近点角/(°)	46.724

表 6 - 18　目标航天器轨道根数

编号	半长轴/km	轨道倾角/(°)	升交点赤经/(°)	近地点幅角/(°)	真近点角/(°)	任务类型
1	42 165.175 17	0.01	0	185.143	115.154	伴飞
2	42 164.813 81	0.01	0	64.96	161.24	伴飞
3	42 164.889 78	0.01	0	124.881	219.701	伴飞
4	42 165.551 95	4.5	252.964	250.755	286.179	观测
5	42 164.623 18	2.6	355.114	110.59	205.704	观测
6	42 164.624 02	3.8	89.003	40.034	344.379	观测

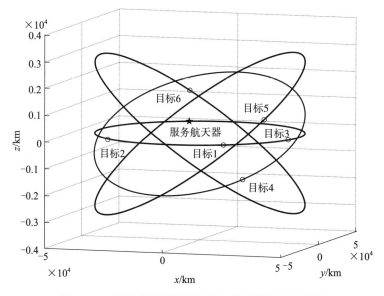

图 6 - 24　服务航天器及目标的初始轨道分布示意图

　　采用 NSGA - Ⅱ算法求解上述算例，优化变量包括交会次序和对每个目标的交会用时两项

$$\boldsymbol{X} = [x_1 \quad x_2 \quad \cdots \quad x_n] \quad \boldsymbol{T} = [t_1 \quad t_2 \quad \cdots \quad t_n] \quad (6-32)$$

式中，n 表示目标航天器的数量，所有目标从 $1 \sim n$ 进行编号。$\boldsymbol{X}$ 表示交会次序，其中第 i 个元素 x_i 为 $1 \sim n$ 之间的任意整数，表示第 i 次交会的目标航天器编号。因此，$\boldsymbol{X}$ 的取值为 n 个数的组合排序。$\boldsymbol{T}$ 表示对目标的交会分配时间，若 x_i 为共面目标，则对应的 t_i 为连

续变量，表示单次交会用时。若 x_i 为异面目标，则对应的 t_i 为整数变量，表示在上一次交会后，目标航天器第几次经过服务航天器轨道面时实现交会。因此，T 中包含了连续变量和整数两类，在进行交叉变异时需要分开处理。

表 6-19 所示为 NSGA-Ⅱ 的算法参数值。

表 6-19　NSGA-Ⅱ 的算法参数值

种群规模	200
进化代数	120
交叉概率	0.8
变异概率	0.02

图 6-25 所示为多航天器交会 Pareto 最优边界。表 6-20 所示为求得的非支配解集中时间最优和推进剂最优这两个最具代表性的解。表 6-21 所示为多航天器交会机动策略。推进剂最优解对应的总速度增量为 167.4 m/s，所需的任务总时间达到了 46.2 天。时间最优解对应的任务时间为 12.2 天，总速度增量达到了 999.3 m/s。其余的非支配解均位于此范围内。另外，从计算结果可以看到，服务航天器在与共面目标的交会中，需要消耗更多的推进剂。图 6-26 和图 6-27 进一步给出了优化过程中推进剂最优解和时间最优解的收敛曲线。图 6-28 所示为服务航天器对所有目标的交会次序示意图，图中将目标航天器轨道均投影到了服务航天器轨道面内。

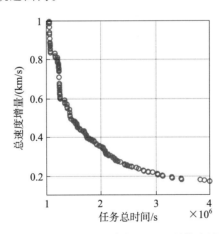

图 6-25　多航天器交会 Pareto 最优边界

表 6-20　多航天器交会规划结果

	时间最优	推进剂最优
交会次序	6-4-3-5-1-2	6-4-3-5-1-2
时间/天	12.2	46.2
共面目标速度增量/(m/s)	809.9	109.7
异面目标速度增量/(m/s)	189.4	54.7
总速度增量/(m/s)	999.3	167.4

表 6 - 21　多航天器交会机动策略

交会次数	时间最优		推进剂最优	
	交会用时/s	速度增量/(m/s)	交会用时/s	速度增量/(m/s)
1	123 441.120	1.558 7	425 020.312	0.330 2
2	221 936.909	121.997 9	652 788.503	35.306 2
3	104 636.926	395.319	792 829.978	53.720 3
4	292 848.089	65.847 6	897 113.050	19.064
5	48 803.062	249.908	260 070.575	21.380
6	265 741.050	164.752	964 493.170	37.654

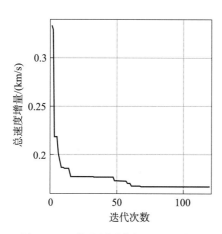

图 6 - 26　推进剂最优解的收敛曲线

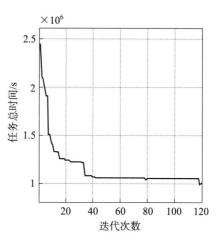

图 6 - 27　时间最优解的收敛曲线

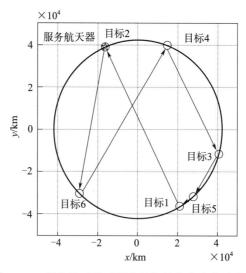

图 6 - 28　服务航天器对所有目标的交会次序示意图

6.3　轨道机动任务规划研究未来展望

如图 6 - 29 所示，用于车辆调度、旅行商问题（TSP）、航天器在轨规划等调度问题的算法主要有三类，第一类是针对较小规模、较为简单的模型，建立经典运筹学的模型，采用确定性的求解算法，例如列生成法[83]、分支定界法[84]等，这类方法可以求得此问题的精确最优解；例如，Koki Ho 等人在解决服务航天器和客户星共圆轨道的任务规划问题时，将其建模为混合整数线性规划问题，以求得其最优解。第二类为启发式算法，通常针对特定的问题，设定一些启发式规则，帮助更加快速地搜索到最优解[85]，例如文献 [86]利用贪婪随机自适应搜索过程确定了航天器间最优的 P2P 在轨加注顺序。第三类为元启发式算法，用于求解规模较大、较为复杂的 NP - hard 问题，此时传统的运筹学难以求解，计算机硬件的限制也使暴力搜索类算法不再适用，因此考虑选用元启发式算法，这类方法虽然不能得到严格的最优解，但是可以较为高效地得到较优解，经典的元启发式算法包括"单点单路径"搜索和"多点多路径"搜索两种；进化算法是较为普遍地用于求解航天器在轨服务任务规划问题的算法。文献 [87] 针对空间多碎片清除任务提出了基于蚁群优化算法的进化精英俱乐部算法。Jennifer Hudson 的团队在文献 [88] 中考虑了航天器的价值、操作时间和操作风险，利用遗传算法解决了地球同步轨道机器人维修航天器的任务服务顺序规划问题。

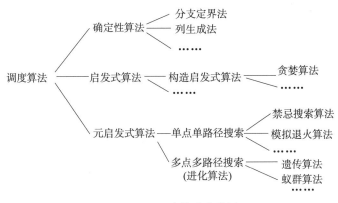

图 6 - 29　调度算法分类图

航天器的在轨服务规划问题由于轨道动力学的复杂性和转移代价高度依赖时间，变得十分复杂，在考虑时间约束时，搜索空间也变得很大，因此比较适于采用元启发式算法进行求解。而遗传算法（GA）是一种基于自然选择的优化算法，借鉴了生物种群中优胜劣汰的机制，在很多优化问题（尤其是 NP - Hard 问题）中获得了广泛的应用，具有很好的全局搜索能力。目前，遗传算法是较为普遍用于求解此类问题的算法。

不同类型的多对多在轨服务任务可视为航天器连续交会问题[89]。目前的建模多基于车辆路径问题（VRP）[90]、旅行商问题[91]等，通常以有向图来表示；当搜索空间的规模增大时，这是一个典型的 NP - hard 问题，通常采用元启发式智能优化算法对问题求解，如遗传算法[92-94]、蚁群算法[95]、粒子群算法、模拟退火算法[96-97]等。此类智能算法虽然具有较优的全局搜索能力,但是局部搜索能力较差,通常得到的是局部最优解。总的来看,现有多目标任务规划仍有一些不足,在未来存在改进空间。

1) 目前的研究多针对特定的航天器群,采用经典的脉冲机动变轨策略。此类变轨策略在时间和空间上不够灵活,例如调面变轨策略,在一个轨道周期内最多存在两个可机动点。然而,控制和确定轨道交会时间以应对任务期限限制在某些紧急的任务情况下是必要的。

2) 目前的研究对在轨服务任务的约束考虑较为单一,主要考虑位置和速度的一致性约束;在实际工程中,确保在轨服务的实现需要考虑复杂的约束,例如,在轨巡查任务需要实现抵近观测等操作,还有抵近成像任务本身的目的就是更好成像,这些操作大多依赖于视觉信息,而近地航天器在轨运行时仅一半的时间处于阳照区,且光照角度的不同也影响观测的质量,因此,处理此类任务的规划问题时,考虑由光照条件导致的任务时间窗口约束是十分必要的,而已有的研究中较少提及。

3) 在较为成熟的敏捷卫星对地观测的任务规划研究中,光照和云层的不确定性对任务收益的影响等都是需要考虑的因素。然而,在轨服务任务规划中,对服务航天器的需求不确定性等方面的考虑较少,在预规划过程中对目标航天器的不确定的研究还较为欠缺。

4) 近年来,结合神经网络的深度强化学习算法发展迅速,知名的alphaGO就是应用强化学习的算法训练的人工智能。在航天领域,针对一些博弈和规划任务中都有此类研究,但这些研究大多都停留在算法仿真阶段,难以落地,需要考虑到实际太空环境的各种因素,建立更加精确的任务模型;同时降低算法复杂度,提高稳定性,这也是制约强化学习算法在航天器上应用的重要原因;现有算法仍有提升空间,还没有权威的普适性算法可供数据不够丰富的情况下来进行应用,需要对通用性更好的算法进行进一步研究,这样才能真正在航天器算法层面实现更新换代。

6.4　小结

本章针对多目标的轨道机动任务需要,进行任务规划研究,首先介绍了任务规划几类常用的优化算法,并根据相关算法分别完成了巡航普查任务规划和在轨维护任务规划,并给出了典型的高轨算例。对前面章节只考虑单个目标的机动情况进行补充,更符合空间任务中的复杂实际问题。最后展望了轨道机动任务规划未来的研究发展,为读者提供了几点思路。

第7章　航天器决策推演系统工程实现

在介绍完上述内容后，本书已经针对五类空间机动任务完成从建模到机动策略选取、仿真算例实现和效能评估整个流程的设计，为了便于同类问题的快速实现和研究成果的有效应用，需要根据上述内容构建仿真决策推演支持软件，为相关的研究和工程问题提供支持。

7.1　航天器决策推演系统功能划分

如图7-1所示，航天器决策推演系统主要由任务筹划与仿真决策总控软件、仿真场景显示软件、模拟成像效能软件、效能评估软件四部分组成。

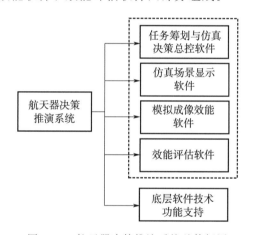

图7-1　航天器决策推演系统总体框图

航天器决策推演系统信息流图如图7-2所示。

任务筹划与仿真决策总控软件启动以后，任务筹划模块会接收并处理用户输入的任务需求，生成相应的筹划结果；得到筹划结果后，任务仿真模块会根据该结果进行一系列仿真处理最后给出仿真结果。为了高效、可靠地驱动仿真场景显示软件和效能评估软件，仿真结果不采用同步传输，而是采用先存后传的方法。这样耗时的操作就转嫁给任务仿真模块，仿真结果与数传模块实际完成的就是先查询后传输这一过程。

7.1.1　任务筹划与仿真决策总控软件

任务筹划与仿真决策总控软件包括任务筹划模块、任务仿真模块、仿真结果存储与数传模块，如图7-3所示。

任务筹划模块是该软件中最重要的模块，涵盖了两脉冲、多脉冲以及连续小推力等多

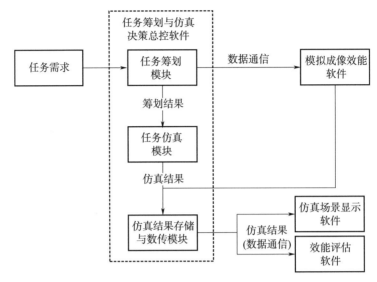

图 7 - 2　航天器决策推演系统信息流图

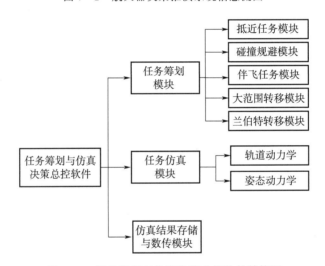

图 7 - 3　任务筹划与仿真决策总控软件结构图

种轨道转移方案。在任务筹划模块中，对在轨工作模式的姿轨控策略、载荷工作时序策略进行筹划，通过超实时仿真评估轨道机动结果、载荷可见窗口、载荷工作效能，解决了多种在轨工作模式下的航天器工作策略寻优难题，发挥了决策支持的作用。

　　根据本书的相关内容，主要涉及的筹划任务包括抵近机动任务、伴飞机动任务和碰撞预警任务，针对任务筹划模块中包含的不同任务需求，该模块给出相应实现最优控制策略的轨道转移方案后，生成相对应的任务筹划结果，在后续内容中将对这部分内容进行详细的介绍与演示。再将任务筹划结果传输给任务仿真模块进行仿真，任务仿真模块根据轨道动力学和姿态动力学调用相关参数设置，进行仿真验证，任务仿真模块产生的仿真结果均会存储在任务仿真模块中的仿真数据库中。用户需要根据任务需求结合仿真结果判断筹划结果是否符合要求，具体的工作流程如图 7 - 4 所示。

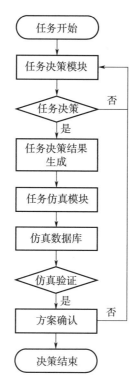

图 7 - 4　任务筹划与仿真决策总控软件工作流程图

7.1.2　仿真场景显示软件

依据软件系统的总体设计，仿真场景显示软件的开发分成场景建模、场景配置以及场景驱动三个部分。其中，场景建模主要分为航天器模型、载荷模型、地球模型。对于航天器的建模，可以采用背景图或横截面放样等方法建立。为实现局部运动的逼真模拟，得到真实感很强的航天器模型，可以创建物体所有关键处的横截面，然后把这些横截面采用放样工具相连。场景配置包括二维场景和三维场景。场景的建立主要目的在于显示轨道信息与轨道变化，主要显示方式有二维星下点轨迹显示和三维航天器绕飞显示。场景驱动包括人机交互和输出显示。其结构示意图如图 7 - 5 所示。

仿真场景显示软件的主要功能如下：

1）具有航天器围绕地球飞行的三维显示功能；

2）可根据读取仿真数据库中的配置文件信息，完成场景的初始化，包括地球及太阳的位置、地球的自转等一系列信息；

3）可根据读取仿真数据库中的配置文件信息，完成航天器的初始化，包括航天器的位置和姿态角度等一系列的信息；

4）可根据读取仿真数据库中的仿真结果信息，实时更新当前航天器的状态，显示航天器运行的历史轨迹；

5）具有仿真结果场景显示软件的整体框架，包括菜单栏、左侧树状结构（包括航天器、地面站以及各自附属的探测器或者天线等活动部件）、场景标签栏（二维、三维，具备自主添加功能）、三维场景视角控制、状态栏（显示时间等信息）；

6）控制仿真速度，实现加、减速功能，并且具有多倍速率可选、自定义回放功能；

7）可在三维场景中显示相对轨迹，任取服务航天器和目标航天器；轨迹显示时间可设置，设置过去和未来一段时间。

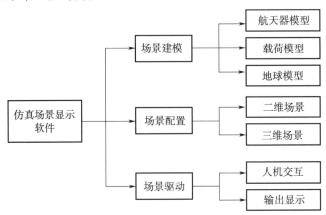

图 7-5　仿真场景显示软件的结构示意图

以下将以图片的形式简要介绍仿真场景显示软件的功能。

（1）仿真场景显示软件运行界面

单击工程菜单栏里面的连接服务器选项，仿真场景显示软件就与任务筹划与仿真决策总控软件连接，成功连接后，主界面下方的状态信息显示框中显示"连接服务器成功"信息，场景显示界面上服务航天器与目标航天器则按照任务筹划与仿真决策总控软件传输的仿真数据进行三维显示，如图 7-6 和图 7-7 所示，在显示时可以通过拖动鼠标进行视角的左右拖动，通过鼠标右键和滚轮可以进行视角的放大与缩小。在服务航天器与目标航天器进行三维绕飞演示时，由不同的轨道颜色区分目标航天器与服务航天器，可以在场景显示界面上看到服务航天器与目标航天器运行的完整轨迹。

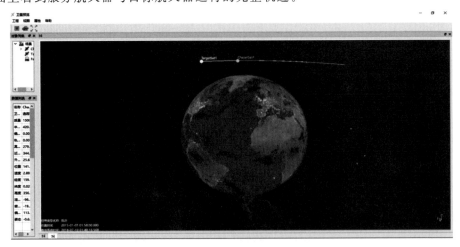

图 7-6　仿真场景显示软件运行示意图

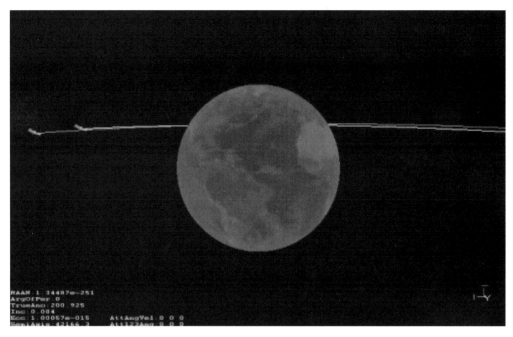

图 7-7　仿真场景显示软件视角放大示意图

（2）视图菜单栏

仿真场景显示显示视图菜单栏示意图如图 7-8 所示，在视图菜单栏中具有归位、跟随、全屏模式三个选项，单击"跟随"选项后，会弹出一个跟随设置窗口，在设置窗口中可以选择从地球看目标航天器的视角、从服务航天器看目标航天器的视角，从目标航天器看服务航天器的视角。以从服务航天器看目标航天器的视角为例，从目标航天器看服务航天器与图 7-9 类同。这时单击视图菜单栏中的"归位"选项，场景显示界面就会回到从地球看目标航天器的视角。而视图菜单栏中的全屏模式按钮则是将场景显示界面全屏化，方便用户更细致直观地观察目标航天器与服务航天器的运行轨迹与运行状态。

图 7-8　仿真场景显示软件视图菜单栏示意图

（3）属性菜单栏

在仿真场景显示软件主界面的属性菜单栏中，具有卫星配置选项，单击卫星配置选

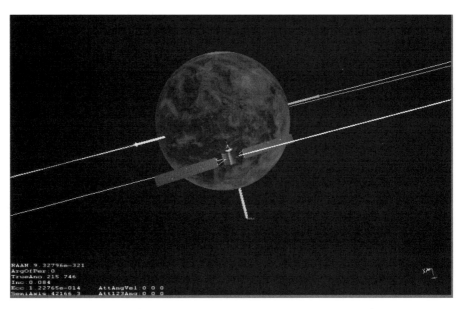

图 7 - 9　仿真场景显示软件从服务航天器看目标航天器示意图

项，会弹出卫星配置窗口，在卫星配置窗口中，地球参数有是否显示地心惯性坐标系与地球固连坐标系的选项，显示这两个坐标系的示意图如图 7 - 10 所示，在两个坐标系显示的情况下可以更清晰地看出地球的自转情况。而卫星参数设置窗口中具有是否显示卫星本体坐标轴与尾迹线选项，以及尾迹线颜色选项和卫星轨道显示时所保留的尾迹线点数，卫星本体坐标轴显示示意图如图 7 - 11 所示。

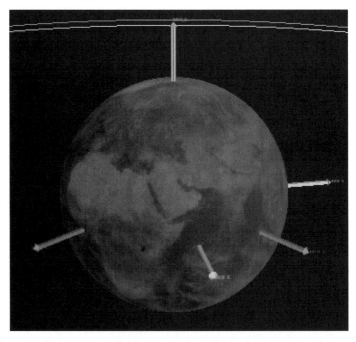

图 7 - 10　仿真场景显示软件地球坐标系显示示意图

图 7 - 11　仿真场景显示软件卫星本体坐标轴显示示意图

7.1.3　模拟成像效能软件

依据软件系统的总体设计,模拟成像效能软件的开发可以分成场景显示和成像结果生成与保存两个部分,如图 7 - 12 所示。其中,场景显示功能和仿真场景软件不同,在于模拟待观测星的具体空间信息,为任务筹划的进行提供先验信息;结果生成功能是接收任务筹划与仿真决策总控软件中仿真模块的仿真数据库传输的仿真结果,通过仿真结果完成模拟成像效能软件配置文件的写入,并通过仿真结果完成服务航天器光学成像过程显示以及最终光学成像结果显示,实现了任务效能结果的直接反馈,后续会对结果进行量化并输入效能评估软件中进行评估计算。

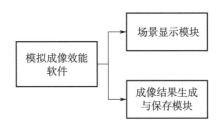

图 7 - 12　模拟成像效能软件结构示意图

模拟成像效能软件通过场景显示模块模拟空间环境,成像结果生成与保存模块将成像结果可视化出来,并根据可视化结果得到直观的效能结果,这部分效能相关内容和任务筹划与仿真决策软件中轨道机动方案的仿真结果都会在效能评估软件中量化计算。

以下将以图片的形式简要介绍该软件的功能。

(1) 模拟成像效能软件服务端

在模拟成像效能软件服务端主界面上,具有焦距、视场角、像元尺寸、分辨率、成像间隔、初始仿真日期、仿真步长、IP 地址、端口等参数的修改选项，底部还具有成像客户端状态显示栏，如图 7 - 13 所示。

图 7 - 13　模拟成像效能软件服务端主界面示意图

当服务端主界面上参数修改完毕后，单击"准备"按钮，如图 7 - 14 所示。

图 7 - 14　模拟成像效能软件服务端准备后示意图

（2）模拟成像效能软件数据客户端

在模拟成像效能软件数据客户端主界面中，具有 IP 地址与端口修改选项，修改完毕后，单击右下角"开始"按钮，等待模拟成像效能软件服务端的响应，如图 7 - 15 所示。

图 7 - 15　模拟成像效能软件数据客户端主界面示意图

当模拟成像效能软件服务端单击"开始"按钮后，数据客户端会接收服务端传输的 JSON 数据格式的模拟成像效能操纵数据，并在测试软件数据客户端主界面上的数据显示框中显示，如图 7 - 16 所示。

图 7 - 16　模拟成像效能软件数据客户端数据显示示意图

（3）模拟成像效能软件成像客户端

在模拟成像效能软件成像客户端主界面上，具有接入服务器与启动场景按钮，当模拟成像效能软件服务端单击"准备"后，就可以单击主界面上的接入服务器按钮，如图 7 - 17 所示。

图 7-17 模拟成像效能软件成像客户端主界面示意图

此时会弹出接入服务器窗口，窗口上有 IP 地址与端口号输入选项，通过改变 IP 地址与端口号，可以连接与之相对应的服务端，IP 地址与端口号要保持与模拟成像效能软件服务端一致，如图 7-18 所示。

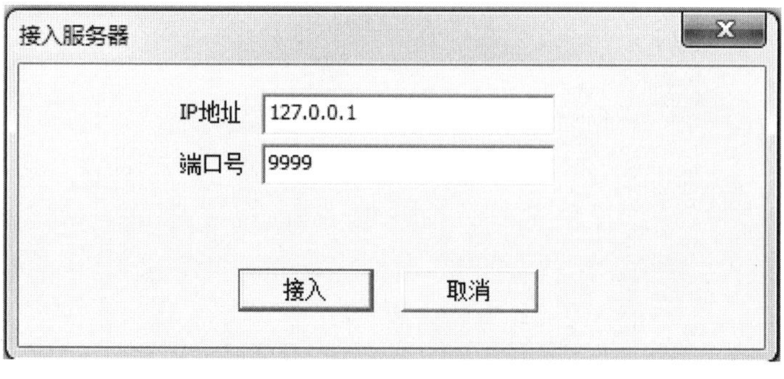

图 7-18 模拟成像效能软件成像客户端接入窗口示意图

单击"接入"后，在主界面上单击"启动场景"，则会出现如图 7-19 所示的镜头显示界面。

在模拟成像效能软件服务端单击"开始"后，数据传输就开始进行，这时镜头显示界面就会出现要拍摄的目标航天器，同时主界面右端会出现服务航天器与目标航天器的一系列参数：滚动角、俯仰角、偏航角、$X-Y-Z$ 轴位置、$X-Y-Z$ 轴速度等，随着数据传输同步改变，实时显示在主界面上，如图 7-20 所示。

在单击主界面左下方的"灰度成像"按钮时，镜头显示中的图像将会成为灰度图像，如图 7-21 所示。

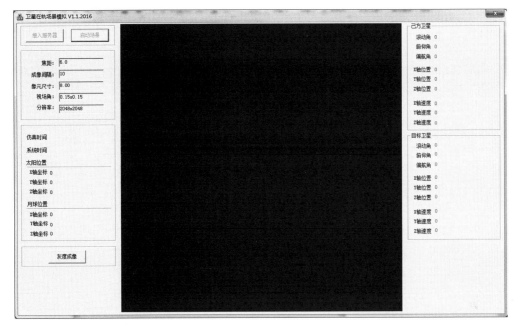

图 7-19　模拟成像效能软件成像客户端镜头显示界面示意图

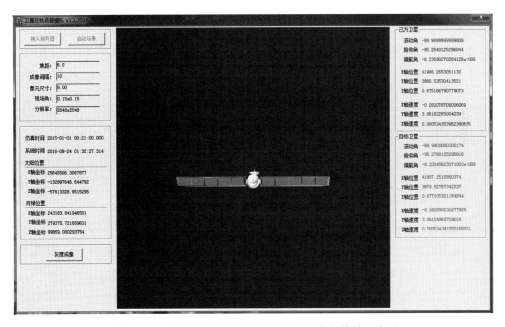

图 7-20　模拟成像效能软件成像客户端数据传输示意图

7.1.4　效能评估软件

依据软件系统的总体设计，效能评估软件可以分成效能计算模块和效能评估与反馈模块两个部分，如图 7-22 所示。其中，效能计算模块根据输入的任务仿真结果，分别对接

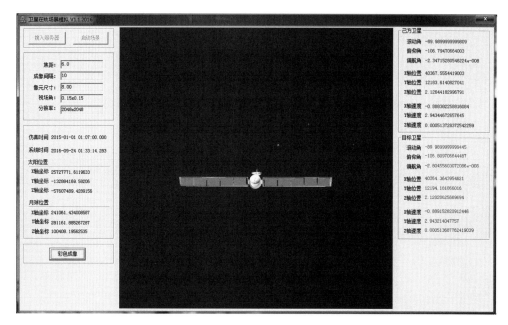

图 7-21　模拟成像效能软件成像客户端灰度成像示意图

近伴飞任务、抵近成像任务、机动避障任务、巡航普查任务和在轨维护任务进行效能评估计算，选取合适的效能评估算法，通过确定的评估指标，量化任务中的效能评估因素，从而通过效能计算函数得到评估结果。然后通过效能评估与反馈模块将评估结果进行分析，确定任务仿真中需要改进优化的部分，通过反馈结果进行调整。

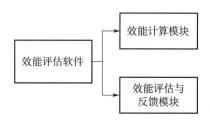

图 7-22　效能评估软件结构示意图

　　效能评估软件主要完成的功能为接收任务筹划与仿真决策总控软件中仿真模块的仿真数据库传输的仿真结果，通过仿真结果进行效能评估的计算，使空间机动任务的仿真决策有量化的结果，可以更有效地进行对比与分析。并通过仿真结果与效能评估结果得到任务优化与改进的方向，更有利于任务的完成。

　　任务筹划和仿真决策系统流程主要包括变量及约束输入、策略输出、效能评估验证以及综合显示。根据不同空间任务的机动与决策需求，按照本书建立的不同数学模型，确定需要的变量及约束，并确定所使用的轨道机动与决策方式，包括抵近机动、伴飞机动和碰撞预警决策，将上述内容输入仿真决策软件中进行运算。在策略输出过程中，结合输入参数分别对三类机动与决策方式的五种机动情况进行具体实现，完成空间任务。将任务完成相关情况进行效能评估分析，确定效能评估函数结果，评估任务完成情况。通过相关可视化功能将结果综合显示，可用于实际任务参考与应用以及优化策略的对比与分析。

7.1.5　决策系统软件技术

在超实时仿真验证平台的基础上构建仿真决策软件，在软件层面考虑以下关键技术。航天器决策推演系统运行在微软研发的 Windows 操作系统，考虑到 Windows 操作系统的特性、系统的开发效率以及系统的兼容性，仿真软件在实现过程中，编程语言、数据库、开发模式选择由微软开发的 C♯语言、SQL Server 数据库及 WPF 开发模式。在软件实现过程中，由于界面显示模块的输入输出均与基础运算模块相关，因此将基础运算模块和界面显示模块集成在一起，场景显示模块采用分布式设计，可以在远程端单独运行，也可以与界面显示模块同时运行，通过共享数据库或网络通信的方法进行数据交互。

（1）SQL Server 数据库

SQL Server 是一款由微软公司研制开发的数据管理平台，具有操作简单、安全性高、性能优越以及稳定性高等特点。SQL Server 集成了良好的数据库引擎，为实现报表生成、数据的增删改查和视图展示提供了良好的技术保障。基础运算模块在运算过程中会将重要数据进行记录，界面显示模块在登录的时候需要进行身份验证，操作人员可以对登录用户进行用户权限和身份验证等操作，这些都需要依靠数据库功能来实现。

① Entity Framework 框架

SQL Server 的连接分为五部分，第 1 部分是创建连接对象，以字符串的形式配置连接对象的数据源、数据库名称、数据库登录账户和数据库登录密码；第 2 部分是创建 SQL 命令对象，并且绑定一个连接对象；第 3 部分是启动连接对象数据库；第 4 部分是执行数据库命令，即数据的增加、删除和修改；第 5 部分是完成数据库操作之后，关闭连接。

显然，完成一次数据库的操作是较为复杂的，为了简化 C♯与 SQL Server 之间的操作，微软提供了一种域对象与关系数据库之间自动映射的数据库框架 Entity Framework，大大提高了数据库的使用效率。与传统的数据库操作方法相比，Entity Framework 提供了对象的变更追踪，使开发人员可以通过操作域对象来进行数据库的增删改查，避免了烦琐的 SQL 语句操作方式。

Entity Framework 在系统中的位置如图 7 - 23 所示，其中表现层为操作人员进行逻辑编码和界面操作的位置，业务层为系统进行各种对象创建、数据处理以及业务处理的位置，数据层将域对象中的数据进行持久化处理，以映射的方式存入数据库中，同时也可以将数据库中的数据以映射的方式取出，传递给业务层。

② 数据表设计

数据表用于表示数据库中数据与对象的关系，也可以用来表示对象的存储类型，数据表的设计会影响数据库的操作效率，设计过程中也要考虑到数据的安全性、唯一性和完整性。根据软件实际使用需求，需要创建三张表用于表示数据与对象的关系。

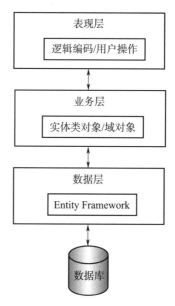

图 7 - 23　Entity Framework 在系统中的位置

（a）用户信息（User）

数据库中的用户名称通常为明文状态，用户密码需要进行加密处理，防止因明文状态导致的用户密码泄露，本软件使用"哈希加盐"的方法对密码进行加密处理。

哈希加盐法是对哈希法的升级，首先利用哈希法将未加密前的密码通过哈希计算得到一个值，哈希计算是不可逆的，因此无法通过哈希值反推出原始密码，但是由于哈希计算的过程是固定的，相同的数字经过哈希运算会计算出相同的值，因此可以通过逆向查表的方法进行密码破解。哈希加盐法在哈希法的基础上引入"盐值"，所谓的"盐值"，即在每次注册密码时生成一串随机字符串，然后与原始密码进行拼接进行哈希计算，加盐法中的"盐值"是通过随机算法生成的随机数，因此通过逆向查表的方法进行破解也就无法实现。

根据上述分析，用户信息 User 的数据表（见表 7 - 1）除了包含用户名称和密码的哈希值外，还需要保存密码对应的"盐值"，以进行身份验证。

表 7 - 1　用户信息表

字段	数据类型	注释
Id	int	唯一标识符
UserName	nvarchar	用户名称
PasswordHash	nvarchar(64)	哈希密码
Salt	nvarchar(64)	盐值

（b）任务总览（Task）

任务总览数据表（见表 7 - 2）用于存储仿真任务信息，包括仿真任务标识符、系统时间、仿真任务时间和仿真类型。其中任务标识符为任务的唯一标识符，由系统时间、仿真任务时间和仿真类型通过字符串拼接形成，可以通过该标识符与其他数据表进行关联；仿真类型包括水滴悬停、快速转移和镜像调相，分别由数字 1、2、3 来进行表示。

表 7 - 2　任务总览表

字段	数据类型	注释
Id	int	唯一标识符
MissionId	nvarchar	任务标识符
SystemTime	datetime	系统时间
SimulateTime	datetime	仿真任务时间
Type	int	仿真类型

（c）仿真信息（Simulation）

任务仿真数据表（见表 7 - 3）用于记录单个任务的仿真信息，其中任务标识符与任务总览数据表的任务标识符相关联，从而由任务总览数据表检索到唯一的仿真信息数据表；仿真信息是由基础运算模块计算产生的数据，将航天器的实体类数据转换成 JSON 格式的字符串，仿真信息包括太阳矢量、月球矢量、服务航天器名称、服务航天器的载荷信息、服务航天器的轨道六要素、服务航天器的经纬高、服务航天器的姿态欧拉角、目标航天器的轨道六要素、目标航天器的经纬高以及目标航天器的姿态欧拉角，这些数据可以用于驱动场景显示模块还原任务场景，然后通过 Entity Framework 框架将数据存入数据库中。

表 7 - 3　仿真信息表

字段	数据类型	注释
Id	int	唯一标识符
TimeStep	datetime	仿真步长时间
SimulationJson	nvarchar(MAX)	仿真信息
MissionId	nvarchar	任务标识符

③ 时序图

时序图的作用是通过有向的方向图，直观地展现对象与对象之间数据传输和消息传递的方向，由对象、生命线、激活状态和消息组成，可以直观地展示系统类与类之间的交互状态以及期望实现的目标状态。在本软件中，对象包括操作人员、登录界面、信息校验、人机交互界面以及数据库。当操作人员想要获取数据库中的信息，首先需要打开登录界面，输入用户名称和密码进行身份验证进入人机交互界面，操作人员也可以在人机交互界面进行新用户注册，完成登录后通过人机交互界面进行仿真计算，然后再将仿真过程中存入数据库中的信息反馈给用户，其示意图如图 7 - 24 所示。

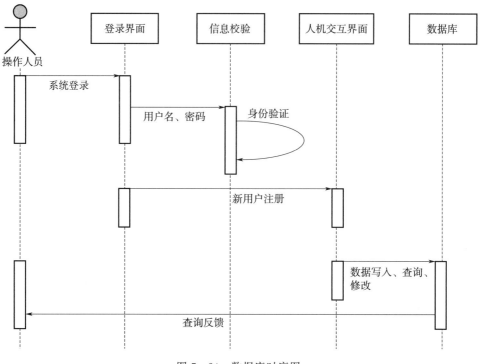

图 7 - 24 数据库时序图

（2）MVVM 技术

WPF 是由微软公司开发的一款适用于 Windows 的桌面应用开发模式，WPF 使用 XAML 作为界面描述语言，作为一种解释性语言，XAML 为用户提供了界面与程序分离的开发模式，通过前后端数据绑定的方式，大大降低了前端界面和后端代码的耦合性，使开发人员专注于 UI 设计或者程序开发。WPF 提供了强大的界面渲染引擎，对 2D 和 3D 图形、文档、多媒体等新型交互方式进行了性能改进和提升，使软件界面具有更好的视觉效果。

MVVM 全称为 Model - View - ViewModel，是由微软 WPF 工程师开发的软件架构设计模式，其本质是一种代码组织和代码管理的设计思想，利用 WPF 数据绑定、事件路由以及属性依赖等功能实现简化前后端开发的目的，其示意图如图 7 - 25 所示。

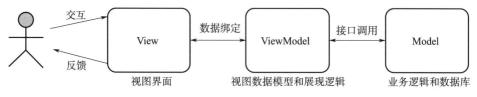

图 7 - 25 MVVM 开发模式示意图

MVVM 分为 Model 层、ViewModel 层以及 View 层。场景显示模块数据驱动来源于基础运算模块仿真计算并存入数据库中的数据，当场景显示模块与数据库位于同一台机器时，场景显示模块直接从数据库中读取数据，并通过 Entity Framework 框架将数据库中的信息映射至 Model 层，当场景显示与数据库位于不同机器时，则通过 TCP 网络通信将数据传输至 Model 层，如图 7 - 26 所示。

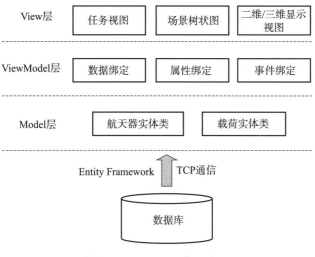

图 7 - 26　MVVM 实现流程

Model 层包含航天器实体类和载荷实体类，即场景显示的对象，航天器实体类通过派生的方式实现对服务航天器、目标航天器的创建，载荷实体类通过派生的方式实现对波束传感器、雷达、光电相机以及其他载荷的创建。

View 层位于场景显示模块的视图层，根据软件需求，视图层分为任务视图、场景树状图、二维和三维显示视图。视图层的作用为展现数据库中的数据，并在二维和三维显示视图中创建航天器和载荷等对象，用以还原仿真的整个过程。

ViewModel 层的作用是关联后端数据和前端 UI，负责连接 View 层和 Model 层，通过数据绑定、属性绑定和事件绑定将 Model 层实体对象、数据属性和业务逻辑绑定到视图界面。

（3）TCP 通信

TCP 是一种应用程序直接进行通信的协议，如图 7 - 27 所示，在 TCP 协议中，提供数据或任务的一端为任务端，另一端为客户端。任务端首先需要绑定自身 IP 的端口号，并将约定好的端口号告诉客户端，当客户端在接入时，向任务端发起"握手"请求，双方进行身份验证并建立一个全双工的数据通道，直到某一端关闭为止。

在本软件中，远程数据库为任务端，场景显示模块为客户端。场景显示模块首先配置好任务端的 IP 和端口号，并向任务端发送接入请求，任务端收到"握手"请求以后验证客户端身份，如果允许接入，则返回接入成功的指令；双方在建立好全双工通道以后，远程数据库将基础运算模块生成好一组初始配置数据发送给场景显示模块，场景显示模块利用初始配置数据对场景进行初始化，如果场景初始化成功，则向远程数据库发送配置成功的命令，远程数据库将剩余的数据发送给场景显示模块，然后关闭通道。

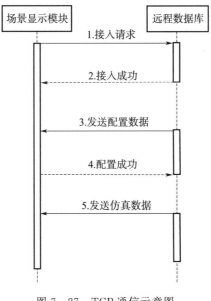

图 7 - 27　TCP 通信示意图

7.2　数据通信功能实现

7.2.1　数据通信部分的总体设计

为航天器决策推演系统起到功能拓展作用，数据通信能力是必不可少的，只有建立了软件间数据通信的桥梁，才会将一个软件的功能拓展出去。本书软件系统中设计了数据通信模块作为整个数据通信的核心，主要功能是将存储的航天器任务规划时产生的数据传输给其他系统进行其他功能的调用。通过数据通信模块实现了对于任务数据的传输，拓展了本系统的功能范围。

本系统的任务需求是分别与四个子软件进行通信，分别为任务筹划与仿真决策总控软件、仿真场景显示软件、模拟成像效能软件及效能评估软件。其中与场景显示软件和模拟成像效能软件的数据通信采取基于 TCP 协议的数据传输，将作为范例在第 7.2.2 节进行详细介绍。数据通信模块的结构示意图如图 7 - 28 所示，工作流程图如图 7 - 29 所示。

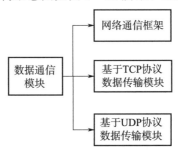

图 7 - 28　数据通信模块的结构示意图

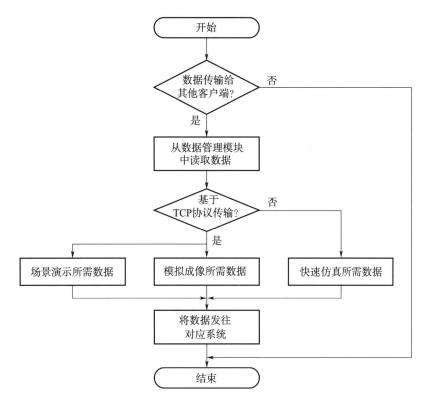

图 7 - 29　数据通信模块的工作流程图

7.2.2　软件数据通信实现

（1）场景显示软件数据通信实现

本系统实现的与场景显示软件的通信接口示意图如图 7 - 30 所示。其中，上方有任务选择栏，可以选择存储的某一个航天器任务数据传输给场景显示软件。下方有客户端连接状态以及基于 TCP 连接所需设置的 IP 地址与端口号。

接收数据时的场景演示客户端示意图如图 7 - 31 所示，从示意图可以看出，数据通信模块将数据传输给场景演示系统成功，且每一拍数据会显示在客户端左下角，同时可以动态显示航天器任务进行的状态。

（2）模拟成像效能软件数据通信实现

本系统实现的与模拟成像效能软件的通信接口示意图如图 7 - 32 所示。其中，上方有任务选择栏，可以选择数据管理模块中存储的某一个航天器任务传输给模拟成像效能系统。下方有客户端连接状态以及基于 TCP 连接所需设置的 IP 地址与端口号。

接收数据时的模拟成像效能系统示意图如图 7 - 33 所示，从示意图可以看出，数据通信模块将数据传输给模拟成像效能系统成功，且每一拍数据会显示在系统右侧，同时可以动态显示目标航天器的成像状态。

图 7 - 30　场景演示客户端接口示意图

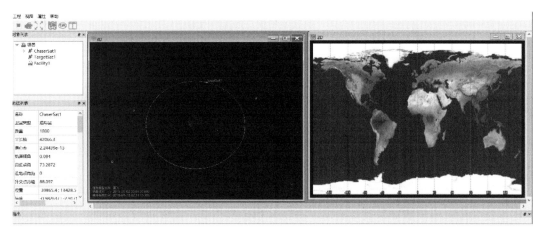

图 7 - 31　接收数据时的场景演示客户端示意图

7.2.3　数据通信协议

完善的数据通信协议是保证数据传输有效性的重要决定要素之一，受 TCP 最大传输单元（MTU）限制及连包机制影响，应用层协议需自己设计协议头，以保证不同消息的隔离性和消息完整性。完整的数据包结构见表 7 - 4。

图 7 - 32　模拟成像效能软件的通信接口示意图

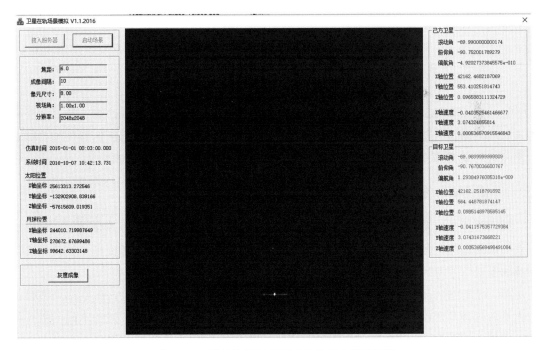

图 7 - 33　接收数据时模拟成像效能系统示意图

表 7 - 4　完整的数据包结构

包头:消息长度(4 个字节,包头长度不计入)	消息(必须包含一个结束字符"|")

消息由键值组成（key 和 value），格式为 key1@＝value1/key2@＝value2/…，value 在本项目里面一般为传递参数序列化（JSON 序列化或 xml 序列化）以后的字符串，为了保证消息能够正常解析，需要对传递参数（para@＝＜＊＞中的＜＊＞）序列化字符串进行以下顺序处理（反序列化时逆序处理即可）：

1) / 用@B 代替；

2) | 用@V 代替；

3) @用@A 代替。

服务端与客户端数据传输过程如下：

1) 客户端接入协议 type@＝connreq/ct@＝＜＊＞/，对于成像客户端来说＜＊＞需替换为 0，对于场景显示客户端来说＜＊＞需替换为 1，对于 GNC 超实时仿真系统仿真客户端来说＜＊＞需替换为 2；

2) 客户端接入后服务端发送初始配置参数，协议为 type@＝configpara/para@＝＜＊＞/，＜＊＞根据实际需求而定（需参考消息结构进行序列化）；

3) 客户端接收到初始配置参数并完成自身初始化工作后，发送 type@＝connres/code@＝＜＊＞/确认，＜＊＞取 0 时表示配置参数初始化成功，＜＊＞取 1 时表示配置参数初始化失败。

服务端开始发送数据，协议为 type@＝transpara/para@＝＜＊＞/，＜＊＞根据实际需求而定（需参考消息结构进行序列化）。

7.3　对远距离抵近机动策略的实际应用与软件实现

针对第 4 章提到的航天器轨道机动的仿真决策，在本节中进行软件仿真，针对远距离抵近机动策略进行仿真，首先介绍了典型抵近机动的软件仿真实现，然后针对一类具体远距离抵近机动策略——大范围转移进行软件仿真演示。

7.3.1　抵近机动仿真应用实现

抵近任务模块是为了完成航天器轨道仿真决策支持软件中的抵近任务建立的。该模块主要完成由空间任务推导出对航天器轨道姿态的要求，然后基于优化算法自主生成最优抵近机动策略，并对机动策略的安全性和观察效能进行仿真分析。

抵近任务按时间可以分为任务时间在 T_{min} 与 T_{max} 之间和任务时间小于 T_{min}，按目标航天器轨道倾角可以分为共面抵近和异面抵近，这两种组合方式构成了四种不同的抵近策略。当任务时间在 T_{min} 与 T_{max} 之间时，算法自动生成所有适用的抵近策略，可以选择不同的抵近策略进行仿真；当任务时间小于 T_{min} 时，可在界面上手动设置任务期望时间，或使用 WebService 模式按照大范围转移任务给出任务期望时间，算法根据设定的任务期望时间生成抵近策略。抵近任务模块结构示意图如图 7 - 34 所示，抵近任务流程图如图 7 - 35 所示。

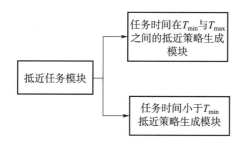

图 7 - 34　抵近任务模块结构示意图

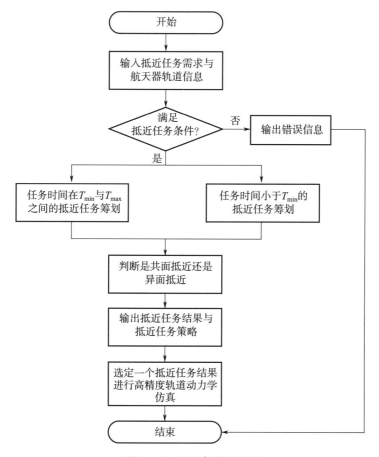

图 7 - 35　抵近任务流程图

为了便于读者理解，以下详细介绍了本书设计的仿真决策软件的抵近任务流程，通过实际操作截图形式体现，包含了在仿真软件中对于抵近任务的全部操作。

（1）抵近机动任务模块主界面

抵近机动任务模块主界面包含了"任务参数""筹划日期区间""任务类型""开始"按钮以及"筹划结果"几部分，抵近任务主界面如图 7 - 36 所示。

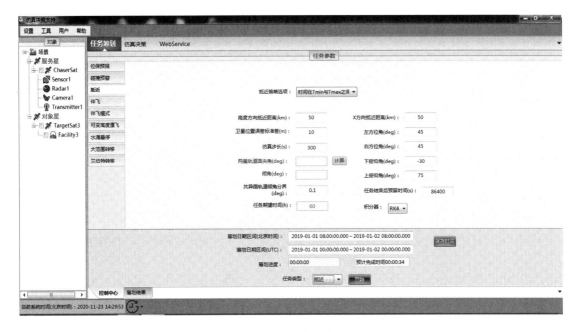

图 7 - 36　抵近任务主界面

（2）抵近任务参数设置

抵近任务需要设置的参数有："抵近策略选项""高度方向抵近距离""X 方向抵近距离""卫星位置误差标准差""仿真步长""共面轨道倾角分界""任务期望时间""积分器""任务结束后预留时间"以及"筹划日期区间"。"抵近策略选项"包括"时间在 T_{min} 与 T_{max} 之间"和"时间小于 T_{min}"；"积分器"类型包括"RK4"和"RK7"。改变"抵近距离"可以控制抵近任务中目标轨道和目标航天器轨道的最终距离，"卫星位置误差标准差"为允许卫星偏离矢量中心的距离，通过改变"仿真步长"可以控制抵近任务的运行过程，"共异面轨道倾角分界"为判断共异面的分界值，当轨道倾角大于设定的分界值时，任务视为异面抵近任务，选择不同"积分器"类型可以改变仿真的精度，"任务结束后预留时间"为在任务结束后算法继续仿真的时间，"任务期望时间"是针对抵近策略为时间小于 T_{min} 的情况设置的参数。

参数设置完成后，确认任务类型为"抵近"，然后单击"开始"按钮开始任务，任务选择方法如图 7 - 36 所示。

（3）抵近任务进程

抵近任务进程需要运算一段时间，显示界面与图 7 - 37 相同。

在任务筹划过程中会弹出抵近任务数据选择界面，选择一组数据进行仿真验证，抵近任务数据选择界面如图 7 - 38 所示。

（4）筹划结果查看

如图 7 - 39 所示，单击下方"筹划结果"按钮，可以查看筹划任务的参数和筹划结果，可以选择"保存筹划结果为 txt""生成超实时仿真 INI"以及"生成筹划结果

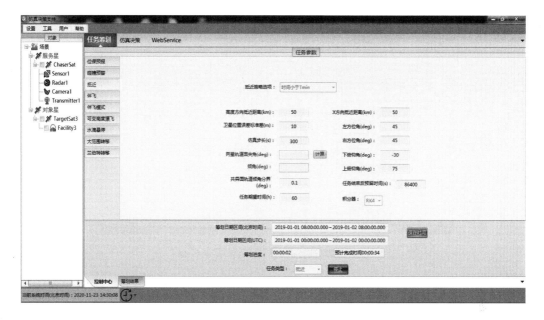

图 7 - 37　抵近策略选项及任务选择界面

编号	第一次施加脉冲时间	第一次施加脉冲大小(m/s)	第二次施加脉冲时间	第二次施加脉冲大小(m/s)	抵近任务结束时间	任务总花费时间
1	2015-01-02 09:01:10.000	1.3	2015-01-02 20:57:52.000	1.3	2015-01-03 19:34:39.000	2天19小时34分39秒0毫秒
2	2015-01-02 09:17:10.000	1.3	2015-01-02 21:13:52.000	1.3	2015-01-05 19:35:41.000	2天19小时35分41秒0毫秒
3	2015-01-01 20:25:11.000	1.3	2015-01-02 08:21:53.000	1.3	2015-01-05 19:35:43.000	4天19小时35分43秒0毫秒
4	2015-01-01 20:39:40.000	1.3	2015-01-02 08:36:22.000	1.3	2015-01-05 19:36:42.000	4天19小时36分42秒0毫秒
5	2015-01-01 14:02:11.000	1.3	2015-01-02 01:58:53.000	1.3	2015-01-06 19:36:43.000	5天19小时36分43秒0毫秒
6	2015-01-01 14:05:11.000	1.3	2015-01-02 02:01:53.000	1.3	2015-01-06 19:37:43.000	5天19小时37分43秒0毫秒
7	2015-01-01 07:28:11.000	1.3	2015-01-01 19:24:53.000	1.3	2015-01-07 19:36:43.000	6天19小时36分43秒0毫秒
8	2015-01-01 07:33:41.000	1.3	2015-01-01 19:30:23.000	1.3	2015-01-07 19:37:43.000	6天19小时37分43秒0毫秒
9	2015-01-01 00:00:15.315	1.3	2015-01-11 11:56:57.315	1.3	2015-01-08 19:37:37.315	7天19小时37分37秒315毫…
10	2015-01-01 01:02:11.000	1.3	2015-01-01 12:58:53.000	1.3	2015-01-08 19:38:43.000	7天19小时38分43秒0毫秒

图 7 - 38　抵近任务数据选择界面

图表"。

　　选择"生成筹划结果相关图表",在弹出的对象框中选择需要生成图像的目标航天器,然后单击"确定",即可生成"两卫星相对距离曲线""两卫星相对距离曲线局部图""太阳光照角曲线"和"太阳光照角曲线局部图",如图 7 - 40～图 7 - 43 所示。

图 7-39　抵近任务筹划结果文字界面

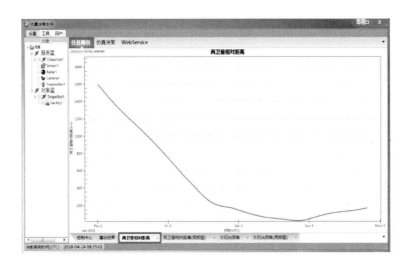

图 7-40　两卫星相对距离曲线

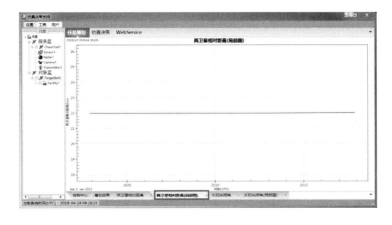

图 7-41　两卫星相对距离曲线局部图

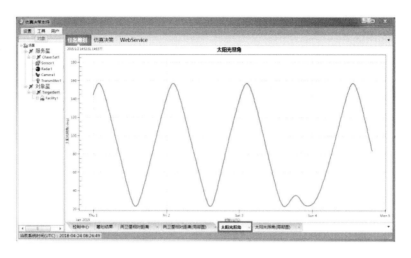

图 7 - 42　太阳光照角曲线

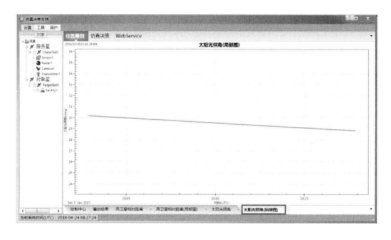

图 7 - 43　太阳光照角曲线局部图

7.3.2　大范围转移仿真应用实现

大范围转移是抵近机动的一种代表方式，在服务航天器与目标航天器较远时，通过多段的霍曼转移调整位置，实现快速抵近的任务需求。

（1）大范围转移任务模块主界面

大范围转移任务模块主界面包含了"任务参数""筹划日期区间""任务类型""开始"按钮以及"筹划结果"几部分，大范围转移任务主界面如图 7 - 44 所示。

（2）大范围转移任务参数设置

大范围转移任务需要设置的参数有"高度方向抵近距离""X 方向抵近距离""卫星位置误差标准差""仿真步长""任务期望时间""积分器""任务结束后预留时间"。"积分器"类型包括"RK4"和"RK7"。改变"抵近距离"可以控制抵近任务中目标轨道和目标航天器轨道的最终距离，"卫星位置误差标准差"为允许卫星偏离矢量中心的距离，通

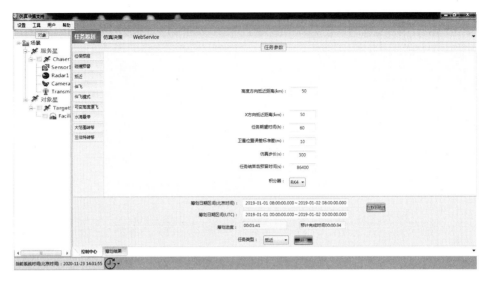

图 7 - 44　大范围转移任务主界面

过改变"仿真步长"可以控制抵近任务的运行过程，选择不同"积分器"类型可以改变仿真的精度，"任务结束后预留时间"为在任务结束后算法继续仿真的时间，"任务期望时间"是针对大范围转移的时长。

（3）大范围转移任务进程

大范围转移任务进程界面如图 7 - 45 所示。

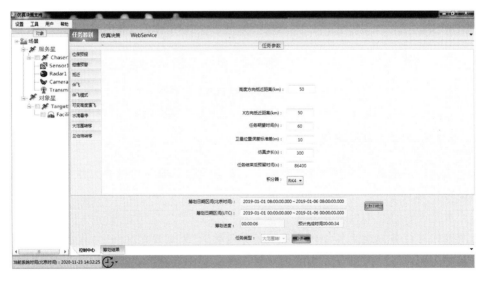

图 7 - 45　大范围转移任务进程界面

（4）筹划结果查看

如图 7 - 46 所示，单击下方"筹划结果"按钮，可以查看筹划任务的参数和筹划结果，可以选择"保存筹划结果为 txt""生成超实时仿真 INI"以及"生成筹划结果图表"。

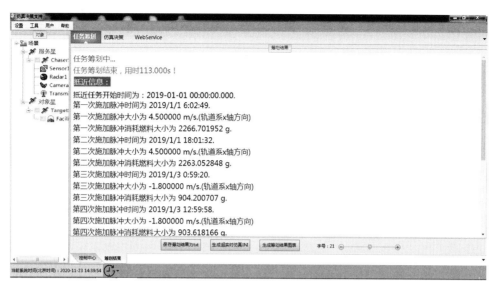

图 7-46　大范围转移任务筹划结果文字界面

7.4　对近距离伴飞机动策略的实际应用与软件实现

针对第 4 章提到的航天器轨道机动的仿真决策,在本节中进行软件仿真,针对近距离伴飞机动策略进行仿真,首先介绍了典型伴飞机动的软件仿真实现,然后针对一类具体近距离策略——兰伯特转移进行软件仿真演示。

7.4.1　伴飞机动仿真应用实现

伴飞任务模块是以完成航天器轨道仿真决策支持软件中的伴飞任务为目标建立的。由于伴飞算法受服务航天器和设为目标的被服务航天器相对距离的制约,所以此处的伴飞任务模块实际包含两部分:一部分是根据当前的两星位置信息生成抵近策略,抵近策略要能够满足两星距离约束;另一部分是根据抵近末端两星位置信息和速度信息生成伴飞仿真初始化文件。

伴飞任务的初始阶段为远程伴飞模块,然后根据任务需求进行快速转移变轨的实现。伴飞任务模块结构示意图如图 7-47 所示,任务流程图如图 7-48 所示。

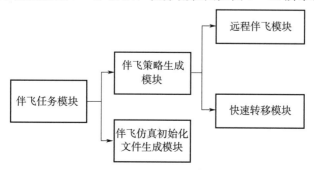

图 7-47　伴飞任务模块结构示意图

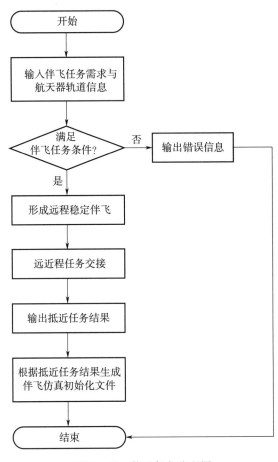

图 7 - 48 伴飞任务流程图

（1）伴飞模式任务模块主界面

伴飞模式任务模块主界面包含了"任务参数""筹划日期区间""任务类型""开始"按钮以及"筹划结果"几部分，伴飞模式任务主界面如图 7 - 49 所示。

（2）任务参数设置

伴飞模式任务需要设置的参数有"伴飞模式选项""距离""转移后的伴飞短轴""转移后的绕飞短轴""调相时间""仿真步长"及"任务结束后预留时间"。"伴飞模式选项"包括"快速转移""镜像调像"及"自主绕飞"。"快速转移"过程需要设置的参数有"距离""转移后的伴飞短轴"和"任务结束后预留时间"；"镜像调像"需要设置的参数有"调相时间""仿真步长"和"任务结束后预留时间"；"自主绕飞"需要设置的参数有转移后的"绕飞短轴""仿真步长"和"任务结束后预留时间"。参数设置完成后，确认任务类型为"伴飞模式"，然后单击"开始"按钮开始任务。

（3）伴飞模式任务进程

伴飞模式任务进程界面如图 7 - 50 所示。

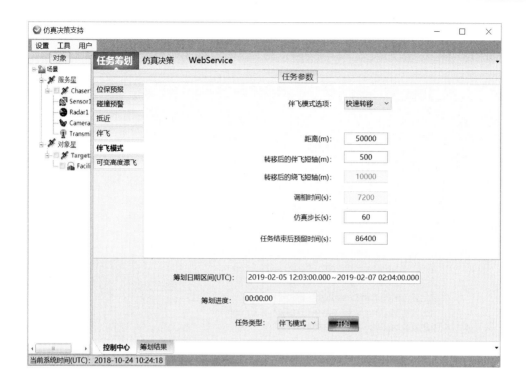

图 7 - 49　伴飞模式任务主界面

图 7 - 50　伴飞模式任务进程界面

（4）结果查看

伴飞模式任务筹划结果文字显示界面如图 7-51 所示。

图 7-51　伴飞模式任务筹划结果文字显示界面

7.4.2　兰伯特转移仿真应用实现

兰伯特转移是一种经典的轨道机动策略，在仿真实现过程中，当服务航天器与目标航天器距离较近时，如两者相距几百千米，服务航天器通过基于兰伯特转移的快速转移策略，转移到目标航天器附近特定位置，从而对目标航天器进行观察或服务。

（1）兰伯特转移任务模块主界面

兰伯特转移任务模块主界面包含了"任务参数""筹划日期区间""任务类型""开始"按钮以及"筹划结果"几部分，兰伯特转移任务主界面如图 7-52 所示。

（2）兰伯特转移任务参数设置

兰伯特转移任务需要设置的参数有"控制点个数""控制点转移时长和各控制点相对位置""仿真步长""给出末位刹车脉冲"。"控制点个数"代表设置控制点的个数，"控制点转移时长和各控制点相对位置"设置控制点转移时长和各控制点相对位置，"给出末位刹车脉冲"是否给出末位刹车脉冲。

（3）兰伯特转移任务进程

兰伯特转移任务进程界面如图 7-53 所示。

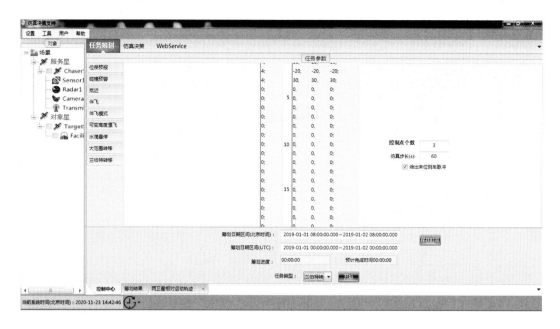

图 7-52　兰伯特转移任务主界面

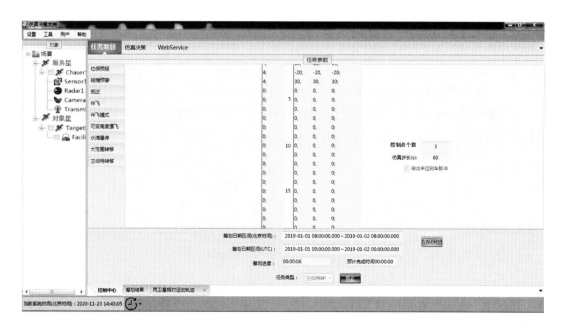

图 7-53　兰伯特转移任务进程界面

（4）筹划结果查看

如图 7-54 所示，单击下方"筹划结果"按钮，可以查看筹划任务的参数和筹划结果，可以选择"保存筹划结果为 txt""生成超实时仿真 INI"以及"生成筹划结果图表"。

图 7-54　兰伯特转移任务筹划结果文字界面

7.5　对碰撞规避策略的实际应用与软件实现

针对第 4 章提到的航天器轨道机动的仿真决策，在本节中进行软件仿真，针对碰撞规避策略进行软件仿真实现。

碰撞规避子模块的作用是在任意时刻服务航天器和目标航天器的初始运动状态的情况下，计算出两星自由运动时可能发生碰撞的概率，如果碰撞概率超过一定限度给出相应的预警结果，模块结构示意图如图 7-55 所示，工作流程图如图 7-56 所示。

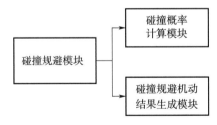

图 7-55　碰撞规避模块结构示意图

（1）碰撞规避任务模块主界面

碰撞规避任务模块主界面包含了"任务参数""筹划日期区间""任务类型""开始"按钮以及"筹划结果"几部分，碰撞规避任务主界面如图 7-57 所示。

（2）碰撞规避参数设置

碰撞规避需要设置的参数有"卫星位置误差标准差""仿真步长""积分器"选择以及"筹划日期区间"，"积分器"包含"RK4"和"RK7"。"卫星位置误差标准差"为允许卫

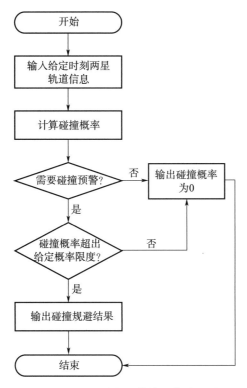

图 7 - 56　碰撞规避模块工作流程图

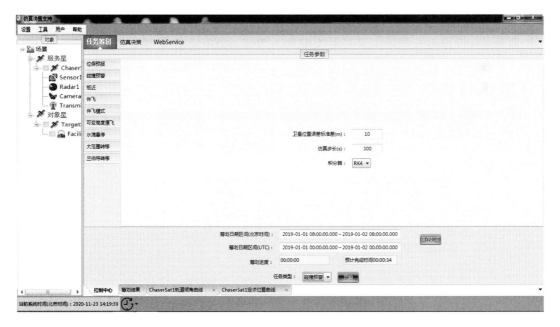

图 7 - 57　碰撞规避任务主界面

星可能偏离矢量中心的距离，通过输入"仿真步长"控制碰撞规避任务的运行过程，通过选择"积分器"类型改变仿真的精度，通过更改"筹划日期区间"控制碰撞预警任务的运行区间。参数设置完成后，确认任务类型为"碰撞规避"，然后单击"开始"按钮开始任务。

（3）碰撞规避任务进程

碰撞规避任务进程界面如图 7 - 58 所示。

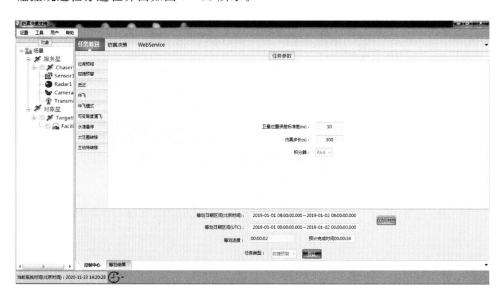

图 7 - 58　碰撞规避任务进程界面

（4）筹划结果查看

如图 7 - 59 所示，单击下方"筹划结果"按钮，可以查看筹划任务的参数和筹划结果。可以选择"保存筹划结果为 txt"以及"生成筹划结果图表"，显示"星-星最短距离与碰撞概率"如图 7 - 60 所示。

图 7 - 59　碰撞规避筹划结果文字显示界面

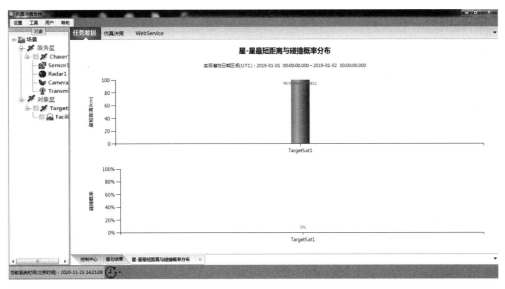

图 7 - 60　碰撞规避任务的星-星最短距离与碰撞概率分布图

7.6　小结

本章完成了空间机动任务决策推演系统的软件实现，介绍了不同子软件功能，并对几项代表性的机动方式的软件实现进行了成果展示，证实了决策推演系统的实用性，有助于相关研究和应用，未来可以在此基础上拓展更多功能，更好地应用于航天事业。

参 考 文 献

［1］ 杜永浩，邢立宁，陈盈果，等. 卫星任务调度统一化建模与多策略协同求解方法［J］. 控制与决策，2019，34（9）：1847－1856.

［2］ 邓宝松，孟志鹏，义余江，等. 对地观测卫星任务规划研究［J］. 计算机测量与控制，2019，27（11）：130－139.

［3］ 何铭俊，陆文高，曾鸿，等. 一种卫星任务解译闭环仿真验证系统的设计与实现［J］. 计算机测量与控制，2019，27（1）：277－280.

［4］ 姜维，郝会成，李一军. 对地观测卫星任务规划问题研究述评［J］. 系统工程与电子技术，2013，35（9）：1878－1885.

［5］ 张志清，张鹏，冉茂农. 基于环境仿真的对地遥感卫星任务仿真系统［J］. 系统仿真学报，2017（S1）：45－52.

［6］ BEAUMET G，VERFAILLIE G，CHARMEAU M C. Feasibility of Autonomous Decision Making on Board an Agile Earth－observing Satellite［J］. Computational Intelligence，2011，27（1）：123－139.

［7］ DE NOVAES KUCINSKIS F，FERREIRA M G V. Planning on－board Satellites for the Goal－based Operations for Space Missions［J］. IEEE Latin America Transactions，2013，11（4）：1110－1120.

［8］ JUNG－HYUN L，MYUNG W S，CHUNG D，et al. Multi－satellite Control System Architecture and Mission Scheduling Optimization［C］//2012 IEEE aerospace conference. IEEE，2012.

［9］ 曾安里，金勇，马志昊，等. 空间碎片碰撞预警分析与显示技术研究［J］. 空间碎片研究，2019，19（4）：7.

［10］ 郭树人，王威，高为广，等. 北斗卫星导航试验验证系统设计与实现［J］. 测绘学报，2020，49（9）：1073－1083.

［11］ 丁祎男，田科丰，王淑一. 基于遗传禁忌混合算法的敏捷卫星任务规划［J］. 空间控制技术与应用，2020，45（6）：27.

［12］ 李九天. 多任务深空探测轨道设计优化方法研究［D］. 长沙：国防科技大学，2013.

［13］ 蒋小勇，张洪波，汤国建. 基于多冲量能耗估算的小推力任务窗口搜索［J］. 中国空间科学技术，2014，34（4）：1－7.

［14］ 王旭生，施伟璜，王伟，等. 基于脉冲初值的小推力转移轨道优化研究［J］. 上海航天，2019，36（1）：53－58.

［15］ ZHOU B，LIN Z，DUAN G R. Lyapunov Differential Equation Approach to Elliptical Orbital Rendezvous with Constrained Controls［J］. Journal of Guidance Control and Dynamics，2012，34（2）：345－358.

［16］ JIANG F，BAOYIN H，LI J. Practical Techniques for Low－thrust Trajectory Optimization with Homotopic Approach［J］. Journal of Guidance Control and Dynamics，2012，35（1）：245－258.

[17] SHEN H, TSIOTRAS P. Optimal Scheduling for Servicing Multiple Satellites in a Circular Constellation [C] // AIAA/AAS Astrodynamics Specialist Conference and Exhibit. Monterey, California. 2002.

[18] 欧阳琦, 赵勇, 陈小前. 共面圆轨道航天器在轨服务任务规划 [J]. 中国空间科学技术, 2010, 30 (1): 34 - 40.

[19] 周洋. 地球同步轨道在轨服务任务规划建模与优化研究 [D]. 长沙: 国防科技大学, 2017.

[20] 都柄晓. 面向在轨加注的多航天器交会任务规划方法研究 [D]. 长沙: 国防科技大学, 2014.

[21] Yang J, Hou X, Liu Y, et al. A two-level scheme for multiobjective multidebris active removal mission planning in low Earth orbits [J]. Science China Information Sciences, 2022, 65 (5): 152201.

[22] YU J, CHEN X Q, CHEN L, et al. Optimal Scheduling of GEO Debris Removing Based on Hybrid Optimal Control Theory [J]. Acta Astronautica, 2014, 93: 400 - 409.

[23] ALFRIEND K T, LEE D J. Optimal Servicing of Geosynchronous Satellites [J]. Journal Of Guidance Control and Dynamics, 2006, 29 (1): 203 - 206.

[24] Zhang J, Parks G T, Luo Y, et al. Multispacecraft Refueling Optimization Considering the J2 Perturbation and Window Constraints [J]. Journal Of Guidance Control And Dynamics. 2014, 37 (1): 111 - 122.

[25] 张进. 空间交会任务解析摄动分析与混合整数多目标规划方法 [D]. 长沙: 国防科技大学, 2013.

[26] 张进, 罗亚中, 唐国金. 近地轨道长时间多星交会任务混合规划 [J]. 中国科学: 技术科学, 2012, 42 (3): 342 - 351.

[27] ZHAO W, TENG L, et al. Scheduling Optimization of Multiple Hybrid - Propulsive Spacecraft for Geostationary Space Debris Removal Missions [J]. IEEE Transactions On Aerospace and Electronic Systems, 2021.

[28] 王宜举. 非线性最优化理论与方法 [M]. 北京: 科学出版社, 2019.

[29] ZHANG Q, LI H. MOEA/D: A Multiobjective Evolutionary Algorithm Based on Decomposition [J]. IEEE Transactions on Evolutionary Computation, 2007, 11 (6): 712 - 731.

[30] LI H, ZHANG Q. Multiobjective Optimization Problems With Complicated Pareto Sets, MOEA/D and NSGA - II [J]. IEEE Transactions On Evolutionary Computation, 2007, 13 (2): 284 - 302.

[31] ZHANG Q, LIU W, LI H. The Performance of a New Version of MOEA/D on CEC09 Unconstrained MOP Test Instances [C] //2009 IEEE Congress on Evolutionary Computation, IEEE, 2009.

[32] DEB K, AGARWAL S, et al. A Fast and Elitist Multiobjective Genetic Algorithm: NSGA - II [J]. IEEE Transactions on Evolutionary Computation, 2002, 6 (2): 182 - 197.

[33] ZITZLER E, KÜNZLI S. Indicator - based Selection in Multiobjective Search [C] //International conference on parallel problem solving from nature. Springer, Berlin, Heidelberg, 2004: 832 - 842.

[34] JOSHUA K. ParEGO: a Hybrid Algorithm with On - Line Landscape Approximation for Expensive Multiobjective Optimization Problems [J]. IEEE Transactions On Evolutionary Computation, 2005, 10 (1): 50 - 66.

[35] ZHANG Q, LIU W, TSANG E, et al. Expensive Multiobjective Optimization by MOEA/D with Gaussian Process Model [J]. IEEE Transactions on Evolutionary Computation, 2009, 14 (3):

456 – 474.

[36]　ZHANG J，ZHOU A，ZHANG G. A classification and Pareto Domination Based Multiobjective Evolutionary Algorithm ［C］//2015 IEEE Congress on Evolutionary Computation（CEC）. IEEE，2015.

[37]　PAN L，HE C，TIAN Y，et al. A Classification – based Surrogate – assisted Evolutionary Algorithm for Expensive Many – objective Optimization ［J］. IEEE Transactions on Evolutionary Computation，2018，23（1）：74 – 88.

[38]　HAO H，ZHOU A，QIAN H，et al. Expensive Multiobjective Optimization by Relation Learning and Prediction ［J］. IEEE Transactions on Evolutionary Computation，2022.

[39]　ZHANG J，ZHOU A，TANG K，et al. Preselection via classification：A case study on evolutionary multiobjective optimization ［J］. Information Sciences，2018，465：388 – 403.

[40]　BANDARU S，NG A H C，DEB K. On the performance of classification algorithms for learning Pareto – dominance relations ［C］//2014 IEEE Congress on Evolutionary Computation（CEC）. IEEE，2014：1139 – 1146.

[41]　LIU S，LI J，LIN Q，et al. Learning to Accelerate Evolutionary Search for Large – Scale Multiobjective Optimization ［J］. IEEE Transactions on Evolutionary Computation，2022.

[42]　王飞跃，史帝夫，兰森. 从人工生命到人工社会——复杂社会系统研究的现状和展望 ［J］. 复杂系统与复杂性科学，2004，1（1）：33 – 41.

[43]　周建华. 轨道力学 ［M］. 北京：科学出版社，2009.

[44]　CLOHESSY W H，WILTSHIRE R S. Terminal Guidance System for Satellite Rendezvous ［J］. Journal of the Aerospace Sciences，1960，27（9）：653 – 658.

[45]　韩潮，谢华伟. 空间交会中多圈 Lambert 变轨算法研究 ［J］. 中国空间科学技术，2004，24（5）：9 – 14.

[46]　李敏强，寇纪淞，林丹，等. 遗传算法的基本理论与应用 ［M］. 北京：科学出版社，2002.

[47]　STORN R，PRICE K. Differential Evolution – a Simple and Efficient Heuristic for Global Optimization Over Continuous Spaces ［J］. Journal of Global Optimization，1997，11（4）：341 – 359.

[48]　QIN A K，HUANG V L，SUGANTHAN P N. Differential Evolution Algorithm with Strategy Adaptation for Global Numerical Optimization ［J］. IEEE transactions on Evolutionary Computation，2008，13（2）：398 – 417.

[49]　WANG Y，CAI Z，ZHANG Q. Differential Evolution with Composite Trial Vector Generation Strategies and control Parameters ［J］. IEEE Transactions on Evolutionary Computation，2011，15（1）：55 – 66.

[50]　ICHIMURA Y，ICHIKAWA A. Optimal impulsive Relative Orbit Transfer Along a Circular Orbit ［J］. Journal of Guidance，Control，and Dynamics，2008，31（4）：1014 – 1027.

[51]　FEHSE W. Automated Rendezvous and Docking of Spacecraft ［M］. Cambridge University Press，2003.

[52]　徐韶光. 利用几何法逐历元确定低轨卫星轨道的精度验证和评估 ［C］. 中第十一届中国卫星导航年会论文集——S05 空间基准与精密定位，2020：60 – 64.

[53]　孙华丽. 基于北斗卫星广播星历的 Newton 插值算法实现 ［C］. 第十一届中国卫星导航年会论文

集——S04 卫星轨道与系统误差处理，2020：76 - 80.

［54］ BREDVIK G D，STRUB J E. Determination of Acceptable Launch Windows for Satellite Collision Avoidance ［C］Astrodynamics 1991.

［55］ CHAN K. Collision Probability Analysis for Earth Orbiting Satellites ［J］. Space Cooperation into the 21st Century，1997：1033 - 1048.

［56］ FOSTER J L，ESTES H S. A Parametric Analysis of Orbital Debris Collision Probability and Maneuver Rate for Space Vehicles ［R］. NASA/JSC - 25898. Houston：NASA Johnson Space Flight Center，1992.

［57］ PATERA R P. Quick Method to Determine Long - term Orbital Collision Risk ［C］. AIAA 2002 - 1809. SatMax 2002 - Satellite Performance Workshop，Arlington，VA，2002. 4.

［58］ ALFANO S. A Numerical Implementation of Spherical Object Collision Probability ［J］. The Journal of the Astronautical Sciences，2005，53（1）：103 - 109.

［59］ 杨旭. 空间碎片碰撞概率及其敏感度分析研究 ［D］. 北京：中国科学院研究生院，2010.

［60］ 王华，李海阳，唐国金. 飞行器碰撞概率计算的一般方法 ［J］. 国防科技大学学报，2006，28（4）：27 - 31.

［61］ 赵曈. 编队卫星星间碰撞及防碰撞技术研究 ［D］. 长沙：国防科学技术大学，2011.

［62］ 张莹. 基于协方差分析法的轨控误差对碰撞概率影响研究 ［C］. 第十一届中国卫星导航年会论文集——S04 卫星轨道与系统误差处理，2020：53 - 59.

［63］ 张明选. 航天器碰撞概率的计算方法研究 ［D］. 哈尔滨：哈尔滨工业大学，2010.

［64］ 白玉冰. 近地圆轨道上航天器碰撞概率计算及规避策略 ［D］. 哈尔滨：哈尔滨工业大学，2015.

［65］ 张东青. 编队卫星碰撞风险评估及安全控制研究 ［D］. 哈尔滨：哈尔滨工业大学，2015.

［66］ PATERA R P. Space Vehicle Conflict Avoidance Analysis ［J］. Journal of Guidance Control and Dynamics，2007，30（2）：492 - 498.

［67］ CHAN F K. Spacecraft Maneuvers to Mitigate Potential Collision Threats ［C］. AIAA 2002 - 4629. AIAA/AAS Astrodynamics Specialist Conference and Exhibit，Monterey，California，2002. 8.

［68］ ALFANO S. Collision avoidance maneuver planning tool ［C］. 15th AAS/AIAA Astrodynamics Specialist Conference. 2005：7 - 11.

［69］ MUELLER J B，GRIESEMER P R，THOMAS S J. Avoidance Maneuver Planning Incorporating Station - keeping Constraints and Automatic Relaxation ［J］. Journal of Aerospace Information Systems，2013，10（6）：306 - 322.

［70］ MUELLER J B. Onboard Planning of Collision Avoidance Maneuvers Using Robust Optimization ［J］. AIAA InfoTech @ Aerospace Conference，No. AIAA - 2009 - 2051，Seattle，WA，April 2009.

［71］ GRAZIANO M，PIRONDINI F，SANCHEZ N. CryoSat Collision Warning and Low Thrust Avoidance Manoeuvre Strategy ［C］. Proc. of Darmstadt，Germany，2001：455 - 461.

［72］ KELLY，PICCIOTTO. Probability Based Optimal Collision Avoidance Maneuvers ［R］. AIAA 2005 - 6775，2005.

［73］ BOUTHONNIER V，LEVIS A H. Effectiveness Analysis of C3 Systems ［J］. IEEE Transactions on Systems，Man，and Cybernetics，2012，14（1）：48 - 54.

［74］ SAATY T L. How to Make a Decision：the Analytic Hierarchy Process ［J］. European Journal of Operational Research，1990，48（1）：9 - 26.

[75] SAATY T L. Decision Making with the Analytic Hierarchy Process [J]. International Journal of Services Sciences, 2008, 1 (1): 83 - 98.

[76] 张吉军. 模糊层次分析法 (FAHP) [J]. 模糊系统与数学, 2000, 14 (2): 80 - 88.

[77] 金菊良, 魏一鸣, 丁晶. 基于改进层次分析法的模糊综合评价模型 [J]. 水利学报, 2004, 35 (3): 65 - 70.

[78] LAWDEN D F. Optimal Trajectories for Space Navigation [M]. The Mathematical Gazette, 1964.

[79] CARTER T E. Necessary and Sufficient Conditions for Optimal Impulsive Rendezvous with Linear Equations of Motion [J]. Dynamics and Control, 2000, 10: 219 - 227.

[80] KARA - ZAITRI M, ARZELIER D, LOUEMBER C. Mixed Iterative Algorithm For Solving Optimal Impulsive Time - Fixed Rendezvous Problem [C] //AIAA Guidance, Navigation, and Control Conference. 2010.

[81] 唐国金, 罗亚中, 雍恩米. 航天器轨迹优化理论、方法及应用 [M]. 北京: 科学出版社, 2012.

[82] LUO Y Z, ZHANG J, LI H, et al. Interactive Optimization Approach for Optimal Impulsive Rendezvous Using Primer Vector and Evolutionary Algorithms [J]. Acta Astronautica, 2010, 67 (3 - 4): 396 - 405.

[83] BEHNKE M, KIRSCHSTEIN T, BIERWIRTH C. A Column Generation Approach for an Emission - oriented Vehicle Routing Problem on a Multigraph [J]. European Journal of Operational Research, 2021, 288 (3): 794 - 809.

[84] MORRISON D R, JACOBSON S H, SAUPPE J J, et al. Branch - and - bound Algorithms: A Surveyof Recent Advances in Searching, Branching, and Pruning [J]. Discrete Optimization, 2016, 19: 79 - 102.

[85] SARTON DU JONCHAY T, CHEN H, GUNASEKARA O, et al. Framework for Modeling and Optimization of On - Orbit Servicing Operations Under Demand Uncertainties [J]. Journal of Spacecraft and Rockets, 2021, 58 (4): 1157 - 1173.

[86] DUTTA A, TSIOTRAS P. A Greedy Random Adaptive Search Procedure for Optimal Scheduling of p2p Satellite Refueling [C]. AAS/AIAA Space Flight Mechanics Meeting. 2007: 07 - 150.

[87] LI H, BAOYIN H. Optimization of Multiple Debris Removal Missions Using an Evolving Elitist Club Algorithm [J]. IEEE Transactions on Aerospace and Electronic Systems, 2019, 56 (1): 773 - 784.

[88] VERSTRAETE A W, ANDERSON D, ST. LOUIS N M, et al. Geosynchronous Earth Orbit Robotic Servicer Mission Design [J]. Journal of Spacecraft and Rockets, 2018, 55 (6): 1444 - 1452.

[89] FEDERICI L, ZAVOLI A, COLASURDO G. Evolutionary Optimization of Multirendezvous Impulsive Trajectories [J]. International Journal of Aerospace Engineering, 2021.

[90] BANIAMERIAN A, BASHIRI M, TAVAKKOLI - MOGHADDAM R. Modified Variable Neighborhood Search and Genetic Algorithm for Profitable Heterogeneous Vehicle Routing Problem with Cross - docking [J]. Applied Soft Computing, 2019, 75: 441 - 460.

[91] BANIASADI P, FOUMANI M, SMITH - MILES K, et al. A Transformation Technique for the Clustered Generalized Traveling Salesman Problem with Applications to logistics [J]. European Journal of Operational Research, 2020, 285 (2): 444 - 457.

[92] BANG J，AHN J. Multitarget Rendezvous for Active Debris Removal Using Multiple Spacecraft [J]. Journal of Spacecraft and Rockets，2019，56（4）：1237 - 1247.

[93] ZHOU Y，YAN Y，HUANG X，et al. Mission Planning Optimization for Multiple Geosynchronous Satellites Refueling [J]. Advances in Space Research，2015，56（11）：2612 - 2625.

[94] Chen X q，Yu J. Optimal Mission Planning of GEO on - orbit Refueling In Mixed Strategy [J]. Acta Astronautica，2017，133：63 - 72.

[95] DUTTA A，TSIOTRAS P. Network Flow Formulation for Cooperative Peer - to - Peer Refueling Strategies [J]. Journal of Guidance，Control，and Dynamics，2010，33（5）：1539 - 1549.

[96] HAN C，ZHANG S，WANG X. On - orbit Servicing of Geosynchronous Satellites Based on Low - thrust Transfers Considering Perturbations [J]. Acta Astronautica，2019，159：658 - 675.

[97] YU J，CHEN X Q，CHEN L H，et al. Optimal Scheduling of GEO Debris Removing Based onHybrid Optimal Control Theory [J]. Acta Astronautica，2014，93：400 - 409.